5 중등수학교육

제2판

수학과 학습지도와 평가론

강옥기 지음

KM 경문사

머 리 말

21세기에 접어든 우리 사회는 테크놀로지의 급속한 발달로 인하여 하루가 다르게 변해가고 있다. 이와 같은 사회적 변화를 이해하고 이에 적응하기 위해서는 다양한 정보를 바르게 이해하고 간편하게 다룰 수 있는 능력이 있어야 한다. 학생들에게 사회적 정보를 분석하고 앞으로의 변화를 예측하고 대응할 수 있는 수학적 지식과 힘을 길러주기 위해서는 수학교육도 변하여야 한다. 산업사회에서 필요했던 수학을 정보화 사회에서 필요한 수학으로 전환하여야 하며, 획일적인 능력을 양성하기 위한 교사 중심의 획일적인 학습지도 방식을 개인의 독창성과 협동 능력을 발휘할 수 있게 하는 새로운 학습지도 방법으로 전환하여야 한다.

학교 교육의 평가방법도 개선되어야 한다. 전통적인 평가의 개념은 학습지도가 종료된 다음 교사의 지도를 학생들이 얼마나 성취하였는가를 측정하고 그 결과를 기록하는 것이었다. 즉, 전통적인 평가는 학생들이 수학을 수행하는 과정의 능력보다는 학습의 결과를 얼마나 잘 기억하고 있는지를 평가하기 위하여 선다형을 중심으로 하는 지필 검사를 주로 사용하였다. 그러나, 평가의 목적을 학생의 학습 상태를 좀더 정확하게 파악하고 그것을 반영하여 지도함으로써 학생의 능력을 더욱 향상시키는 데 둔다면, 평가는 학생에 따라서 다르게 실시될 수 있는 주관성을 갖는 것이며, 개인이 갖고 있는 창의적인 능력을 발굴하는 것이며, 수업과 동시에 이루어지는 수업의 일부이며, 학생들의 학습을 돕기 위한 한 수단이며, 앞으로 수학을 학습할 수 있는 잠재적인 능력을 예측해 주는 것으로 인식될 수 있다.

이 책은 위와 같은 변화된 수학교육을 실시하기 위해 교사들이 알아야 할 수학과 학습지도의 원리, 학습지도의 이론적 배경, 학습지도 방법, 수업모형, 평가의 원리, 학습성취도 평가, 대안적인 평가 방법을 구체적인 예와 함께 설명하고 있다. 따라서 이 책은 현직 수학 교사 또는 수학 교사를 지망하는 학생들이 수학과 학습지도와 평가에 관해 기본적인 개념과 최근의 경향을 이해하는데 도움을 줄 수 있는 자료라고 감히 생각해 본다.

이 책은 2000년 9월에 출판한 '수학과 학습지도와 평가론'을 독자들의 지적과 조언을 참고하여 수정한 것이다. 특히 이장주 선생님과 황용석 선생님의 자상하신 지적과 비판에 심심한 감사를 드린다. 앞으로도 이 교재를 사용한 모든 분들의 아낌없는 비판과 의견을 수렴하여 더 좋은 교재가 되도록 수정 보완할 것을 결심하면서, 이 교재의 모든 독자들이 소기의 목적을 성취할 것을 기원한다.

이 책의 집필을 위해 지원하고 출판해 주신 도서출판 경문사 여러분께 무한한 감사를 드리며, 격려해 주신 주변 여러분과 가족들에게 깊은 감사를 드린다.

2003년 3월

저자 씀

차　　례

제 I 부　수학과 학습지도론

제 1 장　수학과 학습지도의 원리

2.6 길포드

2.7 폴리아

2.8 반 힐

2.9 프로이덴탈

2.10 가다키리

제 3 장 수학과 학습지도 방법

3.1 개념적 지식과 절차적 지식

3.2 개념의 학습지도

3.3 수학적 일반성의 학습지도

3.4 기능의 학습지도

3.5 증명의 학습지도

3.6 문제해결 학습지도

3.7 특수아의 수학 학습지도

제 4 장 수학과 수업모형

4.1 교사중심 수업모형

제 II 부 수학과 평가론

제 5 장 평가의 원리

제 6 장 수학과 학습 성취도 평가

제 I 부

수학과 학습지도론

제 1 장 수학과 학습지도의 원리

1.1 활동주의

1.1.1 활동주의 교육

학습은 모방에서 시작된다고 말할 수 있다. 그러나, 만일 학습의 전 과정이 모방으로만 이루어지거나 교사의 설명만으로 이루어진다면 학생들의 학습의 결과는 교사의 수준을 넘어서기 어려우며, 교육은 현상 유지에 급급할 것이다. 실제로 학교 교육에서 학생들이 지도하는 교사보다도 우수한 면을 보이는 많은 예를 경험한다. 학생이 교사의 수준을 능가하기 위해서는 교사를 모방하는 수준을 넘어 학생 스스로 수학적인 내용을 이해하고 창조하는 학습 활동을 하여야 한다.

학생이 문자나 기호의 조작에 의해 수학적 개념을 학습하기 어려운 경우 구체물이나 반구체물을 활용한 조작 또는 관찰 활동을 함으로써 수학적 개념을 쉽게 이해할 수 있다. 이와 같이 구체물이나 반구체물을 조작 또는 관찰함으로써 어떤 개념을 학습하게 하는 것을 활동주의 교육이라고 한다.

활동주의 교육의 역사적 근원은 15세기경부터 시작한 르네상스(문예부흥) 시대 이후부터라고 할 수 있다. 르네상스 이전까지는 지식은 이상적인 형태로 존재하는 것이며, 인간이 그것을 회상하고 암기하는 것이 학습이라고 인식하였다. 그 결과 교육은 교사가 전달하는 지식을 암기하며, 교사의 지시에 따라 학습하는 것으로 생각하였다. 그러나 르네상스 시대를 맞아, 인간은 신에서 독립하여 자연의 일부로서 활동과 경험을 통하여 진정한 학습을 할 수 있다고 인식하기 시작하였다.

활동주의 교육을 최초로 주장한 사람은 Comenius(1592~1670)로서 그는 그의 저서 「대교수학(Didactica Magna, 1632)」에서 인간에게는 활동을 즐기는 경향이 있는 것을 인정하고 감각적 신체적 활동이 가장 자연스럽고 정당한 교육 방법이라고 하였다. Rousseau(1712～1778)는 〈에밀〉(1762)을 통하여 교육은 책 대신에 자연 가운데서 아동의 자발적인 활동을 통하여 이루어질 수 있음을 주장하였다. 수학이 인간의 마음 가운데에 있는 어떤 본성으로부터 연유된 것이라고 명확하게 인식한 사람은 J. H. Pestalozzi(1746~1829)이다. Pestalozzi는 사고의 양식으로서의 수학은 밖으로부터 아동에게 주입하는 것이 아니라 아동이 스스로의 활동을 통하여 구성해 내는 것이라고 주장하였다. 그는 자기의 교육관을 실천하기 위하여 Pestalozzi 학교를 설립하여 활동주의 교육을 실천하였다. J. Dewey(1859~1952)는 현대적 입장에서 활동주의 교육이론을 주장하였다. Dewey는 지식 교육에서 아동이 암기하고 있는 지식 자체를 중시하는 것이 아니라, 교과목의 지식과 아동의 경험 간에 일어나는 상호작용에 중점을 두었다. 즉, 교과목의 지식을 학습한다는 것은 그것이 아동의 경험에 완전히 흡수되어 아동의 행위에 영향을 미치는 상태로 보는 것이다. 한 예로서, Dewey는 저서 〈산술교수법〉을 통해 수 개념은 실생활에서의 측정활동을 통해 형성된다고 본다. 즉, 길이, 넓이, 부피 등과 같은 주어진 양을 단위 양으로 측정함으로써 수의 개념이 형성된다고 본다.

Pestalozzi와 Dewey 이후의 많은 교육학자 및 수학교육학자, 예를 들면 Piaget, Bruner, Dienes, Skemp, Freudenthal 등은 활동주의 입장에서 수학학습지도 이론을 제시하였다. 이들이 제시한 구체적인 학습 · 지도 이론은 제2장에서 알아보기로 한다.

1.1.2 활동주의 학습지도의 특성

활동주의에 의한 학습지도는 새로운 개념을 지도하기 위해 구체적인 경험이나 조작활동을 통해 학습하게 하는 지도 방법이다. 자연수의 개념을 처음 배우는 아동에게 자연수의 개념을 정의하고 그 성질을 분석함으로써 지도하는 것이 아니라, 자연수를 사용하는 다양한 활동, 즉 물건의 개수나 사물의 순서를 세는 활동을 통하여 자연수의 개념을 이해하게 하는 지도방법이다. 그러나 복소수의 개념을 자연수의 개념과 같이 구체적인 경험을 통하여 지도하기는 어려울 것이다. 그것보다는 임의의 이차방정식이 근을 가질 수 있게 하기 위하여 교사가 복소수의 개념을 정의하고 그 성질을 설명하고 탐구하게 하며 복소수를 벡터를 연산하는 데 유익하게 응용할 수 있음을 이해시키는 설명식 학습지도가 보편적인 지도 방법이다. 이와 같이, 활동주의 학습지도 이론은 구체적인 조작으로 학습이 가능한 아동들에게 추상화된 개념의 이해를 돕기 위해 구체적인 조작이나 관찰이 필요할 때 효과적인 학습지도 방법이다. 일반적으로 초등학교나 중등학교 저학년 수준에서 활동주의 학습지도가 효과적이다.

연구과제

다음 과제들을 소집단을 형성하여 해결하여 보고, 그 결과를 전체 학생들과 의논하여라.

1. 활동주의 학습지도의 뜻과 그 특성을 요약하여 설명하여라.

2. 활동주의 학습지도의 중요성에 대하여 토론하여라.

3. 피타고라스의 정리를 활동주의 원리에 의하여 학습지도하려고 한다. 지도의 과정을 기술하고, 다른 사람과 비교하여라.

4. 고등학교 공통수학 교육과정 중 활동주의 학습지도가 필요하다고 생각되는 주제를 찾고, 그 이유를 설명하여라.

5. 활동주의 원리로 지도하기가 적당하지 않은 수학 주제가 있다면 그것을 제시하고, 그것을 지도하기 위한 적절한 대안적 방법에 대하여 토론하여라.

1.2 발생주의

1.2.1 발생주의 교육

단편 지식의 회상과 공식의 적용 능력을 중시하는 학습지도에서는 학생들은 교사가 제시하는 잘 다듬어진 완성된 형태의 정의와 공식을 암기하고 교사의 시범에 따라 정해진 틀에 맞추어 문제를 해결하는 학습을 한다. 이 방법에 의한 학습의 결과는 교사가 지도하는 내용 또는 그와 매우 유사한 수준의 문제를 해결할 수는 있지만 학생 스스로 수학적 개념이나 원리를 이해하고 새로운 수학을 창조하기는 어렵다. 그러므로, 이러한 형태의 학습지도는 수학의 특수한 법칙이나 공식을 단시간에 응용하게 하는 목적 외에는 바람직하지 않다. 오늘날 수학 교육은 학생들이 스스로 수학적 개념과 원리를 이해하고 이것을 수학 내·외적 문제 상황에 적용하는 능력을 강조한다. 이와 같이, 학생들에게 어떤 학문이 만들어지고 응용되는 자연스런 과정에 따라 학습하도록 지도하는 것을 발생주의 교육이라고 한다.

발생주의 교육의 역사적 근원은 Socrates의 산파술에서 찾아볼 수 있다. Socrates는 Menon의 노예 소년과 대화를 하여 그 소년이 넓이가 2인 정사각형을 스스로 발견하게 하였다. 즉, Socrates는 노예 소년이 넓이가 2인 정사각형을 알고 있지 못함을 확인한 후, 적절한 질문을 차례로 제시함으로써 넓이가 2인 정사각형은 넓이가 1인 정사각형의 대각선을 한 변으로 하는 정사각형임을 스스로 발견하는 것을 Manon에게 보여주었다 (김응태, 박한식, 우정호, 1995).

수학을 지도함에 있어서 역사적으로 발생, 발달한 순서를 지켜 지도하여야 한다는 주장을 역사 발생적 원리라고 하고, 아동의 인지수준에 맞는 수학을 선택하여 지도하여야 한다는 주장을 심리 발생적 원리라고 한다.

역사 발생적 원리에 따른 수학의 지도는 수학적 개념의 발생, 발달에 대한 역사적 배경과 그 필요성을 인식할 수 있게 하며 수학적 개념을 자연스럽게 이해할 수 있게 한다. 그러나 학습지도의 대상이므로 아동이 이해할 수 있는 인지능력 수준을 고려하여 학습지도를 해야 한다.

Freudenthal은 아동이 수학을 재창조(reinvention)할 수 있도록 지도하여야 하며, 이를 실현하기 위한 수단으로서 교사는 사고 실험을 할 것을 제안하고 있다. 아동이 수학을 재창조한다는 것은 잘 조직된 교사의 안내에 따라 학생들이 수학적 개념을 스스로 이해하고 발견한다는 뜻이다. 학생이 수학을 재창조할 수 있게 지도하기 위해서 교사는 아동의 지적 상태를 이해하고 이를 바탕으로 하여 아동이 사고할 수 있는 모든 가능성을 사고하여 보고 그 결과 아동이 수학적 개념을 재창조하기에 가장 적합한 사고 과정을 찾은 다음, 그 순서에 따라 학습 과제를 재구성하여야 한다. 교사의 이와 같은 사고 활동을 사고실험이라고 한다.

오늘날 수학 교육은 내용의 중요성과 위계성 및 아동의 지적 발달 수준을 고려한 발생주의 교육에 기초하여 이루어지고 있다.

1.2.2 발생주의 학습지도의 특성

발생주의 학습지도 원리는 다음과 같은 특성이 있다(김응태, 박한식, 우정호, 1995).

① 학습자의 사전지식과 결부시킨다. 새로운 수학적 개념을 지도하려면, 학생의 사전 지식 상태를 파악하고 지도하고자 하는 개념과의 사이에 보충해야 할 과제가 무엇인가를 파악한 후 그 과제들의 계열에 맞게 학습지도를 실시한다. 이렇게 함으로써 학생은 새로운 과제의 학습을 암기가 아닌 이해를 바탕으로 학습할 수 있다.

② 문제상황을 통해 학습시킨다. 모든 수학적 개념은 반드시 어떤 필요에 의하여 정의되어 왔다. 따라서 수학적 개념의 도입은 그 개념을 정의하고 사용하여야 할 문제 상황을 이해할 때 그 개념의 필요성을 인식하게 된다.

③ 개념을 상황으로부터 비형식적으로 도입한다. 발생적 학습지도의 원리는 유클리드 (Euclid, 기원전 3세기)의 〈원론〉(Elements)을 학교 수학의 교재로 사용하기 시작하면서 수학을 논리적 형식적으로만 지도해 온 것에 대한 비판적 입장에서 그 중요성을 찾아볼 수 있다. 즉, 수학은 단순한 논리나 형식적 체계를 위한 학문이기보다는 실생활 문제를 해결하기 위해 발생, 발달된 학문이며, 수학적 개념은 구체물의 관찰과 조작 활동을 통해 도입된 후 추상화되고 구조화될 때, 학생들은 의미 있는 수학을 학습할 수 있다.

④ 습득된 수학적 지식을 여러 가지 문제 상황에 적용하게 한다. 수학

학습의 목적 중 하나는 학습한 지식을 문제 해결에 활용하기 위해서이다. 따라서, 수학 학습은 수학적 지식의 이해로 끝나서는 안 되며, 그것을 여러 가지 문제해결에 적용할 수 있게 하여야 한다.

1.2.3 학습지도의 순서

발생주의 교육에 의한 수학 학습지도는 다음의 순서로 진행할 수 있다.

① 수학적 도구를 창안하고 개발한다. 이 단계에서는 새로운 실생활 문제나 수학적 문제에 부딪혔을 때 이를 해결하기 위한 적절한 수학적 개념이나 방법, 즉 수학적 도구를 연구한다. 이 단계에서 연구된 수학적 도구는 비형식적이며 불완전한 것이라고 할 수 있다.
② 반성에 의해 추상화가 이루어져 개념적 구조적 분석이 이루어지는 단계이다. 이 단계에서는 앞 단계에서 개발한 수학적 도구를 구체적인 문제 문맥으로부터 분리하여 형식화한다.
③ 앞 단계에서 형식화된 수학적 도구나 구조를 새로운 문제 해결에 적용한다.
④ 지금까지의 활동의 결과를 반성하여 수학적 원리나 체계를 형성한다. 이로써 수학의 한 부분이 창조된다.

연구과제

1. 발생주의 교육의 뜻과 그 특성 및 지도 단계를 요약하여 기술하여라.

2. 발생주의 교육의 중요성에 대하여 토론하여라.

3. 삼각함수에 대한 극한 개념을 알고 있는 학생에게, 원에 내접하는 정다각형의 넓이를 이용하여 원의 넓이를 구하는 공식을 발생주의 교육의 원리에 맞게 지도하려고 한다. 지도의 과정을 기술하고, 다른 사람의 것과 비교하여 보아라.

4. Socrates가 Manon의 사동에게 적절한 질문을 계속하여 넓이가 2인 정사각형을 만들

수 있게 하였다. 두 사람 사이에 대화가 어떻게 전개되었을까를 발생주의 입장에서 상상하여 보고, 실제로 대화한 기록을 찾아 확인하여 보아라.(참고: 김응태, 박한식, 우정호, 1995)

1.3 구성주의

1.3.1 구성주의 교육

최근의 수학 교육은 철학적 근거를 구성주의(constructivism)에서 찾는 경향이 강하다. 구성주의에 의한 교육은, 학습자가 지식을 외부로부터 수용하여 습득하는 것이 아니라, 활발한 내적 인지적 활동을 통해 스스로 구성하는 것이다. 즉, 지식의 습득은 전수에 의한 것이 아니라 내적 인지구조를 재구조화함으로써 학생 스스로 구성해 간다는 관점이다. 지식의 자주적 구성이라고 해서 지식이 학생의 내면 세계에서 저절로 구성된다는 것을 의미하지는 않는다. 지식의 자주적 구성이란 '교사의 안내에 의한 자주적 구성'이라 할 수 있다. 따라서, 교사는 학생들에게 스스로 지식을 구성해 나갈 수 있게 하는 적절한 환경을 마련해 주어야 하며, 학생 개개인의 사고 과정을 면밀히 관찰 분석하여 학생 스스로가 자신의 사고 과정에서 발생하는 여러 가지 오류를 반성하도록 해야 한다.

구성주의에는 Piaget가 제시한 조작적 구성주의(operational constructivism), von Glasersfeld(1984, 1987, 1989) 등이 주장하는 급진적 구성주의(radical constructivism), sal Restivo(1985, 1988), Paul Ernest(1991) 등이 주장하는 사회적 구성주의(social constructivism) 등이 있다. 조작적 구성주의란 조작, 즉 가역성이 있는 일반화된 행동 패턴을 바탕으로 하여 새로운 사실을 비교 또는 대조함으로써 새로운 조작을 구성하도록 학습지도를 하는 것이다. 급진적 구성주의란 지식은 학습자가 스스로 구성하는 것으로서 그 학습자의 주관적인 것으로 보는 것이다. 사회적 구성주의란 개인이 주관적으로 학습한 지식을 다른 사람들에게 발표하고 토론함으로써 주변 사람들과 공통된 개념을 갖게 되어 그 지식은 객관화된다고 보는 것이다. 위의 세 구성주의에 대한 좀 더 구체적인 설명은 다음과 같다.

1.3.2 조작적 구성주의

Piaget에 의하면 학습은 기존의 스킴(scheme), 즉 일반화된 행동패턴을 바탕으로 하여 동화(assimilation)와 조절(accommodation)을 거쳐 스킴을 확대하거나 분화하는 것이다. Piaget는 수학적 개념을 가역성을 갖는 스킴, 즉 조작(operation)으로 보고, 수학 학습은 기존의 스킴을 바탕으로 하여 동화와 조절을 통하여 형성된 새로운 가역적 스킴을 구성하는 과정을 반복함으로써 보다 높은 수준으로 점진적으로 이루어진다고 본다(김응태, 박한식, 우정호, 1995). 수학학습에 대한 이와 같은 견해를 조작적 구성주의라고 한다.

조작적 구성주의에 의하면, 학습이 효과적으로 이루어지기 위해서는 새로운 개념이 동화나 조절을 통하여 형성될 수 있게 하는 적절한 스킴이 형성되어 있어야 한다. 즉, 새로운 수학적 개념의 학습지도는 그 개념의 바탕이 되는 선행 학습 요소들을 확인한 후 동화와 조절을 통하여 새로운 개념을 형성하도록 하여야 한다.

1.3.3 급진적 구성주의

급진적 구성주의에 의하면, 학습자가 구성한 지식은 실세계나 다른 사람과의 상호 작용, 자기의 경험세계 및 자기가 이미 갖고 있는 지식과의 교류를 통하여 경험성, 적합성, 기능성, 효율성, 합리성 등의 관점에서 취사, 선택 또는 수정을 통해 세련되는 것이다. 이러한 지식은 객관적인 것이 아니다. 이와 같은 비객관성의 원리가 급진적 구성주의의 핵심이다. 즉, 지식은 능동적으로 인식하는 주체에 의하여 구성되며, 주관적인 것으로 보는 견해가 급진적 구성주의이다.

1.3.4 사회적 구성주의

P. Ernest(1994)에 의하면 수학의 사회적 구성주의는 관습주의와 준경험주의 입장에서의 수학에 대한 관념을 세련시키고 종합함으로써 발생한 것이다. 사회적 구성주의는 수학을 하나의 사회적 구성으로 보고 있다. 그 이유는 인간이 사회적 활동을 통해 사용하고 있는 언어, 규칙, 합의는 참인 수학을 확립하고 그것을 입증하는 데 중요한 역할을 하기 때문이다. 사회적 구성주의는 준경험주의로부터 오류주의 인식론을 받아들이며, 수학적 지식과 개

념은 발달하며 변화한다는 견해를 받아들인다. 사회적 구성주의는 또한 Lakatos의 철학관인 수학적 지식은 수학적 발견의 논리를 사용하여 예측과 반박을 통하여 성장한다는 주장을 받아들인다.

수학적 지식을 사회적 구성으로 묘사하며 사회적 구성이라는 용어를 택한 배경은 다음과 같다.

i) 수학적 지식의 바탕은 언어적 지식, 관습, 규칙이며 이들은 사회적 합의에 의하여 의미를 갖는다

ii) 개인의 주관적 지식을 발표를 통하여 객관적 지식으로 바꾸는데 사람들 사이의 사회적 교류가 필요하다.

iii) 객관성 그 자체는 사회적인 것으로 이해된다.

사회적 구성주의의 중심적인 초점은 수학적 지식은 증명에 있다고 보기보다는 그것의 본질에 있다고 본다. 새로 생성된 수학적 지식은 주관적 지식이거나 객관적 지식이 될 수 있으며, 사회적 구성주의의 유일한 특성은 그것이 이 두 종류의 지식을 모두 다 생각하고 있으며 창의적인 사이클로 묶는 것이다(Ernest, 1992). 즉, 사회적 구성주의는 주관적 지식과 객관적 지식을 한 사이클로 연결하며, 그들은 서로 다른 것을 새롭게 하는 데 공헌한다. 이 사이클에서 새로운 수학적 지식은 주관적 지식으로부터 출발하여 발표를 거쳐 객관적 지식으로 이동한다. 개인이 갖고 있는 객관적 지식이나 다른 사람의 발표로부터 받아들인 수학적 개념은 새로운 수학을 학습하는 동안 개인에 의하여 내면화되고 재구성되어서 그 개인의 새로운 주관적 지식으로 발전한다. 이 주관적 지식은 발표를 통하여 객관적 지식으로 발전한다. 이렇게 하여 하나의 사이클이 완성된다. 이와 같이 수학의 주관적 지식과 객관적 지식은 각각이 다른 것의 창조와 재창조에 공헌한다. 지식의 창조적 측면에서 사회적 구성주의자들이 배경으로 하는 가정은 다음과 같다.

① 개인은 수학의 주관적 지식을 가지고 있다.

② 주관적 지식이 객관적인 지식이 되기 위해서는 발표가 필요하다.

③ Laktos의 발견술(예측과 반박)을 통하여 발표된 지식은 객관적인 지식으로 변한다.

④ 이 발견술은 객관적인 판단기준에 좌우된다.

⑤ 발표된 수학적 지식을 객관화하기 위한 비평은 객관화된 수학지식 뿐만 아니라 언어의 객관적 지식에 근거를 둔다.
⑥ 주관적 지식은 대부분 객관적 지식이 내면화되고 재구성된 것이다.
⑦ 개인은 수학적 지식을 재구성 또는 재생산할 수 있다.

1.3.5 학습지도의 순서

구성주의 입장에서 수학을 지도하기 위해서는 그 순서를 고려하여야 한다. 학습자가 새로운 수학적 개념을 형성하게 하기 위해서는 그 개념의 기초가 되는 기습지식을 재구조화함으로써 새로운 주관적인 지식을 가지게 하며 이것을 다른 학생들에게 공표하고 토론함으로써 사회적으로 객관적인 지식을 구성하게 할 수 있다.

구성주의, 특히 사회적 구성주의에 의한 학습지도의 방법은 미국의 수학교육 개혁을 선도하고 있는 CPMP(Core-Plus Mathematics Project; Hirsch 1997)가 개발한 교육과정과 교과서에 잘 나타나 있다. 이 교과서의 학습 단위인 각 단원은 다음과 같은 순서로 구성되어 있다.

첫째, 새로운 개념을 도입하기 위한 문제 상황을 제시하고 그것이 우리의 생활에 미치는 영향을 토론해 봄으로써 학습의 동기를 부여한다. 이때는 학급 전체가 함께 문제 상황을 토론한다.

둘째, 소집단으로 구성된 학생들이 탐구학습을 통하여 새로운 수학적 개념을 탐색하고 구성하여 주관적 지식을 형성한다.

셋째, 각 소집단이 탐구하여 발견한 개념들을 전체 학급에 발표하고 토론함으로써 주관적 지식을 객관적 지식으로 전환한다.

넷째, 소집단 활동을 통하여 획득한 지식을 개별적으로 반성하고 적용하는 학습을 한다.

다섯째, 다양한 수준의 연습문제를 개인의 능력에 맞게 학습하게 한다.

위의 학습지도의 특색은 소집단 활동을 통하여 탐구한 지식을 전체 학생들에게 공개하고 토론함으로써 지식에 대한 확신감과 객관성을 가지게 하는 것이다.

연구과제

1. 구성주의의 뜻과 그 특성을 요약하여 기술하여라.

2. 구성주의에 의한 학습지도의 필요성을 토론하여 보아라.

3. 수열의 합을 구하는 문제를 사회적 구성주의에 의하여 지도하려고 한다. 적합한 지도 과정을 설명하여라.

4. 개념적 지식과 절차적 지식 중 어느 것이 사회적 구성주의로 지도하는 것이 바람직하다고 생각하는가? 그 이유를 토론하여라.

5. 고등학교 시절에 사회적 구성주의로 수학을 학습한 경험이 있으면 그 내용과 방법에 대하여 토론하여 보아라.

1.4 문제해결

1.4.1 문제와 문제해결

문제해결(problem solving) 능력을 신장하는 것은 수학 교육의 중요한 목표로서, 1980년 NCTM(미국의 전국 수학교사 협의회)이 그 해의 의제 중의 하나로서 '문제해결은 80년대의 수학교육의 초점이 되어야 한다'고 선언하면서부터, 현대적 의미의 문제해결 학습지도가 세계적인 주목을 받고 연구되기 시작하였다.

문제해결의 뜻은 연습문제와 같이 해결방법을 알고 있는 주어진 질문에 대한 답을 구하는 것이 아니다. 문제해결에서의 문제란, 그 답을 곧 알 수 없을 뿐만 아니라 해결을 얻기 위한 방법이 알려져 있지 않은 것으로서, 해결하고자 하는 도전감을 주며, 어느 정도의 노력에 의하여 해결될 수 있는 상황을 말한다. 따라서, 같은 상황이라도 어떤 학생에게는 문제가 될 수 있고 다른 학생에게는 너무 쉽거나 너무 어려워서 문제가 되지 않을 수도 있다. 문제해결이란 주어진 문제가 요구하는 미지인 것을 구하거나 주어진 문제가 성립함을 증명하는 것을 뜻한다.

문제해결 학습지도의 목적은 학습자로 하여금 주어진 문제를 해결하는 능력을 기르게 할뿐만 아니라 주어진 상황에서 스스로 문제를 만들고 해결하는 능력을 가지게 하며, 문제해결을 통한 수학적 사고력과 창의적 사고력을 개발하게 하며, 협동하여 문제를 해결하는 능력을 가지게 하는 것이다.

문제해결의 학습 지도는 학생 스스로가 생소한 문제를 적절한 방법을 사용하여 해결하는 능력을 갖도록 지도하는 것이다.

문제해결 학습지도를 위해 문제를 분류하는 방법에는 여러 가지가 있다. 문제가 표현된 형식에 따라서 문장제 문제, 계산 문제, 도형문제로 나누기도 하며, 문제에서 사용하는 소재에 따라서 동전문제, 비율문제, 농도문제, 도형문제 등으로 나누는 경우도 있고, 문제해결에 사용하는 수학의 영역에 따라 집합문제, 방정식문제, 함수문제, 통계문제, … 등과 같이 나누는 경우도 있다. 그러나, 일반적으로 문제를 분류하는 한 방법은 정형문제, 비정형문제, 실생활문제로 분류하는 것이다. 정형문제란 해결의 방법이 정해져 있는 문제로서 교과서에서 주로 다루기 때문에 교과서형 문제라고도 한다. 비정형문제란 문제의 해결방법이 정해져 있지 않거나 문제의 답이 유일하게 정해지지 않는 열린 문제를 뜻한다. 비정형문제는 문제해결을 위한 사고력과 창의성를 기르는 데 효과적임으로 오늘날 문제해결 학습지도에서 많이 사용하는 문제의 유형이다. 실생활 문제란 실생활 상황에서 만들어진 문제를 뜻하며 실생활 문제는 비정형 문제인 경우가 많다. 실생활 문제의 해결은 문제해결력을 높여줄 뿐만 아니라 수학의 유용성을 이해하게 한다.

1.4.2 문제해결 지도 원리

문제 해결 능력을 기르기 위해서 문제를 잘 이해한 다음 적절한 전략을 사용할 수 있어야 하며, 해결한 결과를 반성하고 이와 유사하거나 관련 문제에 응용할 수 있어야 한다. 또한, 창의적이고 유연한 사고력을 발휘할 수 있으며 도전감과 인내력을 가지고 문제를 해결하는 태도를 가져야 한다. 학생들에게 문제해결을 지도하는 교사는 다음 사항들을 유의하여야 한다.

① 문제해결을 위한 사고방법과 문제해결 전략을 이해하고 사용할 수 있게 하여야 한다. 문제해결 학습은 문제를 스스로 해결하는 능력, 즉 발견술을 기르기 위한 것으로서 문제를 바르게 이해하고 적절한 해결 계획을 수립하며, 수립한 계획을 정확하게 실행함으로써 답을 구하며, 구해진 답의 타당성을 반성하고 나아가서 일반화함으로써 다른 문제의 해결에 응용할 수 있게 하여야 한다. 문제해결을 위한 계획을 수립할 때에는 적절한 문제해결 전략을 구사할 수 있어야 한다. 그렇게 하기 위해서는 학생 수준에 맞는 기본적인 전략, 예를 들면 식 세우기, 그림 그리기, 표 만들기, 패턴 찾기, 예상과 확인, 귀납적 추론, 연역적 추론, 반례 들기, 단순화하기, 거꾸로 풀기 등을 이해하고 적용하는 능력을 지도하여야 한다. 이러한 전략들은 문제를 해결하는 상황 속에서 탐구되어야 한다. 학생들은 다양한 방법을 조사하고 주어진 상황에 대한 전략을 평가하는 것을 배워야 한다.

② 적절한 방법과 도구를 사용할 수 있어야 한다. 문제해결을 위해 적절한 수학 지식을 사용할 수 있어야 하며, 자료를 모으고, 정리하며, 규칙성을 찾고, 해를 예측하며, 그것의 타당성을 검증하기 위해 계산기나 컴퓨터를 활용할 수 있어야 한다. 전통적인 수학 학습 지도는 종이와 연필을 중요한 도구로 사용하였지만 앞으로의 학습지도는 종이와 연필 이상으로 테크놀로지를 활용할 수 있어야 한다.

③ 협동하여 문제를 해결하는 능력을 길러야 한다. 혼자서 문제를 해결하는 것보다는 몇 사람이 협동하여 문제를 해결하는 것이 더욱 효과적임은 많은 연구들에서 입증되고 있다. 소집단을 형성하여 문제를 해결하는 학습 활동을 통해 의사교환 능력과 보다 높은 수준의 문제해결력을 기를 수 있다.

④ 실제적인 문제를 해결하는 능력을 기르게 한다. 문제해결의 문제는 수학의 내적, 외적 문제를 모두 포함한다. 때로는 몇 시간 또는 며칠이 걸리는 프로젝트도 수행해 보게 하여야 한다. 이러한 문제해결을 통하여 수학의 유용성을 경험할 수 있게 한다. 실생활 문제를 해결할 때는 수학적 모델링의 과정을 이용한다. 수학적 모델링이란, 다음과 같은 절차를 거쳐 문제를 해결하는 것을 말한다.

1.4.3 수학적 모델링

① 실생활 문제상황으로부터 문제를 구성한다. 이 과정을 단순화라고 한다.
② 구성된 문제를 수학적 모델로 변환한다. 이 과정을 수평적 수학화라고 한다.
③ 수학적 모델을 변형하여 수학적인 해를 얻는다. 이 과정을 수직적 수학화라고 한다.
④ 수학적인 해를 구성된 문제에 맞게 해설한다.
⑤ 문제에 대한 해가 실세계 문제 상황에서 타당한지를 확인한다.

이 과정을 수학적 모델링이라고 하며 이를 그림으로 나타내면 그림 1.4-1과 같다.

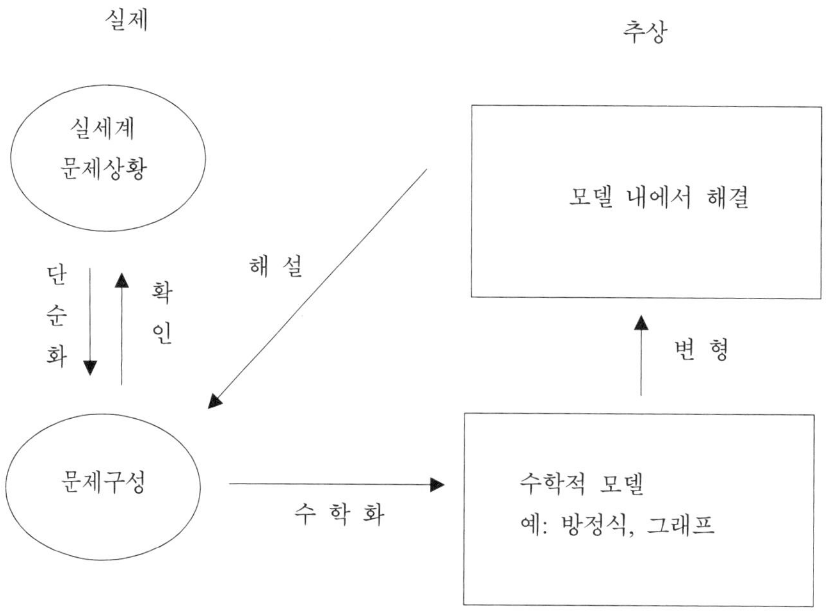

그림 1.4-1 수학적 모델링

연구과제

1. 문제해결의 뜻과 문제해결 학습지도의 필요성을 설명하여라.

2. 문제해결을 위한 사고의 단계와 문제해결에 관한 이론들을 찾아보고 그 특성을 설명하여라.

3. 앞에서 제시한 문제해결 지도 원리의 사항들을 살펴보고, 그와 같은 방법으로 문제해결을 지도받은 경험을 토론하여 보아라.

4. 어느 지점에서 한강의 폭을 구하려고 한다. 해결계획을 수립한 후 다른 사람과 비교하여 보아라.

5. 답이 한 가지로 정해지지 않는 실생활 문제를 만들고, 그 문제를 해결하여 보아라.

1.5 테크놀로지의 활용

1.5.1 활용의 필요성

전통적인 수학 교육은 저학년의 경우 수학적 개념의 이해를 돕기 위해 구체물이나 반구체물 또는 손으로 조작할 수 있는 간단한 작도 도구를 활용하였다. 그러나, 사회 전체가 테크놀로지(technology)를 기본 도구로 활용하는 정보화 사회에서는 수학 교육에서도 테크놀로지를 학습지도에 효과적으로 활용하는 방안을 강구하지 않을 수 없다. 일반적으로 학교 교육에서 의미하는 테크놀로지란 컴퓨터, 계산기, 멀티미디어 시스템, TV, VCR, 또는 다른 영상 매체 등을 포함하지만, 여기서는 테크놀로지의 개념을 컴퓨터와 계산기를 뜻하는 것으로 제한한다.

계산기 및 컴퓨터를 수학교육에 활용하는 연구는 1960년대 초부터 미국을 중심으로 진행되었다. 1960년대와 1970년대는 테크놀로지의 발달 부족으로 인하여 컴퓨터의 활용이 수학 교육에 효과적인 면도 있지만 그렇지 않다는 연구도 상당수 있어서 일부 학교에서 제한적으로 사용하는 정도였다. 그러나, 1980년대 초부터 문제해결을 강조하면서 계산기나 컴퓨터를 문제해결에 활용하는 연구가 활발하게 진행되었으며, 1990년대부터는 테크놀로지의 놀라운 발달과 경제성장으로 인하여 각급 학교가 저렴한 가격으로 멀티미디어 시스템을 모든 교실에 갖출 수 있게 됨으로써, 수학교육에서도 충분한 연구를 바탕으로 이를 효과적으로 활용할 수 있는 환경이 조성되고 있다.

1.5.2 계산기의 활용

계산기를 수학 교육에 활용하는 방법으로는 세 가지를 생각할 수 있다.

첫째, 실생활 문제 등과 같은 문제해결을 위해 복잡한 계산을 해야 할 경우 계산기를 사용함으로써 정확한 값을 신속하게 구할 수 있다.

둘째, 계산기를 문제해결을 위한 소재로 사용할 수 있다는 것이다. 예를 들면, 그래픽 계산기로 삼차함수 $y=x^3+2x^2-8x+3$의 그래프를 그리려고 할 때 화면의 크기를 어떻게 정하여야 할지를 먼저 생각해보게 하고 실제로 그래프를 그려서 그 예측을 확인해 보게 할 수 있다. 이를테면, 이 함수는 3차함수이므로 그래프의 개형은 극대점과 극소점을 가지고 y절편이 3인 연속인 곡선이 될 때까지 화면을 조정하여야 한다.

셋째, 수학 학습을 위한 보조자료로 활용할 수 있다. 과학용 계산기는 거듭제곱근, 삼각비, 지수와 로그 등을 계산할 수 있어서 이들을 학습할 때 중요한 보조자료로 활용할 수 있다. 그래픽 계산기는 함수의 그래프에 관한 기능뿐만 아니라 행렬과 행렬식의 계산, 문자식의 계산과 인수분해, 통계처리, 미분과 적분의 계산 등을 할 수 있어서 수학 지도의 중요한 보조 자료로 활용할 수 있다.

1.5.3 컴퓨터의 활용

컴퓨터가 갖는 특수한 기능에는 복잡한 계산을 정확하고 신속하게 처리할 수 있고, 많은 정보를 저장하고 확인할 수 있으며, 주어진 조건에 따라서 판단할 수 있는 기능이 있다. 따라서, 컴퓨터는 수학교육에 다양하게 이용할 수 있다. 컴퓨터를 활용하는 방법에는 프로그래밍(programming), CAI(computer assisted instruction), 마이크로월드(micro-world), 네트워크(network), 교사업무 조력 등으로 나눌 수 있다.

프로그래밍 활용은 컴퓨터의 언어를 사용하여 프로그래밍을 함으로써 수학적 문제를 해결하게 하는 방법이다. 예를 들면 수열의 항이나 합을 프로그래밍으로 구할 수 있다. 학교교육에서 주로 이용하는 컴퓨터 언어로서 초등학교나 중등학교 저학년을 위한 LOGO, 중등학교 수준을 위한 BASIC, PASCAL 등의 언어가 있는데, 최근에는 소프트웨어의 발달로 인하여 이 방법의 사용이 줄고 있는 경향이다.

CAI란 어떤 내용을 컴퓨터를 통하여 학생 스스로 학습할 수 있도록 만들어진 자료로서 개인교수(tutoring), 기능 연습(drill and exercise), 게임(game), 문제해결(problem solving) 등의 방법이 있다. 개인교수 자료는 새로운 수학적 개념을 지도하기 위한 과정을 제시하고 있으며, 학생은 이 과정을 따라 학습함으로써 새로운 개념을 학습할 수 있다. 기능 연습용 자료는 기능 숙달을 위한 것이며, 게임 자료는 컴퓨터 게임을 통한 개념학습이나 기능 숙달을 높기 위한 것이며, 문제해결 자료는 문제해결력을 기르기 위해 고안된 것이다. CAI를 활용하는 동안 학생이 오답 반응을 하였을 경우 컴퓨터로부터 즉시에 피드백을 받을 수 있게 할 수 있으며, 옳은 답을 하였을 경우 즉시 보상받을 수 있게 함으로써 학생들이 개별적으로 자기의 수준에 맞게 학습할 수 있다.

마이크로월드란, 수학 교육을 위해 특별히 만든 소프트웨어로서 학습자가 간단히 어떤 명령을 입력하여 원하는 결과를 만들어내게 할 수 있는 것이다. 예를 들면, LOGO, MATHEMATICA, G.S.P 등 다양한 종류가 있다. 수학적 문제해결력 신장과 창의적 사고력 개발을 위해 이러한 소프트웨어를 많이 사용하고 있다.

네트워크 사용이란, 인터넷을 사용하여 필요한 정보를 교환하면서 학습에 이용하는 것이다. 오늘날 많은 종류의 네트워크가 발달되어 있어서 이들을 유용하게 사용할 수 있다.

교사업무 보조용이란, 교사가 학습자료를 만들고, 사용하고, 보관하는데 도움을 주며 학생들에 관한 정보와 성적을 저장하는 등 교사의 업무를 보조하기 위하여 사용되게 하는 것이다.

1.5.4 활용상의 유의점

테크놀로지를 사용하는 것이 사용하지 않는 것보다 반드시 교육적 효과가 더 높다고 생각하는 것은 잘못이다. 예를 들면, 유리수의 덧셈 개념을 지도하기 위해 통분의 필요성을 이해시켜야 하는데, 이 과정에서는 계산기의 활용은 필요하지 않다. 그러나, 복잡한 분수를 계산하여야 하는 실생활문제를 해결하기 위해서는 빠르고 정확한 계산을 위해 계산기의 활용이 필요하다. 테크놀로지를 사용할 경우 다음과 같은 몇 가지 사항을 충분히 고려하여야 한다.

첫째, 교육적 효과를 고려한다.

새로운 학습 방법이나 도구를 사용할 때에는 그 교육적 효과를 우선적으로 고려하여야 한다. 테크놀로지의 사용이 학습의 일부분에는 효과가 있지만 다른 부분에는 효과가 검증되지 않았거나 부정적일 수도 있다. 이러한 경우는 효과가 보장된 부분에만 제한적으로 사용하여야 한다. 테크놀로지의 활용을 권장하되 활용할 부분이나 방법에서 교육적 효과를 위해 주의를 하여야 한다.

둘째, 활용의 편리성을 고려한다.

테크놀로지를 학습지도에 사용할 경우 그 사용이 편리하여야 한다. 시스템의 구조나 소프트웨어의 사용 절차가 지나치게 복잡하면 비록 내용이 교육적으로 우수하다고 해도 그 사용을 고려해 보아야 한다. 제한된 시간에 본시 학습 내용을 충분히 다룰 수 있게 하는 수업 운영 방법도 매우 중요하다.

셋째, 경제성을 고려한다.

테크놀로지나 소프트웨어를 사용할 경우, 경제적인 면을 고려하여야 한다. 예를 들면, 문제해결을 위해 복잡한 수식의 계산을 필요로 할 경우 컴퓨터를 사용하기보다는 계산기를 활용하는 것이 더 간편하고도 경제적이다. 또, 함수의 그래프 그리기나 간단한 통계처리를 위해서는 컴퓨터보다는 그래픽 계산기의 사용이 더 효과적이다. 이와 같이 여러 가지 테크놀로지 중에서 학습지도를 위해 더 편리하면서도 경제적인 것을 택하여 사용하도록 한다. 오늘날 중등학교 수학교육에서는 비교적 저렴하면서도 사용하기에 간편한 그래픽 계산기를 유용하게 사용할 수 있다.

넷째, 부가적인 영향을 고려한다.

학습지도에서 학습의 주체는 학생이며, 지도의 주체는 교사이어야 한다. 테크놀로지는 학습지도를 위한 한 도구로 사용되어야 한다. 테크놀로지의 지나친 남용은 그것 없이는 수학을 할 수 없는 것처럼 생각하게 할 위험이 있다. 수학 학습지도의 도구가 수학의 본질을 왜곡해서는 안 된다. 한 문제를 탐구하고 해결하는 데는 여러 가지 방법이 있을 수 있고, 컴퓨터나 계산기의 활용은 여러 방법 중의 하나일 뿐이다.

연구 과제

1. 테크놀로지를 수학교육에서 사용하여야 할 당위성에 대하여 토론하여라.

2. 그래픽 계산기의 기능을 조사해 보아라.

3. 창의적 사고력을 지도하기 위해 컴퓨터를 활용할 수 있다고 생각하는가? 그 이유를 학습 경험에 비추어 설명하여라.

4. 계산기나 컴퓨터의 사용이 학습지도에 도움이 되지 않는다고 생각되는 내용이 있으면 제시하고, 그 이유를 설명하여라.

5. 어느 교사가 수학지도에 관한 홈페이지를 만들려고 한다. 그 내용을 구상해 보아라.

제 2 장 수학과 학습지도의 이론적 배경

2.1 피아제

2.1.1 피아제의 인지심리학

피아제(Jean Piaget, 1896 ~ 1980)는 스위스 출신의 심리학자로서 유치원과 초등학교 수준의 아동을 대상으로 인지발달 과정에 대하여 연구하였으며, 수학 교육에 많은 영향을 미치고 있다. 그는 심리학을 공부하기 전에 생물학을 공부한 바 있는데, 생물체의 진화론에 관심을 가졌으며, 이것이 그가 인지심리학을 연구하는 데 많은 영향을 끼쳤다. Piaget에 따르면 인간의 인지 능력은 환경과 균형을 이루기 위해 본능적으로 작용한다. 이를 균형이론이라고 한다. 인지 능력은 환경과 균형을 이루기 위해 발생, 발달하며 모든 사람의 인지 능력은 태아의 발달과 같이 일정한 단계를 거쳐 발생, 발달한다고 보고 있다. 이 이론에 의하면, 지식의 습득은 교사에 의하여 전달되는 것이 아니라 학생 스스로가 동화와 조절의 인지활동을 통해 구성한다고 보는 조작적 구성주의가 가능해진다. Piaget 연구의 중요한 것 중의 하나는 아동의 인지능력은 생물체의 진화 과정과 같이 어떤 단계를 따라서 발달한다고 보고 그 단계를 밝힌 것이다. 이 이론은 학교교육, 특히 수학교육에 많은 영향을 주고 있다.

2.1.2 인지발달 단계 이론

Piaget는 인간의 인지는 계통적인 네 단계를 거치면서 발생, 발달한다고 밝혔다. 그에 따르면, 이 단계의 순서는 모든 사람에게 불변이지만 각 단계에 진입하는 연령은 유전성과 환경적 특성에 따라서 사람마다 다소 차이가 있으며, 학습지도는 이 인지발달의 단계에 맞게 실시할 때 의미 있는 학습지도가 가능하다. Piaget가 제시한 인지발달의 네 단계와 각 단계의 중요한 특성은 다음과 같다.

① 감각-운동 단계(Sensory-Motor Stage): 이 단계는 인지발달의 첫 단계로서 출생 후부터 약 2세까지 지속된다. 이 시기의 중요한 특성은 다음과 같다.

· 육체적 정신적 활동을 스킴(scheme)으로 구성하기 시작한다. 출생부터 2세까지의 어린이들은 본능적으로 빨기, 쥐기, 울기 등의 스킴을 배운다.

· 감각과 운동을 조직하는 것을 배운다.

· 물리적 대상에게 이름을 붙이는 것을 배운다.

· 시야에서 사라진 물체는 없어진 것이 아님을 배운다. 예를 들면, 이 단계의 마지막 부분에 있는 아이들은 아버지가 출근을 위해 문 밖으로 나가고 없어도 저녁이면 다시 돌아온다는 것을 이해한다.

② 전조작 단계(Preoperational Stage): 이 단계는 인지발달의 두 번째 단계로서 2세부터 약 7세까지 지속된다. 이 단계의 어린이들이 보이는 중요한 심리적 특성은 다음과 같다.

· 모방을 잘하며, 모든 사물을 자기중심적으로 바라본다.

· 자기의 생각을 다른 사람들도 다 같이 가지고 있다고 믿는다.

· 무생물도 생명체와 같이 감각을 갖고 있다고 믿는다.

· 하나와 다수 사이의 구별을 잘 하지 못한다. 예를 들면, 많은 백화점 앞에 산타 할아버지가 하나씩 있어도 산타 할아버지는 한 사람이라고 생각하며 이상하게 생각하지 않는다.

· 가역적으로 사고하기에 어려움을 느끼며, 어떤 행동을 재현하는데 어려움이 있다.

· 한 대상이나 상황에 대한 두 가지 측면을 동시에 생각할 수 없다.

· 귀납적 추론(구체에서 일반으로)을 할 수 없으며 연역적 추론 (일반에서 구체로)도 할 수 없다. 그러나, 변환적 추론(transductive)을 할 수 있다. 즉, 구체적 사실에서부터 구체적 사실에로 추론을 한다.

· 사실과 환상을 차별화할 수 없다. 어린이들의 거짓말은 도덕성의 결핍에 의해서가 아니라 현실과 그들의 상상적 세계를 구별하지 못하기 때문에 일어나는 경우가 많다.

· 자기의 믿음에 대한 이유를 제시할 수 있다.

- 사물의 집합을 하나의 기준에 의하여 분류할 수 있다.
- 동적인 개념을 습득하기 시작한다.

③ 구체적 조작단계 (Concrete Operational Stage): 구체적 조작 단계는 7세에서 12, 13세에 걸쳐 지속되며 그 이후까지도 지속되는 경우가 있다. 이 단계의 아동들이 보이는 중요한 특성은 다음과 같다.

- 자기중심적 행동이 급격히 줄며, 혼자 노는 대신 다른 아이들과 어울려 놀기를 좋아한다.
- 여러 가지 특성이 있는 대상들을 구체적인 특성에 따라 집합과 부분집합으로 분류할 수 있으며, 한 대상의 여러 가지 특성을 동시에 생각할 수 있다.
- 농담을 이해하기 시작하지만, 격언의 설명을 이해하는 데 어려움을 느끼며 격언에 숨어 있는 뜻을 잘 이해하지 못한다.
- 여러 가지 보존 개념을 형성한다. 이 시기에 형성하는 보존 개념의 종류는 다음과 같다.
  - i) 물질량의 보존: 물질의 양은 분할이나 변형과 관계 없이 변하지 않는다.
  - ii) 수의 보존: 원소의 개수는 배열과 관계없이 변하지 않는다.
  - iii) 길이의 보존: 물체의 길이는 이동과 분할 혹은 변형과 관계없이 변하지 않는다.
  - iv) 넓이의 보존: 면의 넓이는 분할 혹은 변형과 관계 없이 변하지 않는다.
  - v) 무게의 보존: 물질의 무게는 분할이나 변형과 관계 없이 변하지 않는다.
  - vi) 부피의 보존: 물체의 부피는 분할이나 변형과 관계 없이 변하지 않는다.
- 연산과 절차를 역순으로 할 수 있다. 즉, 가역적 사고를 할 수 있다.
- 다른 사람의 견해를 이해하기 시작하며 이 단계의 말기에서는 구체적인 예를 통하여 귀납적, 연역적 추론을 하기 시작한다.
- 역연산, 대입, 집합의 합집합과 교집합 구하기, 구체물을 크기 순서로 배열하기 등과 같은 계산을 수행할 수 있다. 그러나, 이 연산들을 언어로는 잘 할 수 없다.

· 판단과 논리적 추론 능력은 잘 발달되지 않는다. 예를 들면, 이 단계의 아이들은 "영희는 순희보다 크다. 영희는 정희보다 작다. 세 사람 중 누가 제일 작은가?" 같은 문제를 잘 해결하지 못한다.
· 크기가 다른 한 묶음의 막대를 크기의 순서로 배열할 수 있다.
· 정의를 잘 이해하지 못하며, 몇 개의 구체적 사실로부터 일반화를 할 수 없다. 예를 들면, $2+3=3+2$, $8+11=11+8$을 이해하면서도 이로부터 일반화된 교환법칙 $a+b=b+a$를 이끌어내지 못한다.
· 변수를 포함한 수학적 기호 조작은 이해하기 어려우며, 대수를 의미의 이해를 통해서보다는 공식의 암기에 의해서 학습할 수 있다. 예를 들면, $(x+y)^2=x^2+y^2$, $\frac{a+b}{a}=b$, $\sqrt{x^2+y^2}=x+y$ 라고 생각하는 경향이 있다.
· 구체물 자료를 조작하여 여러 가지 모양을 창의적으로 구성할 수 있다.

④ 형식적 조작단계(Formal Operational Stage): 형식적 조작단계는 12세 이상부터 시작된다. 이 단계에서 보이는 중요한 특성은 다음과 같다.
· 구체적인 조작에 의존하지 않고도 정신적 추상을 표현하거나 설명할 수 있다.
· 많은 견해를 동시에 생각할 수 있다.
· 그들의 활동을 객관적으로 볼 수 있으며, 자신의 사고 과정을 반성해 볼 수 있다.
· 정리를 만들고, 가설을 세우고, 여러 가지 가설을 시험할 수 있다.
· 적절한 상황에서 정의, 법칙, 공식 등을 이해하고 사용할 수 있다.
· 귀납적 사고, 연역적 사고, 함의적 사고(만일 …이면 …이다.) 등을 할 수 있다.
· 순열과 조합, 명제, 상관관계, 확률 등의 복잡한 개념을 이해하고 응용할 수 있다.
· 무한대와 무한소의 개념을 인식할 수 있다.

2.1.3 수학과 학습지도 원리

Piaget는 아동의 인지 발달 단계에 관해 연구하였지만, 학습지도에 관해서는 구체적으로 언급하지 않았다. 그 뒤 수학교육자들은 Piaget의 이론을 바탕으로 다음과 같은 학습지도 이론을 개발하였다.

⑴ 전교육과정 원리(precurriculum)

피아제의 공동연구자인 Inhelder 여사는 전조작 단계에 있는 초등학교 입학 전 아동에게는 수학적 개념의 지도가 아닌 논리적, 수학적 경험이 필요함을 역설하였다. 논리적, 수학적 경험이란 기본적인 입체도형이나 평면도형을 손으로 조작하여 창의적으로 여러 가지 모양을 만들거나 분류하기, 순서적으로 배열하기 등과 같은 논리적이고 수학적인 사고 활동을 경험하게 하는 것이다. 이러한 활동을 충분히 경험하는 것은 다음 단계에서의 수학적 개념의 이해와 계산기능 등에 중요한 영향을 미치므로, 유치원 교육에서 논리적, 수학적 경험은 중시한다.

⑵ 활동적 학습원리

활동적 학습원리란 수학적 개념을 추상적으로 지도하기 전에 구체적인 조작 활동이 선행되어야 한다는 것이다. 아동의 조작 활동을 촉진시키기 위해서는 도전감을 주는 적절한 문제와 활동자료를 제시하여야 한다. 또, 학생들의 활동을 촉진하기 위해서 교사는 탐구적인 질문을 제시하며 학생들은 소집단을 형성하여 토론과 탐구활동을 할 수 있게 하여야 한다. 특히, 학생들의 자발적인 학습 활동을 촉진하기 위해서는 적절한 활동 자료가 절대적으로 필요하다. 전통적으로 사용해온 학습활동자료로서는 퀴즈네르의 색막대, 딘즈의 대수블록과 성질판, 가테그노의 기하판 등이 있다. 최근에는 컴퓨터와 계산기를 이용하는 많은 활동자료들이 개발되어 있다.

⑶ 통합의 원리

아동에게 새로운 개념을 학습하게 할 경우 개념을 단편적이고 고립적으로 이해하는 데에 그치게 할 것이 아니라 아동이 가지고 있는 기존의 개념과 관련을 지어서 학습하게 한다. 그 결과 아동이 학습한 새로운 개념은 기존의 개념들과 밀접한 관계를 가지게 하는 것이다. 예를 들면, 유리수의 덧셈은 유리수를 분모가 같은 수로 변형한 다음 정수인 분자들의 덧셈으로 생각하게 할 수 있으며, 복잡한 모양의 다각형의 넓이는 이들을 삼각형 또는 기본적인 사각형으로 분해한 다음 이 기본 도형들의 넓이를 이용하여 구할 수 있게 한다.

(4) 조작적 원리

Piaget에 의하면 사고의 기본적인 요소는 조작(operation)이다. 조작이란 실제적인 행동이 내면화된 가역적인 행동으로서, 이전의 행동이나 조작을 바탕으로 탐구활동을 통하여 구성된다. 이 원리에 의하면, 학습의 결과는 같은 행동을 반복적으로 할 수 있을 뿐만 아니라 그 역순도 생각할 수 있어야 한다. 이 원리에 의하면, 덧셈을 지도할 때 뺄셈의 개념을 탐구해 보게 하며, 어떤 명제의 참, 거짓을 생각할 때 그 역의 참, 거짓도 탐구해 보게 하는 것이 바람직하다.

(5) 발달단계에의 순응

Piaget에 의하면, 아동의 인지 발달은 누구나 Piaget가 제시한 인지 발달의 네 단계를 거친다. 아동의 학습은 인지 발달의 단계에 맞게 이루어져야 하며, 조기학습이나 지연학습을 할 필요가 없다고 보는 것이 피아제 학파의 견해이다. 이 이론에 의하면, 그 단계에 맞는 학습활동이 학습의 효과를 높이며, 조기학습을 한다고 해도 정상적으로 학습한 아동에 비하여 장기적으로 볼 때에는 별 차이가 없다는 것이다.

연구 과제

1. Piaget의 생애와 인지과학 연구에 대하여 조사하여라.

2. Piaget의 인지발달 단계 이론에 의하면 수학적 개념은 어느 단계부터 지도하는 것이 좋다고 생각하는가? 그 이유를 설명하고 우리 나라 어린이들의 취학 연령과 비교하여 보아라.

3. 조기교육의 가능성과 필요성에 대하여 Piaget의 이론과 현실적 상황에 근거하여 토론하여 보아라.

4. 중학교 2학년 학생들에게 형식적인 증명을 지도할 수 있다고 생각하는가? 그 이유를 설명하여라.

5. 다항식의 곱셈을 지도한 후 인수분해를 지도하는 것과 이들을 동시에 지도하는 것 중 어느 것이 더 바람직하다고 생각하는가? 그 이유를 Piaget의 이론에 근거하여 설명하고, 여러분의 학교 경험을 근거로 토론하여 보아라.

2.2 브루너

2.2.1 브루너의 학습지도 이론

브루너(Jerome Bruner)는 1960~1970년대에 걸쳐 학습지도에 관한 많은 연구와 업적을 남겼으며, 특히 수학교육 현대화 운동에 많은 영향을 준 학자이다. Bruner가 Wood Hole 회의에서 제시한 학교 교육을 위한 중요한 학습지도 이론은 교과목의 구조 지도, 학습의 준비도, 직관적 사고와 분석적 사고, 학습을 위한 동기유발에 관한 것이다.

(1) 교과목의 구조 지도

교과목의 구조 지도란, Bruner에 의하면 모든 교과목은 각각의 고유한 구조가 있다. 따라서 교과목의 지도는 바로 그 과목의 구조를 지도해야 한다는 것이다. Bruner가 의미하는 구조란 개념들 사이의 관계 망의 형성이다. 수학을 예로 들면, 수학적인 개념들을 단편적으로 지도할 것이 아니라 그들 사이의 관계를 지도하여야 한다는 것이다. 예를 들어 부채꼴의 넓이를 지도하려면 부채꼴의 넓이는 중심각에 비례함을 이해함으로써 원의 넓이를 이용하여야 함을 알게 하며, 원의 넓이를 구하는 방법은 그 넓이는 변하게 하지 않은 채 원을 직사각형으로 변형할 수 있음을 이해하게 하며, 이 직사각형의 넓이가 그 원의 넓이임을 이해하게 하는 것이 부채꼴의 넓이를 구조적으로 지도하는 것이다.

Bruner는 교과의 구조파악의 이점으로서 다음과 같은 점을 들고 있다(김응태 외 2인, 1995).

첫째, 기본적인 사항을 이해하면 내용을 훨씬 쉽게 파악할 수 있다.

둘째, 세세한 사항은 구조화된 패턴 안에 들어 있지 않으면 쉽게 잊어버린다.

셋째, 기본적인 원리나 아이디어를 이해하는 것은 적절한 훈련의 전이를 가능하게 하는 주된 방법이다.

수학자들은 수학적 구조를 Bruner와는 다르게 사용하고 있다. 예를 들면 대수적 구조로서 군(group)이 있다. 군이란 어떤 집합과 연산이 있어서 집합은 연산에 대하여 닫혀 있고, 항등원이 있고, 역원이 있으며, 결합법칙이 성립할 때 그 집합과 연산은 군을 이룬다고 한다. 정수의 집합, 유리수의 집합, 실수의 집합은 각각 덧셈연산과 결합하여 군을 이루지만 자연수의 집합과 덧셈연산은 군을 이루지 못한다. 이와 같이 수학자들이 사용하는 구조의 개념은 특수한 대상들이 만족하는 성질들을 추상화하여 하나의 개념으로 만든 것이다. 어떤 수학적인 구조의 성질을 이해하고 있으면, 그 구조를 만족하는 모든 대상들의 성질을 이해할 수 있기 때문에 수학자들도 수학을 구조화하여 지도하는 것이 바람직하다고 주장한다. 그러나 수학적 구조는 매우 추상적인 것이기 때문에 학습자의 인지 수준을 고려하여 지도하여야 한다.

(2) 학습의 준비도

Bruner는 Piaget와 같은 입장에서 학습자는 학습을 위한 인지수준이 준비되어 있어야 한다고 한다. 이는 새로운 개념의 학습은 이미 알고 있는 개념들을 바탕으로 이루어져야 한다는 것이다. 개념을 표현하는 방법도 학습자의 수준에 따라서 활동적인 방법, 영상적인 방법, 상징적인 방법을 택할 수 있다. Piaget와 다른 점은 Piaget의 학습 수준 이론은 학습자의 연령과 관계가 있음을 밝혔지만 Bruner는 오로지 학습의 준비도와 표현수단의 능력에 따라서 다음 수준의 학습이 가능하다고 본 것이다.

(3) 직관적 사고와 분석적 사고

Bruner는 어떤 개념을 학습할 때, 먼저 예측을 하고 그것이 타당한지를 확인하는 방법을 주장한다. 즉, 직관적 사고에 의한 예측과 분석적 사고에 의한 확인(증명)의 순서로 학습할 것을 주장한다. 이 방법은 그의 유명한 발견학습 이론으로 연결된다. 그에 따르면 학습은 교사의 설명을 피동적으로 수용하는 것보다는 학생들이 능동적인 탐구활동을 통하여 새로운 개념이나 원리, 법칙을 발견하는 것이 바람직한 학습이다. 이와 같은 학습을 발견학습이라고 한다.

발견학습의 의미에는 두 가지 측면이 있다. 하나는 고전적인 것으로서 Plato의 「대화편」에 나오는 소크라테스식의 질문에 의하여 학습자가 알고 있는 것을 재조직하고 회상해 내게 하는 것이다. 다른 하나는 Bruner의 발견학습으로서 아동은 구체적인 자료를 다루는 가운데, 그가 이해하고 있는 직관적인 규칙성과 대응하는 규칙성을 발견하게 된다. 발견이란 앞서 알게 된 아이디어의 내적인 재조직을 포함한다. Bruner에 의한 발견학습지도의 예로서, Dienes와 공동으로 연구한, 대수블럭조작을 통하여 2차식의 인수분해를 이해시키는 방법이 있다(3장 참조).

(4) 동기유발

Bruner는 어떤 개념을 지도하기 위해서는 학습자가 그 개념을 학습하고 싶어하는 충분한 동기를 갖게 하여야 한다고 한다. 충분한 동기유발 없이는 학습자의 능동적인 탐구활동이 일어나기가 어렵다. 충분한 동기유발과 지속적인 흥미와 관심을 갖게 하는 것은 성공적인 학습지도를 위한 선행조건이다.

위와 같은 Bruner의 학습지도 이론들을 분석해 보면, 학습의 중요성은 단편적인 내용을 암기하고 활용하는 것보다는 학생 스스로 적극적으로 참여하는 탐구활동을 통하여 수학적 원리나 법칙을 발견하며 그들 사이의 관계를 비교 대조함으로써 수학적 개념이나 원리들 사이의 구조를 형성하여 수학을 학습하는 것이 바람직한 학습이다.

2.2.2 EIS 표현수단

Bruner의 학습지도 이론에 의하면, 수학적 주제를 지도하기 위해서는 학습자의 지적 수준에 맞는 표현방법을 사용하여야 한다는 것이다. 즉, 학습의 발전은 표현수단의 발전이라고 할 수 있다. Bruner가 제시한 표현수단에는 활동적 표현(enactive presentation), 영상적 표현(iconic presentation), 상징적 표현(symbolic presentation)이 있다. 활동적 표현이란 개념을 구체물 또는 물리적 활동을 통하여 표현하는 것이다. 예를 들면, 등식의 성질을 평형저울을 사용하거나 놀이터에서 시소를 타고 균형을 맞추어보는 것이다. 영상적 표현이란 수학적 개념을 그림을 그려 표현하는 것이다. 덧셈이나 뺄셈, 곱셈식의 전개 등을 그림으로 그려 표현할 수 있다. 상징적 표현이란 수학적 개념을 문자나 기호만을 사용하여 표현하는 것이다. 문자식, 함수, 그래프의 사용 등은 이에 속한다. 이 세 가지 표현 수단을 EIS 표현수단이라고 한다. 이 세 단계의 표현 수단의 발전에 따라 지도하는 것을 Bruner의 나선형 교육이라고 한다.

Bruner가 제시한 학습 이론들을 요약한 것으로 다음과 같은 것이 있다.

① 바람직한 학습지도는 학생들이 학습하는 방법을 학습하게 하는 것이다.
② 어떤 과목의 어떤 주제도 어떤 발달단계에 있는 아동에게 지적으로 정직한 형태로 지도할 수 있다.
③ 초등학교 3학년 학생이든 연구하는 학자이든 구분 없이 지적인 활동은 다르지 않다.
④ 동기유발의 가장 좋은 형식은 그 과목에 대한 흥미이다.

2.2.3 지적 성장의 특징

Bruner(1974)가 학습지도 이론을 제시한 저서 「교수이론에 관하여」(*Toward a Theory of Instruction*)에 제시한 내용을 분석해 보면, 지적 성장에 관한 여섯 가지 특징을 파악할 수 있다. 그 내용은 다음과 같다.

(1) 자극과 반응의 분리

Bruner에 의하면, 인간의 인지적 성장이란 직접적이고 구체적인 자극으로부터 자기의 반응을 분리하는 능력의 증가이다. 인간은 지적으로 성장함에 따라 자기에게 주어지는 어떤 자극에 대해 반응을 늦추거나 재구성하며 통제할 수 있게 된다. 즉, Bruner의 학습 이론은 자극과 반응의 관계에 의하여 학습을 연구하는 행동주의 심리학자들과는 견해를 달리한다.

⑵ 외적 사실의 내면화

외적인 사실을 학습자의 정신적 구조 속으로 내면화하는 능력의 발달이다. 그 결과 학생들은 구체적 사실을 일반화하는 능력이 향상된다. 이 이론은 구성주의 이론의 바탕을 이룬다.

⑶ 표현 능력(EIS 표현수단)

어떤 사실을 언어와 기호를 사용하여 표현하는 능력이 발달한다. 동일한 수학적 개념을 지적 수준에 따라 활동적, 영상적, 상징적 수단으로 표현할 수 있다.

⑷ 상호작용의 효과

정신적 발달은 학생과 교사의 체계적이고 구조화된 상호작용에 의존한다. 여기서 교사란 학생을 지도하는 학생, 학부모, 학교 교사를 모두 포함한다. Bruner는 이 이론을 통해 교육의 사회성, 협동성을 주장한다.

⑸ 적절한 언어사용

지적 성장은 언어의 사용을 통하여 향상된다. 학생이 이해하고 있는 수학적 아이디어를 표현하고 다른 사람을 설득하기 위해서는 적절한 언어를 구사할 수 있어야 한다.

⑹ 다양한 변인의 동시 취급

지적 성장은 여러 가지 변인을 동시에 취급할 수 있게 한다. 지적 성장은 여러 가지 조건을 동시에 고려할 수 있게 하며, 모순성과 대안을 동시에 생각할 수 있게 한다. 즉, 다양한 개념을 비교·대조하여 관계를 생각해 봄으로써 지적 성장을 꾀할 수 있다.

2.2.4 수학과 학습지도 이론

Bruner는 학습에 대한 일반적 이론을 연구하였을 뿐만 아니라 동료들과 함께 수학수업 교실을 여러 차례 관찰하였으며, 수학 학습지도에 관한 실험을 실시하였다. 그 결과 수학 학습지도에 관한 다음과 같은 네 가지 이론을 제시하였다.

(1) 구성 이론

이 이론에 의하면, 수학적 개념, 원리, 또는 법칙을 학습하기 시작하는 학생들에게 가장 좋은 방법은 그것의 표현을 구성하는 것이다.

전통적인 학습에서는 학생들은 교사가 제시한 표현을 분석함으로써 수학적 아이디어를 파악할 수 있었다. 그러나, Bruner는 모든 학생, 특히 어린 학생은 수학적 아이디어를 자기 자신의 표현으로 구성하여야 한다고 믿었다. 그 이유는 학생이 수학적 법칙을 스스로 구성하도록 도와줌으로써 법칙을 더욱 잘 기억할 뿐만 아니라 적절한 상황에 바르게 사용할 수 있기 때문이다.

Bruner는 완성된 수학적 법칙을 학생들에게 전수하는 것은 학습의 동기를 저하시키며 많은 학생들에게 수학 학습의 혼란을 초래하는 것을 발견하였다. 개념학습의 초기 단계에서, 학생들이 개념의 표현을 구성하면서 실행하는 구체적인 활동에 의하여 그 개념을 이해함을 발견하였다.

(2) 기호화 이론

이 이론에 의하면, 초기의 구성이나 표현은 학생들이 지적 발달 수준에 적합한 기호를 사용함으로써 인지적으로 더욱 단순화되며, 더욱 잘 이해된다.

수학에서 효과적인 기호체계는 원리를 확장할 수 있게 하며, 새로운 원리를 창조할 수 있게 한다. 방정식을 표현하는 적절한 기호 체계를 사용하지 않고는 방정식이나 연립방정식의 풀이에 대한 학습은 매우 느리게 이루어진다. 함수를 $y=f(x)$와 같이 표현하면 초등학교 학생들은 이해하지 못한다. 초등학생들에게는 $\square=2\triangle+3$과 같이 함수를 표현하는 것이 $y=2x+3$과 같이 표현하는 것보다 더 잘 이해된다.

학생들의 수준에 맞는 기호의 사용은 수학 학습에 많은 영향을 미친다. 나선형식 학습지도는 학생의 지적 성장에 맞는 기호화의 수준을 맞추기 위한 것이다.

(3) 대조와 다양성 이론

이 이론에 의하면, 수학적 개념의 학습은 그 개념을 독립적으로 학습하는 것보다는 그 개념을 다른 개념과 대조하면 더욱 잘 이루어진다. 예를 들면, 기하 학습에서 원의 호, 현, 반지름, 지름, 부채꼴, 할선, 활꼴 등의 개념은 단독으로 학습하기보다는 다른 개념들과 대조해 봄으로써 더욱 잘 이해된다. 또, 많은 수학적 개념 중에는 대조에 의하여 정의함으로써 더욱 쉽게 이해하게 하는 경우도 있다. 예를 들면, 소수(prime number)를 자연수 중 1과 합성수를 제외한 수라고 정의하기도 하며, 유리수를 인식한 학생들에게 무리수를 유리수가 아닌 수라고 정의하기도 한다.

수학에서 정의만으로는 지도하기 어려운 일반적인 개념을 학습하기 위해서는, 다양한 예를 사용하여 그 개념을 표현하여 보아야 한다. 예를 들면, 집합의 기호를 지도하기 위해서는 집합의 기호 { }를 사용한 여러 집합의 예를 제시함으로써 {1, 2, 3, 4}는 집합이지만 1, 2, 3, 4는 집합이 아님을 인식할 수 있게 한다.

⑷ 연결성 이론

이 이론에 의하면, 수학에서 각 개념, 원리, 법칙은 다른 개념, 원리, 법칙들과 연결되어 있다. 수학의 각 분야에 있는 요소들 사이의 구조화된 연결은 분석적이고 종합적인 수학적 추론을 가능하게 할 뿐만 아니라 수학적 사고에서 직관적 비약도 가능하게 한다. 수학자들의 가장 중요한 연구 활동은 수학적 구조 사이의 연결성과 관련성을 연구하는 것이다.

수학을 지도함에 있어서 교사는 학생들에게 수학적 구조 사이의 대조와 변화를 관찰하게 돕는 것이 필요할 뿐만 아니라, 학생들은 다양한 수학적 구조 사이의 연결성을 인식하여야 한다. Gagne는 수학 학습에서 학습과제의 상세화를 주장한 바 있는데, 학습과제의 상세화란 바로 수학적 연결성을 분석하는 것이다.

오늘날 학교 수학은 대수, 기하, 해석 등의 각 영역에서 또는 이들 영역 간의 연결성의 지도를 시도하고 있다. 연결성은 수학의 발전에 중요하며 연결성의 인식은 수학 학습의 중요한 한 요소이다. 대부분의 수학적 토픽들은 다른 수학적 토픽들과 연결되어 있기 때문에, 발전적이고 의미 있는 학습이 이루어지기 위해서는 주제들 사이의 연결성을 이해하여야 한다.

연구과제

1. Bruner의 학습지도 이론을 요약하고 수학교육에 미친 영향에 대하여 토론하여라.

2. Bruner가 의미하는 구조와 수학에서 사용하는 구조의 의미상의 차이점을 설명하고 이들이 수학 교육에서 차지하는 비중에 대하여 토론하여 보아라.

3. 발견학습 방법으로 수학을 학습한 경험을 구체적인 예를 통하여 설명하여라.

4. 역함수의 개념을 정의한 후 주어진 함수의 역함수를 구하는 방법을 발견학습 방법으로 지도하려고 한다. 그 절차를 설명하여라.

5. 우리 나라 수학과 교육과정에 나선형식 교육이 적용된 예를 찾아 설명하여라.

2.3 딘 즈

2.3.1 딘즈의 수학교육관

딘즈(Zoltan P. Dienes, 1916~)는 헝가리, 프랑스, 영국에서 교육을 받았으며, 수학교육과 수학지도 체계를 개발하기 위한 학습심리학 연구에 많은 공헌을 하였다. 그는 Piaget의 학습심리학에 많은 영향을 받았으며, 수학을 더욱 흥미 있고 쉽게 공부할 수 있게 하는 데 대하여 연구하였다. 그 결과는 수학을 흥미 있게 공부할 수 있게 하는 수학적 개념학습의 원리, 개념 학습의 단계, 수학 학습에 활용할 수 있는 조작자료 개발 등에 많은 공헌을 하였다.

그는 저서 "*Building up Mathematics*"에서 수학교육에 대한 견해를 다음과 같이 요약하였다.

…현재로서는 유치원에서 성인에 이르기까지 어떤 수준의 아동에게도 단지 몇 가지의 방법만으로 수학을 정직하게 지도할 수 있다고 말하기는 어렵다. 매우

> 많은 어린이들이 수학을 싫어하며, 많은 학생들은 나이가 들수록 매우 단순한 수학마저도 어려움을 느낀다. 솔직히 들여다 보면, 대부분의 어린이들은 수학적 개념의 참 의미를 전혀 이해하지 못하고 있다. 잘 한다고 해야 복잡한 기호를 조작하는 기교에 맹목적으로 익숙한 정도이며, 최악의 경우는 현재의 학교 교육이 필수적으로 요구하는 수학을 전혀 이해하지 못하고 헤매고 있는 것이다. 대다수의 학생들에게는 시험을 보고 나면 더 이상 생각할 필요가 없는 것이 수학이다. 어느 정도의 예외는 있지만 이 상황은 매우 일반적이다. 수학은 일반적으로 어렵고 트릭을 쓰는 것으로 간주된다. 단지, 극소수의 교사가 수학에 심혈을 기울여 수학을 재미있고 덜 어렵게 지도하고 있다. …

Dienes는 수학 학습을 구조의 연구와 구조들의 관계성 규명으로 본다. Dienes가 의미하는 구조는 개념이며, 구조의 지도는 초기에는 구체적이고 물리적인 다양한 표현 수단을 통해 이루어져야 하며 그 결과 학생들이 발견한 것을 추상화, 기호화, 형식화함으로써 수학적 개념의 학습이 이루어진다.

Dienes에 의하면, 수학적 개념에는 순수 수학적 개념, 기호적 개념, 응용된 개념의 세 유형이 있다.

① 순수 수학적 개념이란 수의 분류와 수 사이의 관계성을 다루는 것이며 그것을 표현하는 수단과는 전혀 별개의 것이다. 예를 들면, 육, 8, XII, 1110(이진수), △△△△들은 모두 표현의 수단에 관계 없이 짝수를 나타내는 것이며, 어떤 짝수를 나타내는 표현 수단이 다를 뿐이다.

② 기호적 개념이란 수를 나타내는 방법에 의해 정해지는 수의 성질이다. 십진법에 의한 수 275는 2백, 7십, 5를 나타내는 것으로 상형문자나 로마 수체계로 나타내면 매우 복잡하여 다루기가 쉽지 않다. 방정식의 경우도 미지수를 문자로 나타내는 방법을 사용함으로써 매우 쉽게 다룰 수 있게 되었으며 오늘날의 수학으로 발전할 수 있게 하였다.

③ 응용된 개념이란 수학의 내·외적 상황에서 문제해결을 위해 순수 수학적 개념과 기호적 개념을 응용한 것을 뜻한다. 예를 들면, 길이가 일정한 끈으로 넓이가 최대인 직사각형을 만들려면 이차함수의 최대값이나 산술평균과 기하평균의 개념을 이용할 수 있다. 이때, 이

차함수의 최대값 개념이나 산술평균과 기하평균의 개념은 응용된 개념이다.

수학적 개념의 학습은 위의 세 가지 개념을 차례로 이해할 수 있게 지도하여야 한다. 그렇지 않으면 맹목적 암기나 기호 조작 또는 기계적 응용에 그치고 말 가능성이 많다.

Dienes는 개념 학습을 자극-반응의 이론으로서는 설명할 수 없는 창조적인 예술로 취급한다. 그는 모든 추상화는 직관과 구체적인 경험에 의존한다고 믿는다. 그 결과 수학지도 체계는 수학실험실, 조작 대상, 수학적 게임 등을 강조한다. 그에 의하면 수학을 학습하기(즉, 구조를 분류하고 관계성을 규명하기) 위해서는 학생들은 다음과 같은 학습활동을 하여야 한다.

① 수학적 구조와 그들의 논리적 관계성을 분석한다.
② 상이한 몇 개의 구조나 사건으로부터 공통된 속성을 추상하며 그 구조나 사건을 하나의 소속으로 분류한다,
③ 이미 학습한 수학적 구조를 더 넓은 경우로 확대하여 보다 좁은 범위에서 정의된 유사한 성질들을 포함한다.
④ 이미 학습한 추상화를 사용하여 더욱 복잡하고 더욱 높은 수준의 추상화를 구성한다.

2.3.2 수학적 개념의 학습지도 단계

Dienes는 수학적 개념은, Piaget의 지적 발달단계와 다소 유사한, 발전적인 단계에 의하여 학습된다고 믿는다. 그는 다음 절에서 제시할 개념 학습의 원리에 의하여 수학적 개념의 학습지도를 위한 다음과 같은 여섯 단계를 제시한다.

1 단계: 자유놀이

개념 학습의 자유놀이 단계는 구조화되지 않은, 방향이 제시되지 않은 활동들로 구성되어 있어서 학생은 학습하여야 할 개념의 물리적이고 추상적인 표현을 경험하고 조작하게 한다. 이 단계의 개념 학습은 자유롭고 구조화

되지 않아야 하며, 교사는 학생이 조작할 수 있는 풍부하고 다양한 자료를 제공하여야 한다. 이 단계에서 새로운 개념의 요소를 포함하는 보다 일반적인 학습활동을 통하여 학습하고자 하는 개념의 요소를 처음으로 경험하게 된다.

2 단계: 게임

이 단계에서는 자유놀이 활동에 내포되어 있는 규칙성과 일반성을 관찰하기 시작한다. 그들은 사건을 다루는 규칙을 인식하며, 어떤 것은 가능하며 어떤 것은 불가능하다는 것을 알게 된다. 일단 학생들이 사건을 결정하는 규칙과 성질을 발견하면 게임할 준비가 된 것이다. 학생들은 교사가 만든 게임을 할 수도 있고 스스로 게임을 만들어 할 수도 있다. 게임을 통해서 학생들은 그 개념을 경험하게 되며 그 개념의 수학적 구조를 분석하기 시작한다. 그 개념을 포함하는 다양한 게임은 그 개념의 논리적 수학적 요소를 발견하는 데 도움을 준다.

3 단계: 공통성 찾기

학생들은 여러 번의 게임을 통해서 이기는 경우의 공통성을 발견한다. 즉, 그 게임을 항상 이기기 위한 어떤 특성을 발견한다. 이것이 다양한 유형의 게임을 통한 공통성의 발견이다.

Dienes에 의하면, 교사는 학생들이 게임에서 공통성을 지각할 수 있도록 도울 수 있다. 방법은 모든 예에 공통되는 추상적 성질을 바꾸지 않은 채 한 예에서 다른 예로 변환할 수 있음을 보여주거나 동시에 여러 가지 예를 생각하게 함으로써 각 예로부터 공통 성질을 발견할 수 있게 하는 것이다.

4 단계: 표현

학생들은 각 예에 있는 공통 요소를 관찰한 후, 그것을 구술로나 그림으로 표현해 본다. 학생들은 각 예에서 발견한 모든 공통 요소들을 다 포함할 수 있는 표현 방법을 개발하거나 교사로부터 배울 필요가 있다. 개념의 표현은 예들보다는 더욱 추상적이며, 개념에 깔려 있는 추상적인 수학적 구조를 더욱 잘 이해하게 해 준다.

5 단계: 기호화

이 단계에서 학생들은 개념의 표현을 묘사할 적절한 언어적 수학적 기호를 형성해야 한다. 개념을 표현하기 위해 자기 자신의 기호적 표현을 창안하는 것은 좋은 것이지만, 교과서와의 일관성을 유지하기 위하여 교사는 학생들이 기호 체계를 선택하는 데 참여하여 지도해야 한다. 학생들이 기호적 표현을 먼저 하게 한 후 교과서에 있는 것과 비교해 보게 하는 것이 좋다. 문제해결이나 문제의 증명, 또는 개념 설명에서 좋은 기호 체계를 학생들에게 보여주어야 한다. 예를 들면, 피타고라스의 정리를 언어로 표현하는 것보다는 $a^2+b^2=c^2$과 같이 기호로 표현하는 것이 암기하기도 쉽고 사용하기도 쉬울 것이다. 규칙성, 공식, 정리 등을 기호로 표현하는 데 따르는 한 어려운 점은 그 규칙, 공식, 정리가 사용되는 조건들을 기호로는 분명하게 나타낼 수 없는 경우도 있다는 것이다. 위에서 표현한 피타고라스의 정리는 이 정리를 사용할 수 있는 조건을 진술하지 못하였다. 수학 공식만을 잘 암기하는 많은 학생들은 구체적인 문제해결 상황에 맞는 공식을 대응시키는 데 어려움이 있다.

6 단계: 형식화

이 단계에서는 학생들이 발견한 공통성을 일반적인 경우로 확장하여 형식화하며 형식화된 개념의 타당성을 증명하고 문제해결에 응용함으로써 새로운 개념을 완전하게 형성하게 된다.

2.3.3 조작 자료의 개발과 활용

Dienes는 수학적 개념을 쉽고 흥미 있게 공부하게 하기 위하여 위에서 제시한 바와 같은 놀이(게임)를 통한 개념 학습 방법을 제시하였다. 그는 수학적으로 의미 있는 게임을 할 수 있게 하는 구체적인 자료를 개발하기 위하여 연구하였다. Dienes가 개발한 대표적인 자료는 대수 블록(algebra blocks)과 성질판(quality blocks)이 있다. 이 시기에 학습자료의 필요성을 인식하고 만들어진 자료 중에는 Quizner의 색막대, Gategno의 기하판(geoboard)이 있는데 이들은 수학과 학습자료로 유용하게 사용되고 있다.

대수 블록은 여러 개의 사각형 모양과 삼각형 모양으로 구성되어 있으며, 진법의 자리값의 원리, 사칙 연산, 다항식의 곱셈과 인수분해 등을 이해시키는 데 사용할 수 있다. 예를 들면 다음과 같은 것들이 있다.

(예 1) 크기가 같은 4개의 정삼각형을 모아 더 큰 정삼각형을 만든다. 다시 이것을 4개 모아 더 큰 정삼각형을 만든다. 이와 같은 과정으로 점점 더 큰 정삼각형을 만들면 이들로 4진법의 수를 만들 수 있으며, 또 이 자료를 활용하여 4진법에서의 연산 개념을 지도할 수 있다.

(예 2) 가로와 세로의 길이가 각각 1인 정사각형(1-사각형), 가로의 길이

가 1, 세로의 길이가 x인 직사각형(x-사각형), 가로와 세로의 길이가 각각 x인 정사각형(x^2-사각형)을 여러 개 가지고 이들을 조합하여 여러 가지 직사각형을 만들 수 있다. 이 직사각형의 넓이를 이용하여 다항식의 곱셈과 인수분해를 지도할 수 있다. 예를 들면, 가로의 길이가 $x+1$, 세로의 길이가 $x+3$인 직사각형은 x^2–사각형이 1개, x–사각형이 4개, 1인 사각형이 3개 모여 있으므로

$$(x+1)(x+3)=x^2+4x+3$$

이 성립함을 알 수 있다. 이 활동을 이용하여 다항식의 곱셈과 인수분해를 지도할 수 있다.

성질판은 색깔별로 크기, 모양, 두께가 각각 다른 여러 개의 블록으로 구성되어 있는데 이들을 한 가지 또는 몇 가지의 기준에 따라 분류하게 함으로써 논리적 사고력을 기르는 데 도움이 되게 한다. 색막대는 막대의 색깔에 따라 그 길이가 나타내는 수값이 다른 여러 개의 막대로 구성되었으며, 수의 연산 지도에 활용할 수 있다. 기하판은 바둑판 모양과 같은 판에 가로와 세로의 눈금 간격이 일정한 격자판을 만들고 각 격자점에 핀을 박은 것으로서 고무 밴드를 핀에 연결하여 여러 가지 도형을 만들고 변형할 수 있다. 이 자료는 도형의 성질을 학습하는 데 이용할 수 있다.

2.3.4 개념 학습의 원리

Dienes는 "*Building up Mathematics*"에서 개념 지도를 위한 4개의 일반원리를 요약하여 제시하였다. 그가 제시한 개념 학습의 여섯 단계는 아래의 네 개의 원리에서 나온 것이다.

(1) 역동적 원리(dynamic principle): 수학적 개념을 형성하게 하기 위해서는 먼저 구조적이며 연습과 반영적 사고를 필요로 하는 역동적인 게임을 제공하여야 한다. 이때 다양한 유형의 게임이 적절한 시간 동안 이루어지게 하여야 한다.

(2) 구성의 원리(constructive principle): 게임을 함에는 구성이 분석에 선행하여야 한다. 즉, 먼저 게임을 구성하여 게임을 해 본 다음 그 게

임의 특성을 분석하는 활동이 뒤따라야 한다. 게임을 구성하거나 분석하는 능력은 12세 이전까지는 잘 나타나지 않는다.

(3) 수학적 다양성의 원리(mathematical variability principle): 변수를 포함하는 개념은 가능한 한 많은 수의 변수를 포함하는 경험에 의하여 학습되어야 한다.

(4) 지각적 다양성의 원리(perceptual variability principle): 개념 형성을 위해 동일한 수학적 구조가 가능한 한 많은 인지적 동치 형태로 제시되어야 한다. 즉, 어떤 개념을 학습하기 위해서는 물리적, 대수적, 기하적 방법 등 다양한 방법으로 제시되어야 한다.

연구 과제

1. Dienes가 수학을 흥미 있게 학습할 수 있게 하기 위하여 개발한 학습 방법을 설명하고 그 효과에 대하여 계산기나 컴퓨터를 사용하였을 경우와 비교하여 토론하여라.

2. 게임을 통하여 수학적 개념을 학습한 경험이 있으면 그 경험을 소개하여라.

3. 중학교 수학 내용 중에서 가장 어렵게 느꼈던 내용을 게임을 이용하여 지도할 수 있는 방법을 연구해 보아라.

4. Dienes의 대수 블록을 이용하여 $2x^2+5x+2$를 인수분해 하는 그림을 그려보아라.

5. 기하판을 이용하여 넓이가 4인 다각형(오목다각형도 포함)을 만들어 보아라. 몇 가지나 만들 수 있는가?

6. 원의 둘레에 1에서 18까지의 번호를 균등한 간격으로 붙인 다음 $n=1, 2, \cdots, 18$에 대하여 $n\times 3 = x \bmod 19$를 만족하는 순서쌍 (n, x)를 구하여 원주상에 있는 두 점 n과 x를 선분으로 연결하여 보아라. 이 방법을 응용하여 (예 : $n=30$) 다른 도형을 만들어 보아라.

2.4 오스벨

2.4.1 의미 충실한 설명식 학습

수학교육 현대화 운동이 활발히 진행되던 1950년대의 대부분의 수학교육자들은 설명식 지도는 학생들이 교사의 설명을 그대로 암기하게 하는 기계적 학습을 하게 하며 발견학습, 탐구학습, 수학 실험실 학습 방법이 의미 있는 학습을 하게 하는 교수법이라고 생각하였다. 그러나, 오수벨(David P. Ausbel, 1918 ~ 2008)은 교사의 설명에 의한 지도에 의하여 인류의 끝없는 세대를 통해 누적된 지식이 전수되어온 것을 상기시키며 설명식 지도법 이야말로 가장 효과적이고 의미 있는 학습을 할 수 있게 하는 한 방법이라고 주장하였다.

Ausubel은 설명식 지도가 효과적인 학습이 되게 하기 위해서 "의미 충실한 언어적 학습이론"을 제시하였다. 이 이론에 따르면 교사는 학생들이 이해할 수 있는 방법으로 설명을 하여야 하며 학생은 교사의 설명을 자기의 기존 개념에 관련하여 비판적으로 수용하여야 한나고 제안하였다. 이 장에서는 Ausubel의 설명식 학습이론의 뜻과 그 방법에 대하여 알아보기로 한다.

Ausubel에 의하면, 발견학습이라고 해서 반드시 의미 충실한 학습은 아니며, 수용학습(설명식 학습과 같은 뜻임)이라고 해서 반드시 기계적 학습은 아니다. Ausubel은 "*Educational Theory*(1961)"에 실린 논문에서 의미 충실한 학습과 기계적 학습 사이의 차이점에 대하여 다음과 같이 설명하고 있다.

> 의미 충실한 학습과 기계적 학습의 차이를 수용식 학습과 발견식 학습의 차이로 생각하는 경향이 많다. 그 원인은 수용식 학습은 곧 기계적 학습이며, 발견식 학습은 의미 충실한 학습이라고 잘못 알려졌기 때문이다. 의미 충실한 학습이란 학습의 과정이 의미 있어야 하며 학습의 결과도 의미 있어야 한다. 과정으로서 의미 충실한 학습은 학습자가 의미 있는 학습자료 세트를 활용하여야 하며 학습하는 자료가 학습자에게 잠정적으로 의미 있는 것이라야 한다. 비록 학습 자료가 의미 있는 것이라 하더라도 학습자가 그것의 의미를 생각하지 않고 단어의 나열로 암기하려고만 한다면 그 학습의 과정도 학습의 결과도 의미 충실할 수 없다.

위와 같은 Ausubel의 설명에 따르면 의미 있는 학습이 되기 위해서는 수용식 학습이든 발견학습이든 상관 없이 학습자료가 의미 있어야 하며 학습의 과정 및 학습의 결과도 의미 있어야 한다. 그는 학습의 형식이 학습의 의미를 규정하는 것은 아니라고 보고 있다.

2.4.2 의미 충실한 설명식 학습의 조건

Ausubel에 따르면, 의미 충실한 설명식 학습을 위해서는 두 가지 조건이 필요하다. 첫째 조건은 학습자가 의미 충실한 학습 세트를 가지고 있어야 한다. 즉, 학습자 스스로가 의미 있는 학습을 할 수 있는 지적 조건과 태도를 가지고 있어야 한다. 학습자가 학습 자료를 이해하려고 하는 자세로 학습 과제에 접근하고, 새로 학습한 것을 응용하고 이전에 학습한 것에 적용하려고 한다면, 새로운 과제를 의미 있는 방법으로 학습하게 된다. 만일 학습자가 새로운 정보를 자기의 언어로 번안하려고 하지 않는다면 학습한 새로운 과제를 기존의 개념에 관련지을 수 없으며 의미 있는 학습을 할 수 없다. 두 번째 조건은 학습 과제가 학습자가 지니고 있는 인지 구조에 의미 있게 관련지을 수 있는 것이라야 한다. 새로운 수학적 개념과 원리를 이전에 학습한 수학적 구조에 관련지음으로써 학습자는 새로운 자료를 이미 가자고 있는 개념 구조에 동화할 수 있다. 이전의 의미 있는 학습은 새로운 학습이 기계적 학습으로 이어지는 것을 방지하는 닻의 역할을 한다. Ausubel에 의하면, 이 닻의 역할 과정이 새로 학습한 자료를 이전에 학습한 유사한 자료와 혼동하는 것을 막아준다.

의미 있는 학습을 저해하는 요인은 세 가지가 있다. 첫째 요인은 학생의 지적 발달 수준이 어떤 수학적 개념을 의미 있게 학습하기에 충분하지 못한 것이다. 예를 들면, Piaget의 이론에 의한 구체적 조작 단계 수준에 있는 학습자는 고도로 추상화된 수학적 개념을 의미 있게 학습할 수 없는 것이다. 둘째 요인은 학생의 학습 동기유발이 의미 있는 학습을 하기에 충분하지 못한 것이다. 동기유발이 잘 되지 못한 학습자들은 수학을 의미 있게 학습하려 하기보다는 공식의 암기와 적용 기능을 익히려 하며, 수학은 추상적인 학문이므로 수학적 개념의 설명은 추상적이고 모호한 것이 오히려 의미 있는 설명이라고 잘못 인식하는 경향이 있다. 셋째 요인은 교사들이 자기가 사용하는 개념의 정의, 문제해결 규칙, 정리의 증명만이 학습자에게 의미가 있다고 오도하는 것이다. 비록 학습자가 교사가 사용하는 합동의 정의를 내릴 수 있고, 삼각형의 합동에 관한 세 가지의 정리를 증명할 수 있다고 해서 삼각형의 합동에 대하여 의미 있게 학습하였다고 할 수는 없다. 왜냐하면, 그러한 정리나 증명은 암기에 의해서도 가능하기 때문이다.

2.4.3 의미 충실한 설명식 학습의 원리

Ausubel은 저서 "*Educational Psychology, A Cognitive View*(1968)"에서 의미 충실한 언어적 학습을 위해서는 학습 자료의 제시가 점진적 분화의 원리, 통합적 조정의 원리, 선행조직자의 활용을 만족하여야 한다고 하였다. 이 주장에 대하여 간단히 알아보자.

⑴ 점진적 분화의 원리

점진적 분화의 원리란 학습할 새로운 개념을 포함하는 더욱 일반화된 구조를 제시한 다음 그것으로부터 점점 구체적이고 세부적인 내용으로 접근하는 것을 말한다. 예를 들면, 직각삼각형의 성질을 학습하기 위해서는 일반 삼각형의 성질을 먼저 학습하여야 하며, 이차방정식의 근의 공식에 대한 학습은 고차방정식을 포함한 방정식의 해의 뜻에 대하여 먼저 학습한 다음에 이루어져야 한다.

⑵ 통합적 조정의 원리

통합적 조정의 원리란 새로 학습한 개념을 이미 학습한 개념에 관련지음으로써 기존의 개념 구조를 조정하는 것을 의미한다. 이 원리에 의하면 새로 학습한 개념은 이미 학습한 개념들과 관련을 지어 그 구조를 조정할 때 비로소 의미 있는 학습이 가능하다.

⑶ 선행조직자의 활용

Ausubel은 모든 학과는 고유한 조직적 방법적 구조가 있으며 학습자도 자기 고유의 인지적 구조를 가지고 있다고 간주한다. 그는 학과의 정보-처리 구조와 정신의 정보-처리 구조는 유사한 것으로 개념화한다. 오스벨에 의하면 학습이란 그 학과의 구조를 학습자가 받아들일 수 있게 지도할 때 의미 있는 학습이 이루어진다. 따라서 새로운 아이디어를 지도하기 위해서는 먼저 그 아이디어를 포함하는, 학습자가 이해할 수 있는, 일반화된 구조를 제시하는 것이다. 이와 같은 지도하고자 하는 개념을 포함하는 일반화된 구조를 선행조직자(advance organizer)라고 한다. 선행조직자는 새로운 자료를 설명하고 통합하는 데 적절성에 따라 선택된다. 선행조직자의 목적은 학습자가 학습하려는 자료의 개념적 구조를 학습자가 이해하고 있는 쉬운 방법으로 제시하는 데 있다. 예를 들면, 같은 수를 덧셈을 한 후 뺄셈을 하면 그 결과는 처음의 수와 같음을 지도하려고 할 때, 즉 임의의 두 실수 a, b에 대하여

$$a+b-b=a, \quad a-b+b=a$$

을 지도하려고 할 때

'앉다 - 서다, 잡다 - 놓다, 펴다 - 덮다'

는 한 선행조직자가 될 수 있다.

설명식 방법으로 새로운 개념을 지도하고자 할 때 그 개념에 관련되는 적절한 선행조직자를 개발하여 제시함으로써 새로운 개념의 이해를 도울 수 있다.

연구 과제

1. 의미 충실한 언어적 학습을 할 수 있게 하는 조건들을 설명하고, 이 방법은 초, 중, 고등학교 과정 중 어느 수준에서 더 적절하다고 생각하는지, 그 이유를 설명하여라.

2. 설명식 학습, 발견학습, 의미 충실한 학습, 기계적 학습의 뜻을 각각 설명하여라.

	의미 충실한 학습	기계적 학습
설명식 학습		
발견학습		

3. 유의미한 설명식 수업에서 교사와 학생 사이에 질문과 토론은 허용될 수 있는가? 그 근거를 Ausubel의 이론 중 어디에서 찾을 수 있는가?

4. 설명식 학습으로 수학적 개념을 잘 학습한 경험을 교사의 설명 방식을 중심으로 토론하여 보아라.

2.5 스켐프

스켐프(R. R. Skemp, 1919 ~ 1995)는 영국 옥스퍼드 대학에서 수학과 심리학을 공부하였으며, 수학교사로 출발하여 수학 학습 심리학을 연구한 위대한 수학교육학자이다. Skemp는 학생들이 수학을 어려워하고 싫어하는 이유에 대하여 관심을 갖고 연구를 하였다. Skemp의 수학 학습지도 이론의 핵심은 스키마틱 학습(schematic learning)과 반영적 지능(reflective intelligence)이다.

2.5.1 스키마틱 학습 이론

Skemp는 인간은 다른 동물과는 달리 기존의 지식을 바탕으로 하여 새로운 지식을 습득한다고 본다. 기존 지식의 바탕 없이는 새로운 개념의 학습이 매우 어려운 예를 수학학습에서 얼마든지 찾아볼 수 있다. 예를 들면, 자연수의 덧셈 연산을 할 수 없는 사람은 정수의 덧셈 연산을 할 수 없으며, 함수의 극한 개념을 모르고는 미적분학을 공부할 수 없다.

Skemp는 새로운 개념이 어떻게 형성되는가에 관심을 갖고 연구를 하였다. 그는 서로 관련 있는 개념들의 구조를 스키마(schemas)라고 정의하였다(Skemp, 1972). 자연수의 연산, 정수의 연산, 함수의 극한, 미적분학, 라디오, TV 등은 모두 스키마이다. 모든 지식의 구조는, 단순한 한 개념으로 되어 있든 복잡하게 되어 있든 스키마이다. 예를 들면, 축구와 같은 게임은 운동-감각적 스키마(sensori-motor schemas)이며, 말하기, 읽기, 쓰기는 지적 교육의 기초가 되는 정신적 스키마(mental schemas)이다.

스키마의 기능으로서 다음 세 가지를 생각할 수 있다.

1) 기존 지식을 통합(integrate)한다.

2) 발전학습을 위한 도구의 역할을 한다.

3) 이해를 가능하게 한다.

스키마틱 학습(schematic learning)이란 기존의 스키마를 새로운 지식의 획득을 위한 수단으로 사용하는 학습이다. Skemp는 스키마틱 학습의 효과를 확인하기 위하여 12세의 초등학교 학생들을 대상으로 실험을 하였다. 그의 실험 방법은 첫날에는 몇 개의 단순한 기호의 의미, 둘째 날에는 두세 개의 기호가 결합된 그림의 의미, 셋째 날에는 네 개의 기호가 결합된 그림의 의미를 지도한 다음 넷째 날에는 일곱 개 이상의 기호로 결합된 복잡한 그림

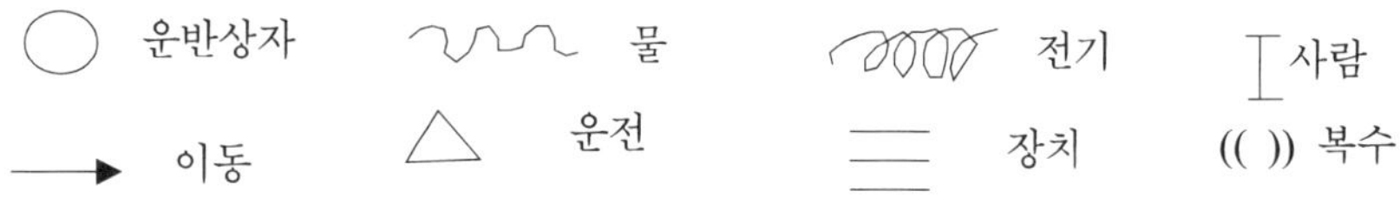

그림 1

그림 2

그림 3

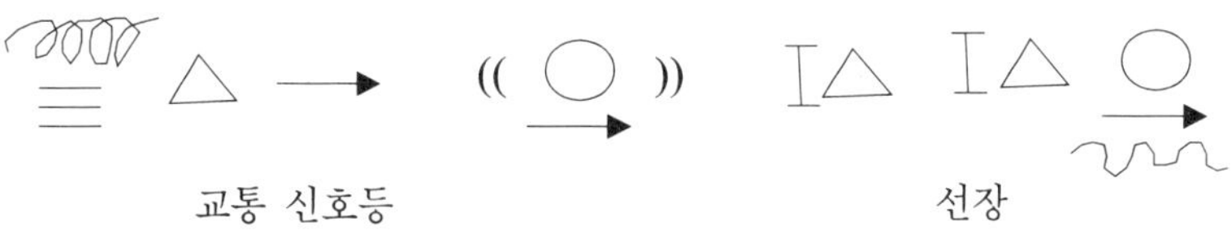

그림 2.5-1 스키마틱 학습 실험자료

의 의미를 실험집단에는 스키마틱 학습 방법으로 지도하고 비교집단에는 암기식 방법으로 학습하게 하였다. 실험자료의 몇 가지 예는 그림 2.5-1과 같다.

Skemp가 실험한 두 학습의 결과를 비교해 보면 스키마틱 학습에 의한 기억 능력이 월등히 높았다. 학습 직후는 비교집단에 비하여 69:35로 높았으며, 하루 뒤에는 69:26, 29일 뒤에는 58:7로 월등히 높았다. 이 실험 연구는 스키마틱 학습은 학습의 효과도 높여줄 뿐만 아니라 많은 시간이 지난 후에 이것과 관련된 과제를 학습할 때도 좋은 영향을 미침을 입증해 준다. 또, Skemp에 의하면, 스키마틱 학습은 대부분의 학생들에게 더욱 흥미가 있다고 한다.

스키마틱 학습의 단점도 간과할 수 없다. 스키마틱 학습의 단점은 기존의 스키마가 잘못 형성되어 있는 경우 그 다음 학습에 심대한 영향을 미친다는 것이다. 잘못된 스키마틱 학습은 망각률이 높은 기계적 학습보다도 훨씬 더 위험하다. 따라서, 학습을 하는 순간 잘못된 스키마를 형성하지 않도록 교사는 각별한 주의를 기울여야 한다. 아동의 전염병 감염 예방은 학생보다는 부모와 의사에게 책임이 있듯이 잘못된 스키마 형성의 예방은 교사와 학부모에게 책임이 있다.

기존의 스키마를 활용하여 새로운 개념을 형성하는 방법에는 동화(assimilation)와 조절(accommodation)이 있다.

동화란 기존의 스키마에 새로운 자료를 적합시키는 것이다. 이때 기존의 개념은 크게 바뀌지 않는다. 물론 최소한 새로운 자료가 더 적합된 만큼의 변화는 있다. 동화로 이루어지는 학습의 예와 그렇지 못한 학습의 예를 생각하여 보자.

서울에 살고 있는 한 어린이가 서울에서 백인이나 흑인 또는 동남아 사람을 만났을 때에 외모나 피부색이 우리와 다르며 우리말을 잘 하지 못하는 것을 발견하였다고 하자. 이때 이 어린이는 외국인이라는 스키마를 형성하게 된다. 즉, 이 순간 이 어린이에게 형성된 외국인이라는 스키마는 우리와 외모나 피부색깔이 다르고 우리말을 잘 하지 못하는 사람들이다. 이제 이 어린이가 미국을 방문하였다고 하자. 그는 자기를 제외한 모든 사람이 모양과 피부색이 다르며 영어를 능통하게 사용하고 있음을 보고 이들을 모두 외국인이라는 기존의 스키마에 적합시킬 수 없음을 발견하고 외국인이라는 스키마를 자기의 나라가 아닌 다른 나라에 있는 사람을 외국인이라고 변형하게 된다. 이와 같이 기존의 스키마의 구조를 변형하여 새로운 스키마를 형성하는 것을 조절이라고 한다. 조절에 의한 스키마의 변형은 기존 스키마를 완전히 부정하는 것이 아니고 기존 스키마를 새 스키마의 일부로 사용하며 더욱 넓은 의미를 부여한다.

동화는 성장의 의미이며, 조절은 재구조의 의미가 있다. 동화에 의한 학습은 흥미 있고 쉬우며, 조절에 의한 학습은 어려우며 불안한 느낌을 가지게 한다. 예를 들어, 수 세기를 배우는 어린이가 10까지 셀 수 있으면 20, 100까지 세는 것을 배우는 것은 동화로서 어렵지 않다. 그러나 자연수의 개념을 아는 학생이 분수의 개념을 배우는 것은 쉽지 않다. 이때는 조절이 이루어져야 하며, 조절이 쉽게 이루어지기 위해서는 적절한 기존 스키마가 준비되어 있어야 한다. 예를 들면, 분수 개념을 학습하기 위해서는 자연수 개념의 스키마와 함께 등분할, 전체와 부분과의 관계, 비율 등의 스키마가 형성되어 있어야 한다.

2.5.2 수학적 개념의 이해

⑴ 관계적 이해와 도구적 이해

더욱 높은 수준의 학습은 조절에 의하여 이루어진다 조절이 적절히 이루어지지 못하면 의미 없는 기계적 학습이 되고 만다. 따라서 새로운 개념을 지도하고자 할 때는 동화나 조절이 잘 이루어지도록 기존의 스키마를 잘 활용하여야 하며, 필요하면 조절을 위한 선수적인 스키마를 먼저 형성하여야 한다. 이와 같이 동화나 조절에 의하여 새로운 개념을 이해하는 것을 관계적 이해라고 하고 그렇지 못한 것을 도구적 이해 또는 기계적 이해라고 한다.

도구적 이해란 수학적 원리나 법칙을 암기하여 이를 적용할 수 있는 능력을 말한다. 도구적 이해로 수학을 학습할 경우, 학습할 내용이 많지 않고 수학적 개념의 활용에만 학습의 목적을 둘 경우는 어느 정도 학습의 목표를 달성할 수 있다. 그러나 학습의 양이 많아지고 복잡한 문제나 창의적인 방법을 필요로 하는 문제를 다루기 위해서는 도구적 학습으로는 높은 성과를 올릴 수 없다. 수학을 어려워하고 싫어하는 대부분의 학생들은 수학을 도구적 이해로 학습하기 때문임을 Skemp가 연구하였다. 다음의 예는 관계적 이해와 도구적 이해의 차이점을 밝혀주는 좋은 예이다.

> 학생들에게 한붓그리기가 가능한 그래프에 대하여 지도하고 있다. 한 집단에는 한붓그리기에 관한 성질 “홀수점이 없거나 두 개인 그래프는 한붓그리기를 할 수 있다.”만 가르쳐 주었고 다른 집단에는 그 성질에 대한 원리를 설명하여 이해시켰다. 그리고는 여러 가지 그래프를 제시하고 한붓그리기가 가능한 도형과 불가능한 도형을 식별하게 하였다. 그 결과는 두 집단 모두 비슷한 성취도를 보였다. 다음에는 좀더 발전된 문제로서 복잡한 그래프를 주고 한붓그리기를 하였을 때 시작점과 끝나는 점이 같은 그래프를 찾게 하였다. 그 결과는 관계적 이해를 한 학생들이 도구적 이해를 한 학생들보다 거의 두 배 이상의 높은 성취율을 보였다.

⑵ 기호적 이해

기호적 이해란 수학적 기호체계와 표기를 적절한 수학적 아이디어와 관련짓는 능력으로서 Backhouse(1978) 등은 이 능력을 논리적 이해라고 하였으며, Skemp도 처음에는 논리적 이해라고 부르다가 그 후에 기호적 이해라고 불렀다. 기호적 체계의 힘은 특별한 종류의 언어의 힘이다. 수학적 개념을 적절한 기호를 사용하여 나타냄으로써 수학은 급속도로 발달하기 시작하였으며, 기하학에 대수를 접목하여 기하학적 성질을 기호로 나타낸 Descartes의 해석기하학은 수학의 획기적인 발달을 초래하였다. 그뿐만 아니라, Skemp에 의하면 기호적 체계의 이해와 사용은 수학적 의사소통, 지식의 기록, 새로운 개념의 전달, 다기준 분류, 설명, 반영적 활동, 구조의 규명, 알고리즘의 자동화 등에 효과적이라고 제시하고 있다.

수학적 개념을 관계적으로 이해할 수 있으며, 나아가서 이 개념을 적절한 기호 체계로 표현하고 해석하는 것을 학습하는 것은 더욱 높은 수준의 수학 학습 방법이다.

2.5.3 반영적 지능과 지적 학습

스켐프는 지능을 직관적인(intuitive) 것과 반영적인(reflective) 것으로 구분하고 있다. 직관적이란 어떤 사물에 대하여 즉시적인 반응을 하는 것이고, 반영적이란 직관적 사고의 결과에 대한 반성을 통해 직관적 사고를 가능하게 한 개념체계를 재조정하는 것이다. 예를 들면, 학생에게 3×4의 값을 물었을 때 12라고 즉시 대답하는 것은 직관적 사고이며, 16×25의 값이 400임을 설명하라고 하였을 때 4×(4×25)=4×100=400과 같이 설명하는 것은 곱셈 방법에 대한 사고를 한 것으로서 반영적 사고를 한 것이다.

스켐프는 반영적 지능체계를 아래 그림 2.5-2와 같이 도식화하였다.

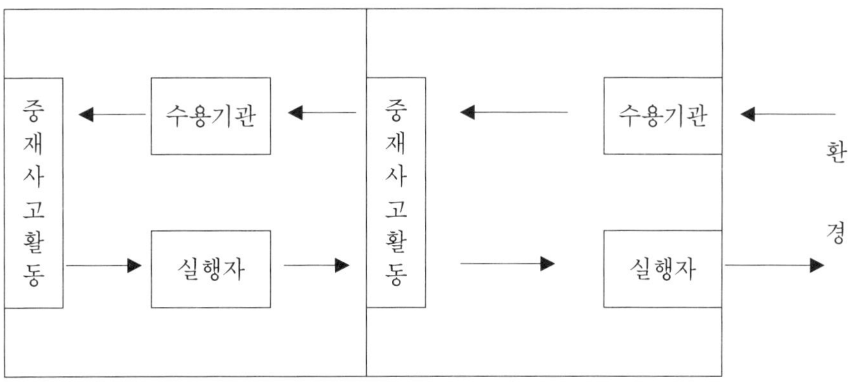

그림 2.5-2 반영적 지능 체계

오른쪽 부분은 직관적 지능 체제를 나타낸 것으로 환경으로부터 눈이나 귀와 같은 수용기관(receptors)을 통해 다양한 형태의 감각 자료를 (신경체계를 통하여) 받아들여 중재사고활동(intervening mental processes)에서 직관적 사고 활동을 한 다음 그 환경에 대해 실행자(근육; effectors)를 사용하여 개인에 따라서 다양한 행동을 하는 것이다. 여기서 반영하는 행동의 특성은 중재사고활동을 하는 개념체계의 복합성에 의해 결정된다.

왼쪽에 있는 부분은 직관적 지능체계에 의하여 이루어진 사고 활동을 반영적 지능 체계에 받아들여 중재사고활동이라는 개념체계에 의하여 사고를 한 다음 실행자를 통해 이전 단계에 있는 중재사고활동에 영향을 주는 것이다. 이 때의 수용 기관과 실행자는 정신활동 속에 있는 것으로서 구체적으로 설명할 수는 없는 것이다.

Skemp는 학습 유형을 습관적 학습(habit learning)과 지적 학습(intelligent learning)으로 구분하였다. 습관적 학습이란 행동주의 심리학자들이 동물을 대상으로 실험한 자극-반응의 원리에 의하여 학습을 하는 것을 뜻한다. 즉, 학생들의 바람직한 반응에 보상 효과를 줌으로써 그 반응을 습관화하는 것이다. 수학적 개념의 정의나 공식을 의미를 생각하지 않고 암기하는 것은 습관적 학습이다. 습관적 학습의 결과는 학습 내용을 오래도록 지속할 수는 있지만 새로운 상황에의 적용력이 떨어지며 방해가 될 수 있다.

지적 학습이란 반영적 지능 체계를 활용하여 학습의 목표로 접근해 가는 학습의 한 방법이다. 학습의 효과는 동일한 자극에 대하여 동일하게 반응되는 것이 아니라 개인의 목표에 따라 상이하게 반응할 수 있다. 이를테면, 갈증이 날 경우 가정에서는 냉장고에 가서 물을 찾을 것이며, 식당에서는 종업원에게 물을 요청할 것이고, 캠핑을 간 경우는 주변에서 샘물을 찾을 것이다.

현재 상태를 목표 상태로 바꾸는 과정을 나타낸 모델로서 다음 그림과 같은 지휘자 체계(director system)가 있다.

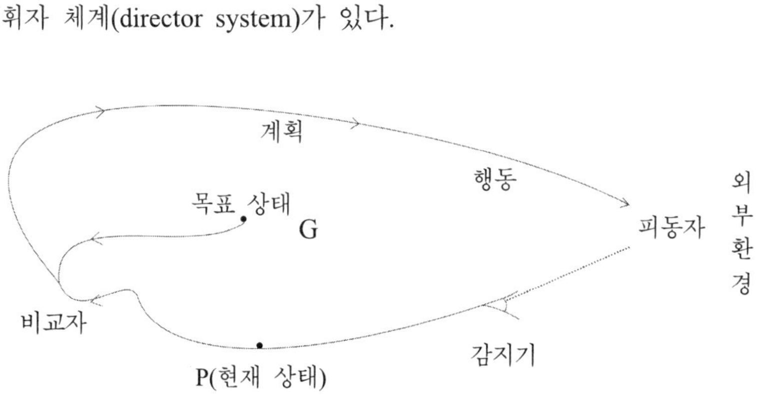

이 모델은 감지기를 통하여 외부 환경에 있는 피동자(operand)를 인지하여 현재 상태로 하고 이것을 목표 상태와 비교한 다음 그 차이를 줄이기 위한 계획을 세우고 행동하여 피동자에게 반응하는 것이다. 이와 같은 활동을 반복하여 현재 상태를 목표 상태로 접근해 가게 한다.

지적 학습의 목표는 지식 구조(knowledge structure)를 구성하는 것이다. 지식구조에 상반되는 개념으로서 고정된 계획(fixed plan)이 있다. 고정된 계획이란 어떤 과제를 처리하는 과정을 고정해 둔 것이고, 지식 구조는 현재 상태와 목표 상태의 관계를 구조화한 것이다. 예를 들면, 아래 그림과 같이 복잡한 도시의 한 복판에 있는 학교에서 A45 고속도로를 찾아 나오려고 할 때, 길을 찾는 방법을

좌회전, 좌회전, 좌회전, 약간 우회전, 직진, 좌회전

이라고 가르쳐 준 것은 고정된 계획이고, 현재 상태인 학교와 목표 상태인 고속도로 사이의 모든 관계를 지도로 나타낸 것은 지식구조인 것이다.

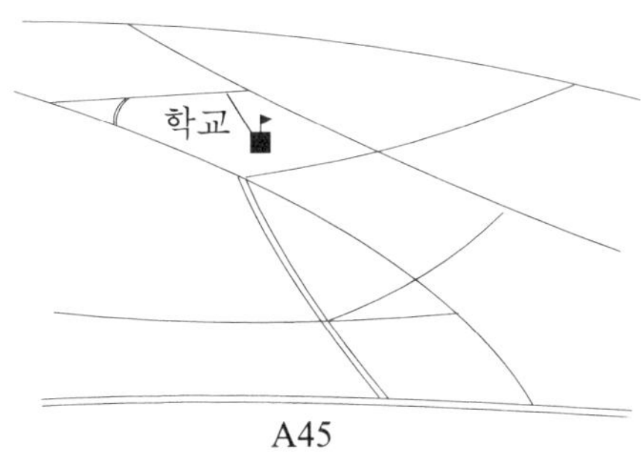

고정된 계획에서는 실수하기가 쉬울 뿐만 아니라 실수를 하면 수정하기가 매우 어렵지만, 지식 구조에서는 중간에서 실수를 하더라도 곧 그 부분을 찾고 수정하기가 용이하다.

수학의 학습에서 습관적 학습과 지적 학습은 모두 필요하다. 그러나 그 비중은, Skemp에 의하면 습관적 학습은 5%, 지적 학습은 95%의 비율로 하는 것이 바람직하다.

연구 과제

1. 스키마틱 학습 이론의 뜻을 요약하여 설명하고, 수학적 개념을 잘 이해하도록 지도하는 방법을 설명하여라.

2. 반영적 지능과 직관적 지능의 관계를 설명하고, 반영적 지능을 사용하여 수학 학습을 향상시킨 예를 여러분의 경험을 통하여 설명하여라.

3. 나머지 정리를 관계적 지적 학습으로 지도하는 방법과 습관적 학습으로 지도하는 방법을 설명하고, 이 두 방법이 다항식 $P(x)$를 $ax+b$로 나눌 때의 나머지를 구하는 능력에 미치는 영향에 대하여 토론하여라.

4. 도구적 이해로 수학을 지도하여야 할 경우가 있다고 생각하는가? 여러분의 경험을 예로 들어 토론하여라.

2.6 길포드

길포드(J. P. Guilford, 1897 ~ 1987)와 동료들은 인간의 지적 능력을 측정하기 위하여 120가지의 지적 능력 유형을 포함하는 3차원의 인지구조 모델을 개발하였다. 이 모델은 인간의 가능한 모든 지적능력을 구체적으로 분류하여 각 부분 간의 능력의 차이와 특성을 인식하고 개발하는 데 공헌하였다.

여기서는 Guilford의 지적능력 모델 구조(The Structure of Intellectual Model)와 그것이 수학 학습지도에 주는 시사점을 알아본다.

2.6.1 지적능력 모델

Guilford는 지적 능력의 변수를 조작(operation), 내용(content), 산물(product)로 구분하고 각각을 차례로 5가지, 4가지, 6가지의 요소로 분류하여 전체적으로 120가지의 지적 능력을 제시하였다.

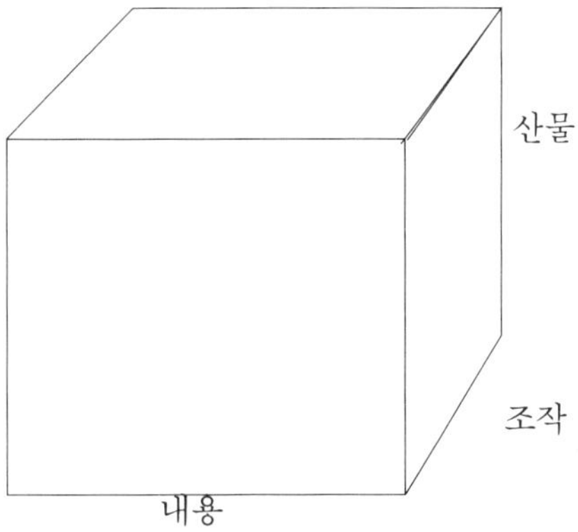

그림 2.6-1 지적 능력 모델

⑴ 정신의 조작 (Operations of the Mind)

정신의 조작은 학습을 하는 지적 능력을 의미하는 것으로 Guilford는 이를 기억(memory), 인지(cognition), 평가(evaluation), 수렴적 사고(convergent production), 확산적 사고(divergent production)로 분류하였다.

기억이란 정보를 정신 속에 저장했다가 어떤 자극에 반응하는 능력이다. 수학적 개념의 정의, 원리, 법칙, 공식을 기억하여 다른 개념의 학습이나 문제해결에 활용할 수 있다. sin 30°의 값을 1/2이라고 즉시 대답할 수 있는 것은 기억력에 의한 것이다.

인지란 정보의 다양한 형태들을 인식하고 이해하는 능력이다. 삼각형과 사각형이 섞인 집합에서 삼각형의 집합과 사각형의 집합을 분류하는 능력은 인지능력이다.

평가란 판단하고 결정을 하기 위해 정보를 처리하는 능력이다. 문제해결의 과정이 타당한지를 판단하는 능력은 여기에 속한다.

수렴적 사고란 일반적인 원리나 법칙을 사용하여 구체적인 문제를 해결하는 능력을 뜻한다. 근의 공식을 사용하여 주어진 방정식을 푸는 능력은 수렴적 사고력에 속한다. 주어진 정보를 분석하여 어떤 결론을 이끌어 내는 것은 수렴적 사고이다.

확산적 사고란 주어진 정보를 새로운 방법으로 봄으로써 고유하고도 예기치 않은 결론을 이끌어 내는 창의적인 능력이다. 새로운 수학적 개념을 만들어 내거나 중요한 정리를 만들어 내는 데는 확산적 사고가 작용한다.

(2) 학습 내용(Contents of Learning)

Guilford는 학습의 내용을 형상적 내용(figural contents), 상징적 내용(symbolic contents), 의미적 내용(semantic content), 행동적 내용(behavioral contents)과 같이 네 가지 유형으로 나누었다.

형상적 내용이란 삼각형, 사각형, 포물선, 직육면체, 구 등과 같이 모양과 형태를 갖춘 내용이다.

상징적 내용이란 구체적 개념이나 추상적 개념을 나타내기 위해 사용하는 상징물이나 기호 등이다. '+'는 덧셈을 상징하는 기호이며 '−'은 뺄셈을 상징하는 기호이고, 'π'는 원주율의 값을 나타내는 기호이다.

의미적 내용이란 그들이 자극으로 제시되었을 경우 적절한 정신적 상을 그려주는 단어나 아이디어이다. 예를 들면 삼각형, 2차방정식 등의 용어는 그것을 들었을 때 고유한 이미지를 떠올려 주는 의미적 내용이다.

행동적 내용이란 자기의 의지를 분명하게 나타내는 활동의 표출이다. 스포츠 게임, 악기 연주, 그림 그리기 등은 이에 속한다.

(3) 학습 산물(Products of Learning)

Guilford는 여섯 가지의 학습의 산물(정보가 조직되는 방법)을 제시하고 있는데, 그들은 단위(units), 유(classes), 관계(relations), 체계(systems), 변환(transformations), 함의(implications)이다.

단위란 한 개의 기호, 그림, 단어 또는 아이디어이다. 공통된 속성의 단위들로 구성된 집합을 유라고 한다. 유 사이의 연결을 관계라고 한다. 우리는 획득된 단위나 유를 서로 관련 있는 구조로 조직함으로써 이들 사이의 관계를 인식한다. 체계는 단위, 유, 관계를 더 크고 더 의미 있는 구조로 구성한 것이다. 변환은 존재하는 정보를 새로운 정보로 수정하고, 재해석하고, 재구조화하는 과정이다. 변환 능력은 흔히 창의적 능력이 있는 사람들의 특성으로 생각된다. 함의란 단위, 유, 관계, 체계, 변환 사이의 상호 작용의 결과에 관한 예측이나 추정이다.

실수체계에서 위의 여섯 가지의 학습의 산물을 찾아보자. 각각의 실수는 단위이며, 실수 전체의 집합은 유이다. 수의 대소는 실수 집합에서의 관계이다. 실수의 집합과 사칙연산 및 이들 사이의 대수적 성질은 수학적 체계를 이룬다. 실수 체계에서 정의된 함수는 변환이며, 실수 공간에서 함수에 관한 각 정리는 함의이다.

2.6.2 수학학습 지도론

Guilford는 지적능력 모델을 바탕으로 더욱 높은 수준의 지적 능력을 길러주기 위해 중등학교 학생을 위한 수학 학습의 중요성은 계산기능이나 알고리즘의 숙달에 있는 것이 아니라 가설을 세우고 그것을 검증하는 능력의 신장에 있다고 주장한다. 그렇게 함으로써 보다 높은 수준의 지적 능력을 길러주어야 한다고 하여 수학교육 현대화 운동에 영향을 주었다.

연구 과제

1. Guilford는 지적능력의 측정 연구에 공헌한 학자이다. 그의 지적 능력 모델이 수학 교육에 주는 시사점에 대하여 토론하여라.

2.7 폴리아

2.7.1 폴리아의 수학교육관

폴리아(G. Polya, 1887~1985)는 헝가리 출생의 수학자로서 스탠퍼드 대학에서 수학을 강의하면서 명저인 "어떻게 문제를 풀 것인가"(How to Solve It)를 저술하였다. 이 책에서 수학 지도는 알려진 수학을 가르치는 것보다는 학생 스스로가 수학을 발견하고 창조하는 방법, 즉 발견술(heuristic) 을 가르쳐야 한다고 주장하였다. Polya의 이러한 주장은 본인이 대학에서 수학을 공부하면서 교과서에 있는 수학이나 교수가 강의하는 수학이 옳다는 것을 인정하면서도 어떻게 하여 그러한 수학을 발견하는 방법을 알 수 있을까 하고 고심하다가 자기가 지도하는 학생들을 유심히 관찰하여 문제해결을 위한 사고의 네 단계를 발견하고 각 단계에서 행하여야 할 구체적인 전략(strategies)을 제시하였다.

Polya는 수학의 본질을 두 가지 측면에서 본다. Polya에 따르면, 수학은 유클리드식의 엄밀한 과학이지만 구성 도중에 있는 수학은 실험적이고 귀납적이다. 수학의 이 두 가지 측면은 모두 수학이라는 학문 자체만큼이나 오래된 것이다. 그러나 두 번째 측면은 어떤 관점에서 본다면 새로운 것이다. 즉, 발생상태 그대로의 수학, 발명되는 과정에 있는 수학이 바로 그 방식 그대로 학생에게, 교사 자신에게, 일반대중에게 제시된 일이 없었다. 교사는 학생들에게 그들의 지적 수준에 알맞은 문제를 제시하여 호기심을 자극하는 동시에 자극적인 질문을 통해 그들이 문제를 해결하는 데 도움을 준다면, 학생들에게 독자적인 사고의 참맛과 그러한 사고 방법을 제공하는 것이 된다.

Polya에 의하면, 교사의 역할은 학생 스스로 수학적 활동을 하도록 돕는 것이다. 교사는 학생들이 독자적인 활동을 하고 있다는 생각이 들도록, 너무 지나치거나 모자라지 않도록 도와주어야 한다. 그러기 위해서는 학생의 처지에서 보고, 학생의 경우를 살펴보고, 학생의 마음 속에 무엇이 일어나고 있는가를 이해하려고 노력하면서 적절한 발문이나 권고를 하여 사고 단계를 지적해 주어야 한다.

학생의 사고를 돕기 위한 발문과 권고는 일반적이고 상식적인 것이어야 한다. 만일 발문과 권고가 구체적인 문제에 따라 고유하게 다른 것이라면 그 가짓수도 무한히 많을 것이며, 문제의 유형이 알려진 것이 아니면 그 방법도 알 수 없어 발견술로서의 역할을 할 수 없다.

2.7.2 문제해결 사고활동

Polya는 문제를 해결하기 위한 사고활동을 문제의 이해(understanding), 문제해결을 위한 계획 수립(planning), 계획의 실행(carrying out), 반성(looking back)의 네 단계로 구분하였다. 각 단계에서 해야 할 중요한 사고활동의 내용은 다음과 같다.

첫째 단계: 문제를 이해한다

이 단계에서는 문제를 해결하려는 욕구를 가지고 문제에 주어진 자료가 무엇인지, 주어진 조건은 무엇인지, 문제에서 구하고자 하는 것은 무엇인지, 주어진 조건은 만족될 수 있는지 아닌지를 알아보아야 한다. 문제해결에 약한 학생들의 공통된 특징은 문제를 정확하게 이해하기도 전에 성급히 식을 세워 답을 구하려고 하는 것이다. 바른 문제해결을 위해서는 먼저 문제를 정확하게 이해하여야 한다. 문제가 요구하는 것이 무엇이며, 문제에 주어진 자료와 조건은 성립할 수 있는 것인지, 문제가 요구하는 것을 구하기에 충분한지를 생각해 보아야 한다. 이와 같은 문제 이해를 위해서 문제의 주요 부분을 주의 깊게 반복하여 여러 측면에서 살펴보아야 한다. 문제와 관련된 그림이 있다면 그림을 그리고, 찾고자 하는 것과 주어진 자료와 조건을 한 그림에서 표시하며, 이들 대상에 적절한 기호를 붙여 보는 것은 문제 이해를 위한 좋은 활동이다.

이 단계에서 사용할 수 있는 발문과 권고는 다음과 같다. 찾고자 하는 것은 무엇인가? 주어진 자료는 무엇인가? 주어진 조건은 무엇인가? 조건은 성립될 수 있는가? 자료는 충분한가, 부족한가? 문제를 그림으로 나타내어 보아라. 그림에 적절한 기호나 부호를 붙여보아라. 결론은 무엇인가? 가정은 무엇인가?

둘째 단계: 문제 해결을 위한 계획을 수립한다

찾고자 하는 것을 얻기 위해서 어떤 계산이나 작도를 해야 할 것인가를 알게 되거나 윤곽을 알게 되면, 그것으로 계획을 세운 것이 된다. 문제에 대한 이해로부터 계획을 세우게 되기까지의 길은 길고 얽혀 있을 수 있다. 계획에 대한 생각은 점진적으로 떠오를 수도 있고 시행착오나 망설임을 거친 뒤에 섬광처럼 번쩍이는 생각이 갑자기 떠오를 수도 있다. 교사는 학생을 조심스럽게 도와서 번쩍이는 생각이 떠오르게 해 주어야 한다. 학생들의 입장을 이해하려면 자신이 문제를 풀 때 겪었던 곤란과 성공한 경험을 생각해 보아야 한다.

교과에 대한 지식이 거의 없으면 좋은 생각이 떠오르기 어렵고 지식이 아주 없으면 불가능하다. 좋은 생각은 과거의 경험과 지식을 바탕으로 하며, 적절한 사실을 회상할 때 좋은 생각을 떠올릴 수 있다.

좋은 생각이 떠오르게 하기 위한 발문과 권고는 다음과 같다. 찾고자 하는 것이 같거나 유사한 친숙한 문제를 생각해 보아라. 관련된 문제로서 전에 풀어본 경험이 있는 문제가 있으면 활용할 수 있는지를 생각해 보아라. 그 방법을 활용할 수 있을까? 그 결과를 활용할 수 있을까? 어떤 보조 요소를 사용하면 그것을 활용할 수 있을까? 관련된 문제를 생각할 수 없으면 문제를 달리 진술하여 보아라. 중요한 용어에 대한 정의를 생각해 보아라. 중요한 용어에 대한 정의를 사용하여 문제를 진술해 봄으로써 해결의 실마리를 얻을 수도 있다. 예를 들면 속도라는 용어를 거리 나누기 시간으로 바꾸어 표현함으로써 문제를 해결하기 위해 거리와 시간을 생각할 수 있다. 제기된 문제를 풀 수 없고 관련된 문제도 생각나지 않는다면, 그 문제보다 일반적인 문제를 생각해 보아라. 더욱 특수한 문제를 생각해 보아라. 문제를 부분적으로 풀 수 있는가? 조건 가운데 일부분만 남기고 다른 것은 버려라. 그랬을 때 찾고자 하는 것은 어느 정도까지 정해지는가? 조건의 일부만 만족하는 풀이들을 이용하여 모든 조건을 만족하는 풀이를 얻도록 시도해 보아라. 이와 같은 전략을 단순화 전략이라고 한다. 찾고자 하는 것을 결정하는 데 적절한 다른 자료를 생각해 볼 수 있는가? 새로운 찾고자 하는 것과 새로운 자료가 더욱 가깝게 되도록 하기 위해서 찾고자 하는 것이나 자료 또는 필요하다면 두 가지 다 변형할 수 있는가? 자료는 모두 사용했는가? 문제에 포함된 핵심적인 개념은 모두 고려했는가?

셋째 단계: 계획을 실행한다

이 단계에서는 앞에서 세운 계획에 따라 문제를 해결한다. 이때 적절한 식의 선택이나 계산 과정에서 오류를 범하지 않도록 하며 각 단계를 점검하여야 한다.

이 단계를 위한 발문과 권고에는 다음과 같은 것이 있다. 각 단계를 점검하여라. 각 단계가 올바른지 명확히 확인할 수 있는가? 그것이 옳다는 것을 증명할 수 있는가?

넷째 단계: 반성을 한다

이 단계에서는 얻어진 결과가 타당한지를 점검하며, 이 해결방법보다 더 좋은 방법은 없는지 생각해 보며, 결과나 방법을 다른 문제에 활용할 수 있는지를 생각해 본다.

이 단계를 위한 발문과 권고에는 다음과 같은 것이 있다. 결과를 점검할 수 있는가? 논증 과정을 점검할 수 있는가? 결과를 다른 방법으로 이끌어 낼 수 있는가? 그것을 한눈에 알 수 있는가? 결과나 방법을 어떤 다른 문제에 활용할 수 있는가?

2.7.3 전략의 사용

문제를 잘 해결하기 위해서는 앞에서 제시한 사고의 네 단계를 따르는 것과 동시에 구체적인 문제 해결에 적용할 전형적인 몇 가지 전략을 이해하고 사용할 수 있는 것이 중요하다. Polya는 "*How to Solve It*"의 제3부 '발견술 소사전(Short Dictionary of Heuristic)'에 문제해결에 기본이 되는 전략들과 문제해결 활동에 필요한 여러 가지 사항을 설명하였다. 그 가운데 전형적으로 사용되는 전략으로서 그림 그리기, 예상과 확인, 식 세우기, 거꾸로 풀기, 문제의 변형, 유추, 귀납법과 수학적 귀납법, 발견술적 추론 등에 대하여 알아본다.

(1) 그림 그리기 전략

이 전략은 기하문제뿐만 아니라 외견상으로는 도형이 없는 모든 종류의 문제에서도 중요한 역할을 한다. 문제풀이에서 그림의 중요한 역할로서 두 가지를 생각할 수 있다. 첫째, 해결하려고 하는 문제가 기하문제라면 도형을 생각하여야 한다. 이 도형은 마음속에 있을 수도 있고, 종이 위에 그려져 있을 수도 있다. 우리가 여러 가지를 자세하게 차례차례 분석할 경우 그림을 이용하는 것이 바람직하다. 여러 가지 상황을 동시에 생각할 수는 없지만 이들을 동시에 종이 위에 나타낼 수는 있다. 머릿속에 있는 자세한 그림은 곧 잊어질 수 있지만, 종이 위에 그려진 자세한 그림은 그대로 남아 있으며 우리가 그림을 대하면 곧장 이전에 생각했던 중요한 것들을 회상하게 해 준다. 특히 기하 작도 문제에서, 미지의 것과 주어진 자료 및 조건들을 한 그림에 표현할 수 있으므로 이들을 독립적으로 또는 종합적으로 생각하기가 용이하게 해 준다. 그림의 두 번째 중요한 역할은 문제의 상황을 그림으로 나타내 봄으로써 문제의 성립 가능성 판별을 용이하게 해 준다. 즉, 주어진 문제를 막연하게 성립할 것으로 믿고 해결하려고 노력하는 것보다는 그림을 통하여 미지인 것과 주어진 자료와 조건을 만족시키는 대상이 있음을 확신하고 그것을 찾으려고 할 때 실수를 방지할 수 있는 것이다.

그림을 그릴 때, 그림의 정확성을 어느 정도로 할 것인가를 생각하는 것도 의미가 있다. 그림의 역할은 위에서 제시한 두 가지가 있다. 우리가 그린 그림이 그 역할을 충분히 할 수 있다면 간단하고 그리기 쉬운 그림이면 충분하다. 일반적으로 기하에 관한 문제는 그림을 정확하게 그림으로써 해결을 위한 힌트를 얻기 쉽다. 문제에 선분의 길이나 각의 크기가 주어진 문제는 상황에 맞도록 그림을 그릴 때 중요한 정보를 얻을 가능성이 높다. 그러나 집합을 나타내는 벤다이어그램과 같이 대수적 문제나 해석적 문제는 문제의 요소나 사고의 과정을 나타내기에 충분하다면 손으로 적당히 그리면 된다. 이 경우 그림의 정확성보다는 필요한 요소나 정보를 명확하게 나타냈는지가 중요한 것이다.

⑵ 예상과 확인

예상한 결과는 참일 수도 있고 거짓일 수도 있다. 따라서, 예상한 것을 그대로 믿는 것은 어리석은 짓이다. 그러나 예상한 것이 참일 수도 있으므로 예상을 하지 않는 것도 어리석은 짓이다. 어떤 종류의 예상은 진지하게 검토해 보아야 한다. 특히 관심이 매우 많은 문제가 있을 때, 그 문제에 대하여 충분히 생각하고 문제를 충분히 이해한 다음에 떠오른 예상은 그것을 검토해 볼만한 충분한 가치가 있다. 그 예상 전체가 참은 아닐지라도 일부는 참일 수도 있으며, 예상을 적절히 검토하면 전체적인 참을 유도해 낼 수 있는 기회일 수도 있다.

많은 예상들은 거짓으로 판명되지만, 더욱 좋은 예상을 하는 데에 유용할 수 있다. 무비판적인 사람이 아니라면 아무런 생각이 없는 것은 참으로 나쁘다.

예상을 하여 문제를 해결하는 한 예를 생각하여 보자.

[문제] 둘레의 길이가 주어진 모든 사각형 중에서 그 넓이가 최대인 사각형을 찾아라.

미지인 것은 무엇인가? 사각형

주어진 자료는 무엇인가? 사각형의 둘레의 길이

조건은 무엇인가? 둘레의 길이는 같은데 그 넓이는 최대가 되어야 함.

이 문제는 기초적인 수준의 기하 문제로서는 매우 특이한 문제이다. 그러므로 예상을 시작하는 것은 매우 자연스럽다. 어떤 사각형의 넓이가 최대일까? 가장 단순한 예상은 무엇일까? 둘레가 일정한 모든 도형 중 원의 넓이가 최대라는 것을 들어본 적이 있을 것이다. 그렇다면 어떤 사각형이 원에 가장 가까운가? 어떤 것이 대칭인 면에서 원에 가장 가까운가? 분명히 정사각형일 것이라고 예상할 것이다. 따라서 다음과 같은 예상을 할 수 있다. "둘레의 길이가 주어진 사각형들 중에서 정사각형의 넓이가 최대이다." 이제 이 예상을 증명하거나 반례를 들어야 한다. 이제, 문제는 증명문제로 넘어갔다. 그런데 이 문제도 쉬운 문제는 아니다. 원래의 문제를 해결할 수 없으면 관련된 문제를 생각하여 보아라. 사각형 중에서 넓이가 최대인 것이 정사각형이라면, 직사각형 중에서 넓이가 최대인 것도 정사각형일 것이다.

이제, 원래 문제의 일부를 만족하는 관련된 문제로서 다음 문제를 생각할 수 있을 것이다. "직사각형들 중에서 넓이가 최대인 것은 정사각형임을 증명하여라." 이 문제는 다음과 같이 증명할 수 있다. 직사각형의 두 변의 길이를 각각 a, b라 두면 직각형의 넓이는 ab이고 정사각형의 넓이는 $\left(\frac{a+b}{2}\right)^2$이다. $\left(\frac{a+b}{2}\right)^2 \geq ab$가 성립함은 쉽게 증명할 수 있다. 예상을 활용하여 문제의 일부를 해결하였다. 남은 문제는 모든 사각형은 넓이가 같은 직사각형으로 변형할 수 있음을 밝히는 것이다.

(3) 식 세우기

식 세우기는 한 언어를 다른 언어로 번역하는 것과 같다. 뉴턴은 식 세우기를 마치 한 언어를 다른 언어로 번역하는 것과 같다고 "*Arithmetica Universalis*"에서 밝혔다(Polya, 1957, p.174). 식을 세운다는 것은 문장으로 된 조건을 수학적 기호를 사용하여 표현하는 것이다. 식 세우기는 마치 한 언어를 다른 언어로 번역할 때와 같이 주어진 문제 상황을 정확하게 이해하고 있어야 한다. 그리고는 그 상황에 맞는 적절한 기호와 용어를 선택함으로써 적절한 식을 세울 수 있다.

식 세우기를 할 때는 일반적인 관습을 지키는 것이 식을 이해하거나 다른 사람과 의사교환 할 때 편리하다. 예를 들면, 찾는 미지의 것은 x, y, z 등과 같이 알파벳의 뒷부분의 문자를 사용하며, 상수의 역할을 하는 미지의 것은 a, b, c 등과 같이 알파벳의 앞부분의 문자를 사용한다. 또 원주율은 π로 나타내며, 미분이나 적분을 다룰 때는 모든 사람이 공통으로 사용하는 기호를 사용하는 것이 바람직하다.

문제의 조건을 만족하는 식을 세우고 나면 실생활의 문제가 수학적인 문제로 바뀐 것이다. 세워진 식을 사용하여 문제의 답을 얻은 다음 그 답이 실제 문제의 답으로서 적절한지를 생각해 보고 필요한 경우 이를 수정하여 실제의 답을 구하여야 한다.

⑷ 거꾸로 풀기

이 전략은 문제에서 찾고자 하는 것을 알고 있다고 가정하고 그것이 성립하기 위한 전 단계를 찾는 방법을 계속함으로써 문제의 조건이나 가정에 도달함으로써 문제를 해결하는 방법이다. Polya에 의하면, 인간과 동물은 모두 문제 해결을 하는데 그 차이점은 하등동물일수록 거꾸로 풀기 전략을 잘 사용하지 못한다는 것이다. 즉, 이 전략은 문제해결을 위한 매우 중요한 전략이라는 것이다.

거꾸로 풀기 전략의 기원은 매우 오래다. Pappus(기원전 300년경 그리스의 수학자)는 저서 "수학집성"(Collectiones)에서 이 전략을 analyomenos라고 하였는데, 현대어로 번역하면 분석의 보배, 문제해결의 예술, 발견술이라는 뜻이다. 우리는 이 단어를 분석법이라고 번역하여 사용한다. Pappus에 의하면 이 방법은 Euclid, Apollonius, Aristaeus가 이것을 연구하였다고 한다.

거꾸로 풀기의 한 예로서 다음과 같은 것이 있다.

> A, B C 세 사람이 게임을 하는 데, 게임에서 진 사람은 상대방이 가진 돈 만큼 주기로 한다. 처음 게임에서는 A가 지고, 두 번째는 B가, 세 번째는 C가 졌다고 한다. 세 번의 게임이 끝난 후 남은 돈을 확인해보니 각각 8,000원 씩이라고 한다. B가 처음 가진 돈은 얼마인가?

이 문제를 풀기 위해 마지막 상황에서 시작하여, 세 번째 게임 이전의 돈, 두 번째 게임 이전의 돈, 첫 번째 게임 이전의 돈을 차례로 구해가면 된다.

⑸ 문제의 변형

문제 해결 방법으로 한 가지 방법만 고집하는 것은 곤충이나 지능이 낮은 동물의 문제해결 사고 방법이다. 주어진 문제를 한 가지 방법으로 해결하기 어려울 때는 가능한 방법을 찾을 때까지 다양한 방법을 시도해 보아야 한다. 문제에 주어진 자료와 조건을 변형하면서 해결의 실마리를 찾아볼 수 있다. 예를 들면, 밑면은 한 변의 길이가 a인 정사각형이고 윗면은 한 변이 길이가 b인 정사각형이며 높이가 h인 사각뿔대의 부피를 구하는 문제가 있다고 하자. 이 사각뿔대를 윗면의 변의 길이를 밑면의 한 변의 길이와 같게 변형하여 사각기둥을 만들면 부피는 a^2h이다. 또, 이 사각뿔대를 윗면의 변의 길이를 0으로 변형하여 사각뿔을 만들면 부피는 $\frac{a^2h}{3}$이다. 이 두 도형은 사각뿔대를 연속적으로 변형하여 얻은 것이므로 사각뿔대의 부피는 $\frac{(a^2+ab+b^2)}{3}h$ 임을 예측할 수 있다.

(6) 유추

유추란 두 개의 대상이 있어서 이 대상을 이루고 있는 각 부분의 관계가 대응되는 것을 말한다. 이에 비해 닮음이란 두 대상을 이루는 각 부분이 서로 대응되는 것이다. 예를 들면, 직사각형의 두 변의 관계와 직육면체의 두 면의 관계를 유추하면 직육면체의 두 면의 관계는 서로 평행하거나 수직임을 예측할 수 있다. 유추는 차원이 높은 복잡한 문제를 다룰 때 그보다 차원이 낮은 간단한 문제와 비교함으로써 해결의 실마리를 얻는 데 사용할 수 있다.

(7) 귀납법과 수학적 귀납법

귀납법이란 특별한 예들을 관찰하고 조합함으로써 일반적인 법칙을 발견하는 과정이다. 이 방법은 모든 과학(학문)에서 사용하며 수학에서도 사용한다. 수학적 귀납법은 특별한 종류의 정리를 증명하기 위해 수학에서만 사용된다. 수학적 귀납법은 귀납이라는 용어를 사용하지만 귀납법과는 논리적으로 상관이 없고, 수학적 귀납법은 귀납적 사고를 한 다음에 사용되는 실제적인 관계가 있다. 예를 들면,

$$1^3=1^2$$
$$1^3+2^3=3^2$$
$$1^3+2^3+3^3=6^2$$
$$1^3+2^3+3^3+4^3=10^2$$
$$1^3+2^3+3^3+4^3+5^3=15^2$$

을 관찰한 다음 귀납법에 의하여

"처음부터 n개의 세제곱 수의 합은 제곱수이다"

라는 명제를 제안할 수 있다. 이 명제를 좀더 조사하면 귀납법에 의하여

$$1^3+2^3+3^3+4^3+\cdots+n^3=\left(\frac{n(n+1)}{2}\right)^2$$

을 얻을 수 있다. 귀납적 방법으로 얻은 이 명제가 참임을 수학적 귀납법으로 증명할 수 있다.

(8) 발견술적 추론

발견술적 추론은 최종적인 추론이 아니며 엄밀한 추론도 아니다. 발견술적 추론은 주어진 문제의 풀이를 찾기 위해 잠정적으로 사용되는 추론이다. 우리는 완전한 풀이를 얻기 전에 잠정적인 풀이를 얻고 이것을 이용하여 완전한 풀이에 대한 확신을 가지고 풀이과정을 계속할 수 있다. 발견술적 추론이란 귀납법이나 유추에 의하여 잠정적인 결론을 얻는 것을 뜻한다. 발견술적 추론은 문제해결을 위한 중요한 수단이지만 최종적이고 완전한 추론이라고 생각해서는 안 된다. 교사가 학생들에게 발견술적 추론을 지도할 때는 이 점을 특히 강조하여야 한다.

이 밖에도 문제의 재진술, 분해와 재합성, 관련된 문제 활용, 일반화, 특수화 등의 중요한 전략들을 제시하고 있다.

연구 과제

1. 교사는 학생들의 문제 해결 사고를 촉진하기 위해 적절한 발문과 권고를 해야 한다. 교사의 발문과 권고가 문제해결을 위한 발견술이 되기 위해서는 어떤 성격을 갖추어야 할지 설명하여라.

2. Polya의 문제해결을 위한 사고의 네 단계를 제시하고, 각 단계에서 하여야 할 중요한 활동을 설명하여라.

3. 문제해결을 위한 사고의 각 단계에서 교사가 학생을 돕기 위해 사용할 수 있는 발문과 권고의 종류를 열거하여라.

4. 이 책에서 설명한 문제해결을 위한 각 전략을 사용할 수 있는 문제를 중등학교 수준에서 한 문제씩 만들어 보고 그 전략을 사용하는 방법을 설명하여라.

5. 방정식 $x^2+2x+1=0$을 인수분해에 의하여 푸는 방법은 거꾸로 풀기 전략이라고 말할 수 있는가? 그 이유를 설명하여라.

6. 둘레의 길이가 같은 사각형 중에서 넓이가 최대인 것은 정사각형임을 증명하여라.

2.8 반 힐

네덜란드의 수학 교육자 반 힐 부부(Dina van Hiele-Geldof, Pierre Marie van Hiele)는 중등학교 수학 교사로서 중등학교 학생들이 기하 학습에서 보이는 수준의 차이에 대하여 박사학위 논문으로 연구하였다. 정사각형을 인지하지만 그것을 정의하지 못하는 학생을 보며, 정사각형은 직사각형임을 이해하지 못하는 학생들을 본다. 또 증명의 필요성을 인식하지 못하는 학생들도 본다. van Hiele 부부는 학생들의 이러한 현상에 대하여 연구한 결과 기하학의 이해에는 다섯 수준이 있음을 제시하였다. 이 다섯 수준을 기하학적 사고의 발달 모델(The Model of the Development of Geometric Thought)이라고 한다. van Hiele 부부는 이 모델의 각 수준을 학습하기 위한 5단계의 학습국면도 제시하였다.

여기에서는 반 힐이 제시한 기하적 사고의 발달 모델과 각 수준을 학습하기 위한 학습 국면을 알아본다.

2.8.1 기하학적 사고의 발달 모델

van Hiele이 제시한 기하학적 사고의 발달 모델은 시각화(visualization), 분석(analysis), 비형식적 연역(informal deduction), 형식적 연역(formal deduction), 엄밀(rigor)의 다섯 개의 수준으로 구성되어 있다. van Hiele은 기하학 학습은 위의 다섯 수준의 순서대로 이루어져야 한다고 주장하고 있다. 각 단계의 특성은 다음과 같다(Crowley, 1987).

수준 **0**(기본단계)**:** 시각화

최초 단계인 이 수준에서 학생들은 공간을 자기들의 주위에 존재하는 어떤 것으로 인식한다. 기하학적 개념은 구성 요소나 그 특성을 갖는 대상으로보다는 전체적인 대상으로 받아들인다. 예를 들면, 도형은 부분이나 성질이 아닌 전체적인 것으로서 형상에 의하여 인식된다. 즉, 도형은 물리적인 외형으로 인식되는 것이며, 부분이나 성질에 의하여 인식되지는 않는다. 이 수준에서 학습할 수 있는 학생은 기하학의 용어를 배울 수 있으며, 구체화된 도형을 식별할 수 있으며, 도형이 주어졌을 때 그것을 똑같이 그려낼 수 있다. 예를 들면, 다음 그림을 보고 이들은 이전에 본 정사각형 또는 직사각형과 비슷한 모양이기 때문에 (a)에는 정사각형들이 있고 (b)에는 직사각형들이 있다고 인식한다. 또, 이 도형들을 기하판이나 모눈종이에 그대로 옮길 수 있다.

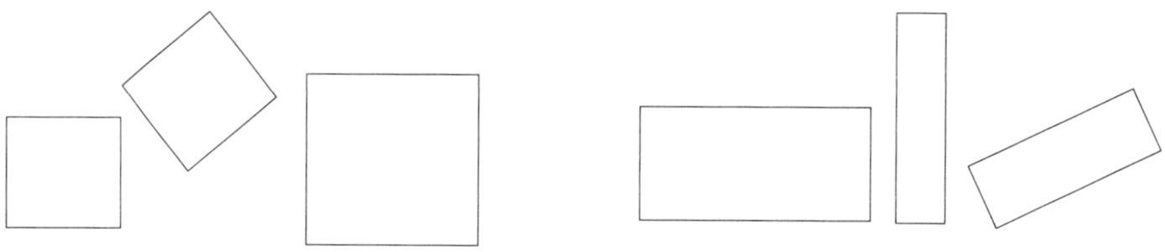

(a) (b)

그림 2.8-1

수준 **1:** 분석

이 수준에서는 기하학의 개념 분석이 시작된다. 예를 들면, 관찰과 실험을 통하여 학생들은 도형의 특성을 식별하기 시작한다. 발견된 도형의 성질은 도형의 유형을 개념화하는 데 사용된다. 이와 같이 도형은 부분을 갖는 것으로 인식되며 그 부분에 의하여 인식된다. 다음 그림과 같이 가로와 세로로 평행선이 그어진 종이가 주어지면 학생들은 크기가 같은 각을 색으로 칠하는 활동을 통하여 평행사변형의 대각의 크기는 서로 같다는 사실을 확신할 수 있다. 그와 같은 여러 가지 예를 사용해 본 후 평행사변형의 집합에 대한 일반적인 성질을 만들 수 있다. 그러나 이 수준에 있는 학생들은 성질 간의 관계를 설명할 수 없으며, 도형 간의 상호 관련성도 보지 못하며, 정의도 이해하지 못한다.

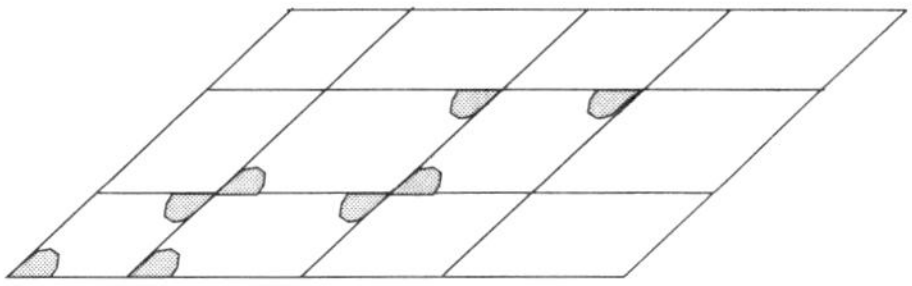

그림 2.8-2

수준 2: 비형식적 연역

이 수준에 있는 학생들은 한 도형 내에서 또는 도형 사이에서 성질들의 상호 관련성을 확립할 수 있다. 예를 들면, 다음과 같은 관계성을 확립할 수 있다.

> "한 사각형에서 마주 보는 변들이 서로 평행하기 위해서는 마주 보는 각의 크기가 서로 같아야 한다.
> 정사각형은 직사각형이 갖고 있는 모든 성질을 가지고 있기 때문에, 정사각형은 직사각형이다."

이 수준의 학생들은 도형의 성질들을 연역할 수 있으며 도형의 유형을 인식할 수 있다. 도형의 유(類)의 포함관계를 이해한다. 이들에게는 정의가 의미 있으며, 비형식적 논증을 할 수 있다. 이 수준에 있는 학생들은 연역의 중요성이나 공리의 역할을 이해하지 못하지만, 경험을 통하여 연역을 할 수 있다. 형식적 증명을 따라 할 수 있다. 그러나 논리적인 순서가 어떻게 대체될 수 있는지를 알지 못하며, 다른 가정이나 친숙하지 못한 가정으로부터는 증명을 어떻게 해야 할지를 알지 못한다.

수준 3: 연역

이 수준에서는, 공리체계 안에서 기하의 이론을 정립하는 한 방법으로서 연역의 중요성을 이해할 수 있다. 무정의 용어, 공리, 공준, 정의, 정리, 증명의 역할과 상호 관련성을 알 수 있다. 이 수준에 있는 사람은 증명을 단순한 암기에 의해서가 아니라 구성할 수 있다. 한 증명이 두 가지 방법 이상으로 전개될 가능성도 있음을 인식한다. 필요조건과 충분조건의 상호관계를 이해하며, 명제와 그 역의 차이점을 이해할 수 있다.

수준 **4:** 엄밀

이 수준에 있는 사람은 다양한 공리체계에서 학습할 수 있다. 즉, 비유클리드 기하학을 학습할 수 있으며, 다른 공리체계들을 비교할 수 있다. 기하를 추상적인 것으로 인식한다.

이 마지막 단계는 이 이론의 연구자인 van Hiele에게는 거의 관심이 없었으며 가장 적게 연구되었다. van Hiele은 처음 네 수준에 특별한 관심을 가진 것으로 알려졌다. 왜냐하면, 대부분의 고등학교 기하는 수준 3에서 지도되기 때문이며, 이 연구의 대부분은 수준 3 이하의 수준에 집중되어 있다. van Hiele 모델이 다른 분야(경제학, 화학 등)에 응용되면서 제 4 수준이 더욱 돋보인다. (참고: van Hiele은 나중에 수준의 번호를 1에서 5까지로 변경하였다.)

2.8.2 반 힐 모델의 일반적 특성

van Hiele은 기하학적 사고의 각 수준에 구체적인 특성을 제시한데 이어 모델의 일반성을 파악하여 제시하였다. 이 일반성은 교수학습을 결정하는데 안내 역할을 하기 때문에 교육자들에게 중요한 의미가 있다. 그 모델의 일반성은 다음과 같다.

⑴ 계열성(sequential)

학습자는 기하학적 사고 수준의 순서대로 학습을 진행하여야 한다. 어떤 특수한 수준에서 성공적으로 학습하기 위해서는 이 전 수준들의 전략을 획득하고 있어야 한다.

⑵ 전진성(advancement)

한 수준에서 다음 수준으로의 발전은 나이에 의존하기보다는 교수학습의 내용과 방법에 의존한다. 어떤 교수학습 방법도 학생이 한 수준을 뛰어넘어 학습하게 할 수는 없다. 어떤 교수학습 방법은 한 수준에서 다음 수준으로의 진행 속도를 촉진하는가 하면, 다른 방법은 지루하게 할 수도 있으며 심지어는 진행을 불가능하게 하기도 한다.

van Hiele은 "학생의 실제 수준을 넘는 기능을 가르칠 수도 있다. 마치 어린이에게 분수의 의미를 설명하지 않고 분수 계산의 방법을 가르칠 수 있으며, 미분과 적분의 의미를 모르면서도 미분과 적분을 하게 할 수 있는 것과 같다."고 지적한다. 기하학에서의 한 예는 넓이 공식이나 '정사각형은 직사각형이다'를 의미를 이해하지 못한 채 암기하여 적용하는 것이다. 이와 같은 경우 학습의 과제는 낮은 수준으로 줄었으며 학습한 내용에 대하여 이해하지 못한다.

⑶ 본질성과 비본질성(intrinsic and extrinsic)

한 수준에서는 본질적인 대상(당연한 것으로 생각되는 대상)이 그 다음 수준에서는 비본질적인 대상(연구의 대상)으로 변한다. 예를 들면, 수준 0에서는 한 도형을 형태만으로 인식한다(물론 그 도형은 몇 가지 성질로 구성되어 있다). 수준 1이 되기 전까지는 그 도형을 분석하지 못하며 그 도형의 구성 요소와 성질을 발견하지 못한다.

수준 / 고찰	0수준	1수준	2수준	3수준	4수준
비본질	주변사물	도형	성질	명제	논리
본질	도형	성질	명제	논리	

⑷ 언어성(linguistics)

각 수준은 그 수준만의 언어적 기호와 그 기호들을 연결하는 고유한 관계 체계가 있다. 그러므로, 한 수준에서는 옳은 관계가 다음 수준에서는 수정될 수도 있다. 예를 들면, 한 도형이 두 개 이상의 이름을 가질 수 있다. 즉, 정사각형은 직사각형이기도 하며 평행사변형이기도 하다. 수준 1에 있는 학생은 이와 같은 관계를 이해하지 못하지만, 수준 2에 있는 학생은 쉽게 이해한다.

⑸ 불일치성(mismatch)

학생의 수준과 수업의 수준이 다르면 기대하는 학습의 성과는 일어나지 않을 수 있다. 특히 교사, 교수학습 자료, 내용, 어휘 등이 학습자 수준보다

높으면 학습자는 사고 과정을 따라갈 수 없다.

2.8.3 학습 단계의 국면들

앞에서 지적한 바와 같이, van Hiele 부부에 의하면 어떤 수준을 마스터하는 것은 학습자의 연령이나 성숙에 의존하기보다는 학생들이 받고 있는 교수학습에 더 의존한다. 그러므로 교수학습의 방법, 조직, 내용, 및 사용되는 자료들은 교육적 관심의 중요한 영역들이다. 이러한 문제를 논하기 위해서, van Hiele 부부는 탐색(inquiry), 통제된 오리엔테이션(directed orientation), 설명(explication), 자유 오리엔테이션(free orientation), 종합(integration) 등 5 단계의 학습 국면(Phases of Learning)을 제시하였다:

van Hiele 부부에 의하면, 이 계열에 따라 전개된 교수학습은 한 수준의 성취를 촉진한다. 수준 2에 있는 학생이 이 국면에 따라 마름모를 학습하는 활동의 예를 다음에 제시한다.

국면 **1:** 탐색/정보

이 첫 단계에서, 교사와 학생들은 학습의 목표에 대하여 대화하고 활동한다. 관찰이 이루어지고, 질문이 제기되며, 이 수준에 맞는 어휘가 도입된다. 예를 들면, 교사는 학생들에게 다음과 같은 질문을 한다. "마름모는 무엇인가? 정사각형은? 평행사변형은? 그들의 닮은 점은 무엇인가? 다른 점은? 마름모는 정사각형이 될 수 있는가? 왜 그렇게 말할 수 있니?…"

이 활동들의 목표는 두 가지이다. 첫째는 교사는 학생들이 그 주제에 대하여 갖고 있는 사전 지식이 무엇인지를 파악하는 것이며, 둘째는 학생들은 앞으로 학습할 방향이 무엇인가를 파악하는 것이다.

국면 **2:** 통제된 오리엔테이션

학생들은 교사가 주의를 기울여 계열화한 자료들을 통하여 학습의 주제를 탐구한다. 이 활동은 학생들에게 이 수준의 구조를 점진적으로 나타나게 해야 한다. 그러므로 상당량의 자료는 구체적인 반응을 하도록 고안된 짧은 과제라야 한다. 예를 들면, 교사는 학생들이 기하판을 사용하여 대각선의 길이가 같은 마름모꼴, 더 큰 마름모꼴, 더 작은 마름모꼴 등을 만들도록 요구한다. 다른 활동으로는 직각이 4개 있는 마름모꼴, 3개 있는 마름모꼴, 2개 있는 마름모꼴, 한 개 있는 마름모꼴 등을 만들어 보는 것이 있다.

국면 **3:** 설명

학생들은 그들의 사전 경험을 기초로 하여 관찰해온 구조에 관해 견해를 표현하고 서로 교환한다. 교사의 역할은 학생들에게 정확하고 적절한 언어를 사용할 것을 촉구하는 것 외에는 최소로 한다. 이 국면 동안에 그 수준의 관계체계가 분명해지기 시작한다. 마름모꼴의 학습지도의 예를 계속한다면 학생들은 이 국면에서 동료 및 교사와 함께 위의 활동에서 어떤 도형과 성질들이 일어났는지에 대하여 토론한다.

국면 **4:** 자유 오리엔테이션

이 국면에서 학생들은 더욱 복잡한 과제, 이를테면 많은 단계를 가진 과제, 여러 가지 방법으로 완성될 수 있는 과제, 열린 과제들을 접한다. 학생들은 이 과제들에 대한 자신의 방법을 발견하거나 풀이하는 경험을 얻는다. 학생들은 탐구에 익숙해지면서 연구 대상들 사이의 많은 관계들을 분명하게 인식한다. 예를 들면, 학생들은 다음과 같은 활동을 완성할 수 있을 것이다.

> "종이를 반으로 접어라. 그것을 그림 2.8-3과 같이 또 반으로 접어라. 이와 같이 접어서 만들어진 귀퉁이를 잘라낸다면 어떤 도형을 갖게 될 것인지를 상상해 보아라. 종이를 자르기 전에 여러분의 대답을 설명하여 보아라. 그 귀퉁이를 30°의 각으로 자른다면 어떤 모양의 도형을 얻는가? 45°로 자른다면? 대각선들이 교차하는 점에서 만들어진 각들을 설명하여 보아라. 왜 마름모꼴의 넓이는 두 대각선의 곱의 반이라고 할 수 있는가?

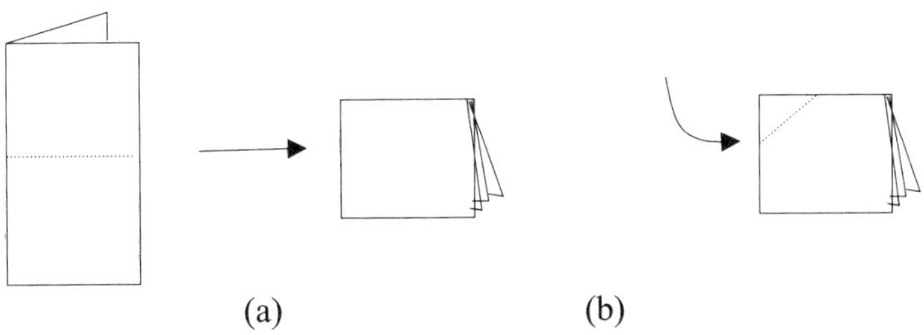

(a) (b)

그림 2.8-3

국면 **5:** 통합

학생들은 대상과 관계들에 대한 새로운 관계망을 개관하기 위하여 학습한 것을 반성해 보고 요약한다. 교사는 학생들이 배운 것에 대하여 "전체적인 조망을 제시함으로써" 학생들이 통합하는 데 도움을 줄 수 있다. 이 요약들은 새로운 것을 전혀 포함하지 않는 것이 중요하다. 발견한 마름모의 성질을 요약하고 본질을 반성하도록 한다.

다섯 번째 국면의 마지막에서, 학생들은 새로운 사고의 수준을 성취한다. 사고의 새로운 장이 이전 것을 대치하며 다음 수준에서 학습활동을 반복할 준비를 갖추게 된다.

연구 과제

1. van Hiele이 제시한 기하학적 사고의 발달 단계를 제시하고, 각 단계의 중요한 특성을 설명하여라.

2. 어떤 명제는 성립하지만 그 역은 성립하지 않을 수도 있음은 어느 수준에서 학습할 수 있는가?

3. van Hiele에 의하면, 기하학적 사고의 한 수준을 마스터하기 위해서는 어떤 학습 활동들을 하여야 하는가?

4. 여러 종류의 사각형을 흩어놓고, 이들을 평행인 변의 수, 직각의 개수를 중심으로 각각 분류해 보는 학습활동은 기하학적 사고의 몇 수준에서 적당하다고 생각하는가? 그 이유를 설명하여라.

5. 원을 소재로 하여, 기하학적 사고 수준의 각 단계에 해당하는 학습활동의 예를 한 가지씩 제시하여라.

6. 본문에서는 기하학적 사고 수준이 2인 학생들이 마름모를 학습하는 5단계의 학습활동 국면들을 소개하였다. 만약 기하학적 사고 수준이 1인 학생들이 마름모를 학습할 경우 예상되는 학습활동 국면들을 설명하여라.

2.9 프로이덴탈

2.9. 1 수학화

프로이덴탈(Hans Freudenthal, 1905 ~ 1990)은 네덜란드 수학자이며 수학교육학자로서, 완성된 수학(ready-made mathematics)을 지도하는 것이 아니라, 수학화(mathematising)를 지도하여야 한다고 주장한다. 그는 수학화의 용어 사용에 대하여 이 용어는 누가 만들었다고 할 수 없을 정도로 자연스러운 용어이며, 마치 공리를 만들기 위해서는 공리화(axtiomasing)를 하여야 하며, 형식을 만들기 위해서는 형식화(formalising)를 하여야 하며, 스키마를 만들기 위해서는 스키마화(schematising)를 하는 것처럼 수학을 만들기 위서는 수학화(mathematising)를 하여야 하는 것은 당연하며, 따라서 이 용어는 매우 자연스러운 것이라고 함으로써 수학화의 의미를 쉽게 전달하고 있다.

Freudenthal에 의하면, 수학화란 현상(reality)이 수학을 포함한 다양한 것들의 영향을 받아서 변하고, 넓어시고, 깊어짐이 계속되는 과정이다. 즉 현상이 수학을 포함한 어떤 수단에 의하여 조직되는 과정이라고 할 수 있다. 여기서 현상이란 실생활 소재일 수도 있으며, 이미 알고 있는 수학일 수도 있다. 공리화, 형식화, 스키마화는 수학화에 앞서서 나온 용어들이며 수학화와 유사한 용어들이라고 할 수 있다. 공리화란 수학적 연구의 분야를 재조직하기 위해 공리적 체계를 형성하는 것을 의미한다. 형식화란 수학적 언어와 일상적 언어 또는 기호적 언어를 정돈하고, 조정하며, 변형하는 과정을 의미한다. 특히 현대 수학은 내용보다는 형식을 강조한다. 즉, 경험이나 직관으로 충분히 인식할 수 있는 내용도 반드시 어떤 형식(증명)으로 표현되어야 한다. 본래 인간은 자기의 경험이나 활동을 범례적인(paradigmatical) 것으로 만들며, 그들을 추상하여 법칙이나 규칙으로 일반화하며, 실제에 적응하기 위해 스킴(schemes)을 만드는 습관이 있다. 스킴을 만드는 활동을 스키마화라고 한다. 공리화와 형식화가 형식을 강조한다면, 스키마화는 내용을 강조한다고 할 수 있다. 수학화는 공리화, 형식화, 스키마화의 요소를 갖추고 있으며, 특히 현상의 확장은 학습자 개인과 일상생활에 의해 좌우됨을 유념하여야 한다.

중등학교 수준에서 수학화에 의해 수학을 지도한다는 것은 학습자 스스로가 실제적인 현상으로부터 새로운 스킴과 형식, 즉 개념이나 원리, 법칙을 이해하고 만들 수 있으며, 활용할 수 있게 하는 것이다. 나아가서는 공리계를 이해하고 만들 수 있게 하는 것이다.

수학화의 한 예로서 다음과 같은 학습과제를 생각할 수 있다.

예 1) 수직선상에 있는 두 점 16과 72의 중점을 찾아라. 이 문제를 해결하기 위한 학생들의 활동에는 다음과 같은 것이 있다. 두 수의 양 끝에서 같은 수만큼 덜어내어도 중점의 위치는 바뀌지 않음을 파악하고, 처음에는 1씩 덜어내다가 나중에는 큰 수인 10씩 덜어내기 시작한다. 이렇게 하여 중점의 좌표는 44임을 찾아낸다. 이 활동을 통하여 두 수 a, b(단 $a<b$) 사이의 중점의 좌표는 a에 $\frac{1}{2}(b-a)$를 더한 것과 같음을 알아낸다. 즉, a, b의 중점의 좌표는

$$a+\frac{1}{2}(b-a)=\frac{1}{2}(a+b)$$

임을 알아낸다. 또, 같은 크기의 수만큼 a에서 왼쪽으로 이동하고 b에서 오른쪽으로 이동하여도 a와 b사이의 중점의 좌표는 변하지 않음을 설명하면 학생들은 a점을 원점에 오도록 이동할 때 b점은 $a+b$로 이동됨을 알게 되며 중점의 좌표는 $\frac{1}{2}(a+b)$임을 알게 된다.

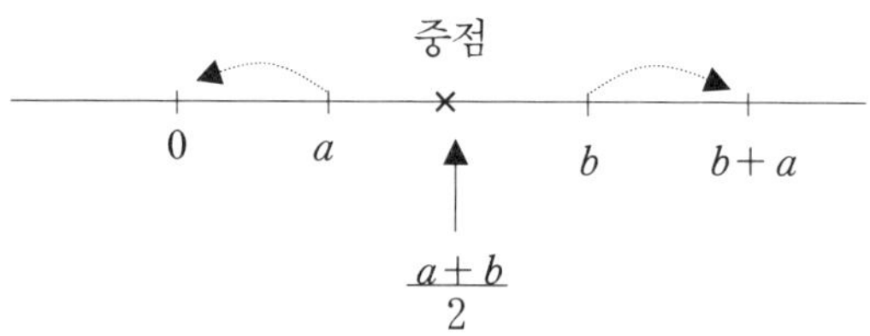

예 2) 기하에 관한 수학화의 예로 다음과 같은 과제를 생각할 수 있다. 그림과 같이 다섯 개의 점이 찍힌 주사위의 면이 있다. 하나의 꺾은선을 그어 다섯 점을 모두 지나게 하려고 한다. 몇 가지의 다른 그림을 그릴 수 있는가?

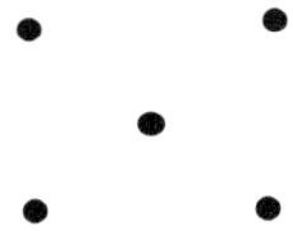

이 문제를 해결하기 위하여 처음 할 과제는 「다른 그림」의 뜻이 스키마화되어야 한다. 여기서 다른 그림이란 평행이동이나 회전이동에 의하여 합동이 아닌 그림을 뜻한다. 다음으로는 다른 그림을 세는 방법을 체계화하여야 한다. 예를 들면 가운데 점을 중심으로 하여 그것이 처음으로 지나는 경우, 두 번째로 지나는 경우, 세 번째로 지나는 경우, … 등과 같이 계속할 수 있다.

2.9.2 수평적 수학화와 수직적 수학화

Treffers 가 1978년 논문에서 처음으로 수평적 수학화와 수직적 수학화를 구분하였다. 수평적 수학화란 문제를 수학적으로 처리할 수 있게 하는 것이고, 수직적 수학화는 수학적 처리를 더욱 세련되게 하는 것이다. 다시 말하면, 수평적 수학화는 실생활의 세계에서 기호의 세계로 나아가는 것이다. 실생활의 세계에서는 우리는 살아가며 활동을 한다. 기호의 세계에서는 기호들이 만들어지고, 세련되며, 조작되는데, 이것이 수직적 수학화이다.

Freudenthal은 수학자의 실생활은 수학을 다루는 것이므로, 실생활 정의를 개인에 따라서는 수학적 대상도 포함하도록 확대하였다. 즉, 수평적 수학화와 수직적 수학화의 차이점은 객관적으로 구별되는 것이 아니라, 사람에 따라, 환경에 따라서 달라질 수 있다.

수평적 수학화와 수직적 수학화의 예로서 다음과 같은 것들을 생각할 수 있다.

예 1) 아무렇게 흩어져 있는 구슬의 개수를 세어야 하는 문제가 있다. 이 구슬을 세기 위해 직사각형으로 배열하거나 세기를 하기 위하여 몇 개씩 묶는 것은 수평적 수학화를 하는 것이다. 체계화된 구슬을 보고 개수를 세기 위해 덧셈이나 곱셈을 적용하는 것은 수직적 수학화이다.

예 2) 파스칼의 삼각형에서 한 행의 $r-1$번째 수와 r번째 수의 합은 그 다음 행의 r번째 수와 같은 규칙성을 알아내는 것은 수평적 수학화이고, 이항계수의 수들을 조합의 기호를 사용하여 나타내는 것은 수직적 수학화이다.

2.9.3 수학과 학습지도 원리

Freudenthal은 만인을 위한 수학 교육을 지향하며, 수학 교수 학습에서 수학화의 과정을 경험시킴으로써 수학의 유용성을 알도록 하는 것을 중시한다. 수학화를 경험시킨다는 것은 학습자로 하여금 주어진 상황으로부터 수학화의 활동을 통해 학습하고자 하는 수학을 구성하고 활용해 가게 하는 것을 뜻한다. Freudenthal에 의하면, 수학화의 경험을 통하지 않은 수학 학습은 완성된 수학을 익히며 그것을 활용하는 데 중점을 둠으로써 수학을 이해하게 하기보다는 기계적으로 학습하게 한다. 그 결과 창의적인 수학적 사고력과 문제해결력을 저하시킨다.

Freudenthal이 제시한 학습지도 이론들 중 중요한 것으로 다음과 같은 것들이 있다.

⑴ 안내된 재발명(guided reinvention)과 사고 실험

이 원리는 학습의 발생주의 입장과 활동주의 입장에 기초를 두고 있다. 즉, Freudenthal이 주장한 핵심적인 학습의 원리로서, 학습은 학생들의 활동을 통하여 이루어져야 하며, 구체적인 경험적 학습으로부터 점차 추상적이고 형식적인 학습으로 진행되어 가는 것을 전제로 한다. 안내된 재발명의 원리의 특징은 발생주의와 활동주의의 원리를 따르되 어떤 수학적 개념이 발생 발달한 그대로의 방법과 순서로 학습하게 하는 것이 아니라, 그 개념을 더욱 효과적으로 학습할 수 있게 하기 위하여 교사가 발생 발달의 과정을 이상적으로 조정한 다음 학생들로 하여금 이 과정을 따라 발생주의 입장에서 학습할 수 있게 하는 것이다.

교사는 지도할 내용을 조정하기 위하여 사고실험을 하여야 한다고 Fredenthal은 주장한다. 사고실험이란 교사가 실제로 지도하고자 하는 내용을 가상적인 학생들에게 지도하는 과정을 생각하면서 지도할 내용을 조정하고 계열화하는 것이다. 이 때 가상적인 학생들은 매우 활동적이며 적극적으로 학습에 참여하는 것을 전제로 함으로 교사는 학습과정에서 일어날 수 있는 모든 경우들을 생각하여야 하며, 각 경우에 대해 어떻게 반응하여야 할지를 결정해 두어야 한다.

⑵ 학습과정의 수준 상승

Freudenthal에 의하면, 어떤 단계에서 학습의 결과 얻은 것은 다음 단계에서는 다시 학습의 대상이 된다. 이와 같은 반복 작용에 의해 학습의 수준이 상승된다. 우정호(1995)는 이를 현상과 본질의 교대작용에 의하여 학습 수

준이 상승된다고 본다. 여기서 현상은 연구의 대상을 말하며, 본질은 연구의 결과 당연한 것으로 받아들여진 것을 뜻한다.

Freudenthal에 의하면 학습 수준의 상승은 연속적인 것이 아니라 비약적인(jump) 수준을 보인다고 보았다. 이러한 생각은 제자인 van Hiele이 연구, 확인하였다. 이 학습 수준에는 5단계가 있는데 구체적인 내용은 앞의 Van Hiele의 수학 학습지도 이론에서 언급한 바와 같다.

(3) 문맥 수학

수학화의 방법으로 수학을 학습하게 하려면 학생들이 관심과 흥미를 갖고 상상력을 발휘할 수 있는 현실적인 풍부한 문맥에서 수학 학습을 하는 것이 바람직하다. 여기서 문맥(situation)이란 어떤 구체적인 수업 과정에서 학생들에게 열려 있는, 수학화 되어야 할 현실의 영역을 말한다. 교사는 학생들에게 흥미와 호기심 및 도전감을 촉진하는 적절하고도 풍부한 문맥을 개발하고 학습지도에 활용하여야 한다.

연구 과제

1. 수학화의 뜻을 설명하고 수학을 수학화의 방법으로 지도해야 할 필요성에 대하여 토론하여라.

2. 수학화의 종류를 설명하고, 수학화를 그렇게 분류하는 것이 교육적으로 필요하다고 생각되는 이유를 설명하여라.

3. 안내된 재발명에 의한 학습과 발견학습의 차이점을 설명하여라.

4. Freudenthal의 학습수준 상승이론을 설명하고, 구체적인 예를 제시하여라.

5. 수학적 개념을 대상으로 하여 수평적 수학화를 하는 예를 제시하고 그 근거를 설명하여라.

2.10 가다키리

일본의 수학교육학자 가다키리(片桐重男) 교수는 수학 학습의 목표는 수학적인 사고의 육성에 있다고 하였으며, 수학적인 사고의 내용을 '방법에 관련된 수학적인 사고'와 '내용에 관련된 수학적인 사고'로 구분하여 명확히 하고 그 지도 방법을 확립하였다. 그는 또, 학생이 수학적인 사고를 하는 과정에서 보이는 수학적인 태도에 관해서도 연구하였다. 그의 연구 내용을 요약하면 다음과 같다.

2.10.1 방법에 관련된 수학적인 사고

수학을 학습하는 방법에 관련된 수학적인 사고에는 귀납적 사고, 유추적 사고, 연역적 사고, 통합적 사고, 발전적 사고, 추상화의 사고, 단순화의 사고, 일반화의 사고, 특수화의 사고, 기호화의 사고가 있다.

(1) 귀납적 사고

귀납적 사고란, 문제를 해결할 때, 그 해결 방법이 생각나지 않으며 연역적인 해결이 안 되는 상황에서, 먼저 몇 개의 대상으로부터 공통적인 규칙이나 성질을 발견하여 이를 근거로 당면 문제를 해결하려 할 때 이용되는 사고방법이다. 그리고 어떤 문제를 해결했을 때 그것으로 그치지 않고 그것을 계기로 일반화된 법칙이나 원리를 찾아내려고 할 때 사용되는 사고 방법으로서 다음과 같은 절차를 거친다.

① 몇 개의 데이터를 모은다.

② 데이터 사이의 공통적인 규칙이나 성질을 찾아낸다.

③ 규칙이나 성질이 그 데이터를 포함하는 더욱 넓은 집합에서도 성립될 것이라고 추측한다.

④ 추측한 일반성(규칙성 또는 법칙)이 참임을 더욱 확실히 하기 위해 새로운 데이터로 확인한다.

위의 ①에서 데이터를 모으는 방법은 두 가지가 있다. 첫째 방법은 데이터를 모은 다음 그들을 살펴보고 규칙성을 찾는 방법이고, 둘째 방법은 데이터를 모아가면서 일반성을 예상하고 그 예상을 확인하면서 데이터를 모아 가는 방법이다. 이 두 방법의 유용성은 문제의 난이도와 개인의 역량에 따라 차이가 있는데, 일반적으로는 후자가 더 바람직하다고 생각된다.

귀납적 사고에 의해 발견한 일반성이 참임을 보이기 위해서는 연역적 추론이 이어져야 한다. 그러나 인지 발달 수준이 낮은 학생들에게는 위의 ④의 방법으로 만족해야 할 경우도 있다.

(2) 유추적 사고

유추적 사고란, 어떤 대상이나 집합의 원소 사이에서 성립하는 사실이 이와 유사한 대상 또는 집합에 대해서도 성립할 것이라고 추론하는 것이다. 이 추론은 논리적으로 불완전하지만 가능성을 탐색하는 데 중요한 역할을 한다. 예를 들면

$\frac{3}{5} \times \frac{2}{7} = \frac{3 \times 2}{5 \times 7} = \frac{6}{35}$ 과 같은 방법으로

$\frac{8}{9} \div \frac{2}{3} = \frac{8 \div 2}{9 \div 3} = \frac{4}{3}$ 를 생각하는 것은 유추적 사고이다.

(3) 연역적 사고

연역(deduction)은 넓은 의미로는 전제로 주어진 몇 개의 명제로부터 논리적인 규칙을 써서 필연적인 결론을 엄밀하게 도출하는 방법이다. 좁은 의미로는 일반적인 주장으로부터 특수한 주장으로 나아가는 추론으로 보는 경우도 있다.

가다키리는 연역적 사고의 뜻을 학교 교육에 맞도록 좀더 넓은 범위로 확대한다. 그는 연역적 사고 범주에 공리적 사고, 구조적 사고, 해석적 사고, 종합적 사고를 포함한다.

공리적 사고란 유클리드의 원론처럼 공리계를 설정하고 그것을 근거로 하여 논리적인 법칙을 적용하여 사고하는 것을 의미한다. 공리적 사고에서는 공리계를 근거로 하지 않은 단순한 경험이나 실험의 결과는 참으로 인정하지 않는다.

구조적 사고에서의 구조란 한 집합을 생각하고, 그 집합에 연산이나 순서, 위상 등을 도입하여 이에 관한 어떤 성질을 정함으로써 얻은 것이다. 예를 들면, 덧셈에 대한 군이란 구조는 한 집합에 덧셈이 정의되어 있고, 이 집합은 덧셈에 대하여 닫혀 있으며, 결합법칙이 성립하고, 항등원과, 모든 원소에 대한 역원이 존재하는 것을 말한다.

가다키리에 의하면 17,8세기경부터 주로 대수적 계산을 이용하는 분야를 해석이라 일컫고, 기하학에서 유클리드의 원본과 같이 직접 도형을 다루는 방법을 종합적이라고 하였다. 17세기 후반에 접어들어 미적분학 및 이에 이어지는 분야를 해석이라고 부르기 시작하였다. 최근 수학교육학에서 사용하는 해석적 사고의 뜻은 구하려고 하는 것을 얻었다면 어떤 사실이 성립해야 되는가의 방향으로 생각을 전개하는 사고방법이다. 거꾸로풀기 전략, 귀류법, 간접증명법, 문장제 문제를 미지수를 정하고 식을 세워 해결하는 것 등은 해석적 사고법에 속한다. 종합적 사고란 유클리드의 원론에서처럼 주어진 조건으로부터 어떤 사실이 성립하는가의 방향으로 사고를 전개하는 사고 방법이다. 복잡한 연산 문제에서 차례로 연산을 진행하여 문제를 단순화하는 것, 가정에서 출발하여 결론으로 나아가는 직접증명법, 또는 해석적 사고를 한 뒤 역순으로 사고를 전개해 가는 것은 종합적 사고 방법이다.

⑷ 통합적 사고

통합적 사고란 많은 사상을 흐트러진 채 두지 않고 보다 넓은 관점에서 그들의 본질적인 공통성을 추상하여 모두 같은 것으로 볼 수 있게 종합 정리하는 사고이다. 가다키리는 통합적 사고의 종류로서 고차적 통합, 포괄적 통합, 확장적 통합으로 구분하고 있다.

고차적 통합이란 우선 보기에는 전혀 새로운 것으로 보이는 문제들의 해결 방안을 형식화해 봄으로써 같은 유형의 문제로 통합하는 것이다. 예를 들면, 두 지점 사이의 거리를 구하는 다양한 문장제 문제를 형식화해 보면 피타고라스 정리를 이용하는 문제로 귀착됨을 알 수 있다.

포괄적 통합이란, 처음 제시된 몇 개의 사상에서 구성 요소를 확대 정의함으로써 그중 한 사상이 다른 사상을 포함하게 하는 것을 말한다. 예를 들면, 곱셈식

$$① \ (a+b)^2 = a^2 + 2ab + b^2 \qquad ② \ (a-b)^2 = a^2 - 2ab + b^2$$

은 서로 다른 것으로 인식되었다가 ②의 $-b$를 ①의 b로 확대 해석하면 ①은 ②를 포함하게 된다.

확장적 통합이란 어떤 성질을 만족하는 집합이 있을 때, 그 성질의 조건의 일부를 수정하여 더욱 넓은 집합에서 성립하도록 하는 것이다. 예를 들

면, 자연수의 집합에서는 큰 수에서 작은 수만 뺄셈을 할 수 있었지만, 음수에 대해서도 뺄셈을 정의함으로써 뺄셈을 음수의 집합으로 확대하는 것이다.

⑸ 발전적 사고

발전적 사고란 통합한 것을 보다 넓은 범위에 적용하려 하거나, 하나의 결과가 얻어졌다 하더라도 더욱 나은 방법을 알아본다거나 또는 이를 바탕으로 더욱 일반적인 보다 새로운 것을 발견하려는 사고를 뜻한다.

발전적 사고의 유형에는 조건 변경에 의한 발전과 관점 변경에 의한 발전이 있다. 조건 변경은 조건의 일부를 다른 것으로 바꾸거나 일부를 삭제 또는 첨가함으로써 새로운 문제나 친숙한 문제 또는 단순한 문제로 변형하는 것을 의미한다. 예를 들면, 피타고라스의 정리에서 직각을 둔각이나 예각으로 바꾸어봄으로써 세 변 사이의 새로운 관계를 생각하는 것은 조건 변경에 의한 발전적 사고라 할 수 있다. 관점 변경이란 한 문제를 여러 가지 방법이나 각도에서 생각해 봄으로써 다양한 해결 방법을 생각해 보는 것을 말한다. 그렇게 함으로써 더욱 세련된 사고능력을 기를 수 있다. 예를 들면, 그림 2.10-1의 도형의 둘레를 구하는 문제에서 미지인 선분의 길이를 모두 구한 뒤 이들을 더하여 둘레를 구할 수도 있지만 가로의 길이와 세로의 길이의 합을 두 배 하여 구할 수도 있다. 이 때 후자의 것이 더욱 세련된 사고로서 이는 관점 변경에 의한 발전적 사고이다.

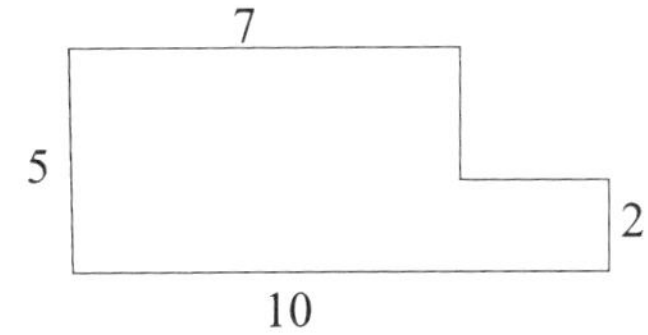

그림 2.10-1

⑹ 추상화의 사고

추상의 일반적인 의미는 다음과 같다. 전체로서의 사물의 표상에 포함되는 여러 징후 가운데 하나 또는 몇 개를 분리하여 사유의 대상으로 삼는 정신작용이다. 추상화란, 수학적 개념인 유를 만든다는 관점에서 보면, 몇 개의 사물·현상이나 장면을 모아 각각에 적용되는 기준을 바탕으로 하나의 유를 만드는 것이라 할 수 있다. 추상화를 통하여 새로운 개념이 만들어진다. 추상화된 개념을 분명히 이해하기 위해서는 그 개념을 만족하는 것이 있는 대상과 없는 대상을 판별해 보거나 그 개념을 포함하는 새로운 것을 알아보는 방법이 있는데 이것을 구체화라고 한다. 추상화와 구체화의 사고를 통하여 개념은 더욱 명확해지며 범위가 넓어진다.

(7) 단순화의 사고

몇 개의 조건이 있고 이 조건을 모두 고려하여야 하는 문제에서, 처음부터 조건 모두를 고려한 해결은 할 수 없는 경우가 있다. 이러한 경우 조건 가운데 몇 개를 잠시 무시하고 간단한 기본적인 경우로 변형하여 생각하는 것을 단순화의 사고라고 한다.

단순화의 사고를 적용하는 방법으로 두 경우가 있다. 첫째 경우는, 예를 들어 세 개의 조건이 있는 문제가 있을 때, 그 가운데 한 조건만을 생각하여 결론을 얻은 다음에 그 결과에 남은 한 조건을 생각하여 새로운 결론을 얻으며 그 결과에 마지막 조건을 생각하여 전체문제를 해결하는 것이다. 둘째 경우는, 하나하나의 조건을 각각 단독으로 생각하여 얻은 결론들을 통합하여 모든 조건을 생각한 해결을 얻는 경우이다. 문장제 문제를 해결할 경우, 각 조건을 만족하는 식을 각각 만든 다음 그 식들을 합성하여 새로운 식을 만든 것은 단순화 사고이다.

(8) 일반화의 사고

추상화의 작용은 외연을 일단 고정시키고 내포를 명확히 하는 것인 데 비해, 일반화의 작용은 내포를 일단 고정시키고 이에 해당하는 외연을 한층 더 명확히 하는 것이라고 할 수 있다. 즉, 일반화는 어떤 성질을 만족하는 모든 대상의 집합을 분명하게 하는 것이다. 폴리아는 일반화를 하나의 대상이나 좁은 범위의 집합에 대한 고찰에서 대상이나 집합을 포함하는 확대된 집합의 고찰로 이행하는 것이라고 하였다. 이 일반화의 사고는 새로운 개념을 형성하거나 문제해결 방법을 생각하는 데 중요한 역할을 한다.

(9) 특수화의 사고

특수화란 일반화의 역에 해당되는 것으로서, 어떤 사상에 관한 고찰에서 그 집합에 포함되는 더욱 작은 집합이나 한 사상에 관해 생각하는 것이다. 문제해결의 경우 극단적인 경우를 생각해 보는 것도 특수화이며, 특수화는 문제해결의 가능성을 예측하게 하거나 해결된 결과의 타당성을 확신하게 하는 데 중요한 역할을 한다. 예를 들면, 원뿔대의 부피를 구하는 공식의 타당성을 확신하기 위하여 윗면의 반지름을 0이라고 가정하여 원뿔의 부피 공식과 일치하는지를 비교해 보는 것은 특수화의 사고이다. 또, 흐르는 강물에서 배가 이동하는 문제에서 강물의 속도를 0이라고 하여 해결 방안을 생각해 본 후 강물의 속도가 0이 되도록 배의 속도를 조정하여 문제를 해결하는 것도 특수화의 사고의 한 예이다.

⑽ 기호화의 사고

기호화란, 문제의 상황을 그림으로 나타내거나 문자 또는 기호를 사용하여 모델링하는 것을 말한다. 기호화는 수학적 개념을 명확하며, 간결하고, 전체적으로 표현하거나 사고할 수 있게 함으로써 수학의 발전에 막대한 공헌을 하였음을 수학사를 통하여 알 수 있다. 문제 상황에 맞는 적절한 기호체계를 사용하는 것은 사고활동을 촉진시킨다.

2.10.2 내용에 관련된 수학적인 사고

가다키리는 초등학교와 중학교 수준의 수학 내용 영역을 수, 계산, 양과 측정, 도형, 식, 함수, 통계로 나누고, 각 영역의 수학 내용을 학습하기 위해 필요로 하는 사고를 분석하여 제시하고 그것을 내용에 관련된 수학적인 사고라고 하였다. 가다키리가 제시한 내용에 관련된 수학적인 사고는 다음과 같다.

① 단위의 사고－ 구성 요소의 크기나 관계에 주목한다.
② 표현의 사고－ 표현의 기본원리를 바탕으로 생각한다.
③ 조작의 사고－ 대상이나 조작의 의미를 명확히 하거나 확장한다. 또는 이를 바탕으로 생각한다.
④ 알고리즘의 사고－ 조작 방법을 형식화한다.
⑤ 개괄적 파악의 사고－ 대상이나 조작 방법을 개괄적으로 파악하거나 그 결과를 이용한다.
⑥ 기본 성질의 사고－ 기본적인 법칙이나 성질에 주목한다.

⑦ 함수적인 사고— 무엇을 정하면 무엇이 정해진다는 점에 주목하거나 변수 사이의 대응 규칙을 발견 또는 이용한다.
⑧ 식에 대한 사고— 사상이나 관계를 식으로 나타내거나 식을 읽어낸다.

2.10.3 수학적인 태도

가다키리는 수학적 사고를 지탱하고 이것을 발동시키는 태도로서 수학적인 태도를 생각하고, 수학적인 태도와 그 구조를 문제해결 과정에 맞추어 연구하였다. 그가 연구한 수학적인 태도를 요약하면 다음과 같다.

① 스스로 자기의 문제나 목적 · 내용을 명확히 파악하려 한다. 이 태도에 해당하는 구체적인 태도로서 다음과 같은 것들이 있다.
  - 의문을 가지려 한다.
  - 문제의식을 가지려 한다.
  - 문제상황 중에서 수학적인 것을 찾으려 한다.

② 조리 있는 행동을 하려 한다. 이 태도에 해당하는 구체적인 태도로서 다음과 같은 것들이 있다.
  - 목적에 맞는 행동을 하려 한다.
  - 개괄적 구상을 하려 한다.
  - 쓰이는 자료나 기습사항, 가정을 바탕으로 생각하려 한다.

③ 내용을 간결 · 명확하게 표현하려 한다. 이 태도에 해당하는 구체적인 태도로서 다음과 같은 것들이 있다.
  - 문제나 결과를 간결 명확히 기록하고, 전달하려 한다.
  - 분류 정리하여 나타내려 한다.

④ 보다 나은 것을 구하려 한다. 이 태도에 해당하는 구체적인 태도로서 다음과 같은 것들이 있다.
  - 사고를 대상적(구체적) 사고에서 조작적(추상적) 사고로 높이려 한다.
  - 자기의 사고나 다른 사람의 사고를 평가하고 더 세련되게 하려 한다.

연구 과제

1. 가다키리가 제시하는 수학적인 사고력의 종류와 그 뜻을 요약하여 설명하여라.

2. 수학적인 태도와 수학에 대한 태도의 차이점을 설명하고 각 태도를 구체적으로 제시하여라.

3. 귀납적 사고의 필요성과 귀납적 사고의 절차를 설명하여라.

4. 유추적 사고의 뜻을 설명하고 예를 하나 만들어라.

5. 발전적 사고의 뜻을 예를 들어 설명하여라.

제 3 장 수학과 학습지도 방법

이 장에서는 수학적 능력, 즉 수학적 지식을 개념적 지식과 절차적 지식으로 분류하고 이 두 지식의 뜻과 학습지도에 대하여 알아본 다음, 개념적 지식과 절차적 지식을 좀더 세분화한 개념, 수학적 일반성, 기능, 증명, 문제해결의 학습지도 방법에 대하여 알아본다.

3.1 개념적 지식과 절차적 지식

수학적 지식은 여러 가지 유형으로 나눌 수 있지만 최근에는 많은 수학 교육학자들이 수학적 지식을 개념적 지식과 절차적 지식으로 구분한다(G. Kulm, 1994). 먼저 개념의 뜻을 살펴보자. NCTM(1995)은 개념을 일반적이고 기본적인 아이디어, 예를 들면 추론하기, 문제형성, 비형식적 상황에서의 문제해결에 필요한 아이디어들이라고 해설하고 있다.

벨(Bell et al., 1983) 등에 의하면 두 종류의 개념이 있다. 하나는 '마름모'나 '분수'와 같이 정의를 필요로 하는 것이고, 다른 하나는 '실수집합에서의 곱셈은 교환성이 성립한다'와 같이 문장으로 표현된 관계이다. 첫째 유형의 개념은 예와 예가 아닌 것을 제시함으로써 외연적(extensively)으로 정의되기도 하며, 성질을 정의하는 진술에 의한 내포적(intensively)으로 정의되기도 한다. 개념적 구조는 개념들과 관계들의 네트워크를 구성하는데 이것을 스키마(schema)라고 부르기도 한다. 이 구조들은 절차를 선택하고 실행하게 하며 문제해결자가 새로운 상황에 어떤 절차를 응용할 수 있게 한다. 새로운 개념이나 관계가 학습되면, 기존의 개념 구조에 새로운 연결이 형성된다.

Carpenter(1986)는 단편적인 정보들 사이의 관계들을 풍부한 네트워크로 구성하고 정보를 받아들이고 사용하는 것에 유연성을 주는 지식을 개념적 지식(conceptual knowledge)이라고 정의한다.

Hiebert(1986)에 의하면, 수학적 개념을 이해하고 개념들 사이의 관련성을 이해하는 것은 보다 높은 수준의 수학적 개념이나 성질을 학습할 수 있게 하며 문제해결을 위해 수학을 응용할 수 있게 한다. Hiebert는 수학적 개념을 이해하고 그 개념들 사이의 관련성을 이해하는 능력을 개념적 지식이라고 정의하였다.

절차적 지식(procedural knowledge)은 흔히 수학적 기능(mathematical skills)으로 분류하기도 한다. NCTM(1995)에 의하면 기능(skill)은 고정된 수학적 절차를 계산방법이나 조작 방법 등을 사용하여 실행하는 능력이다. 기능의 중요한 특징은 활동이나 변형을 포함한다. Carpenter(1986)는 기능을 절차적 지식과 같은 뜻으로 보며, 구체적인 계열을 따라 차례 차례로 절차를 실행하는 능력을 절차적 지식이라고 정의한다.

전통적인 평가는 절차적 지식의 평가와 개념의 용어에 강조점을 두었다. 그 결과 개념적 지식을 약하게 하였으며 개념적 지식과 절차적 지식 사이의 연결을 거의 하지 못하였다. 개념적 지식과 절차적 지식은 상호 보완적인 관계이다. 개념적 지식을 풍부하게 하기 위해서는 절차적 지식이 필요하며 절차적 지식도 개념적 지식 없이는 단순한 암기에만 의존하여야 하므로 높은 수준으로 발전할 수 없다. 따라서, 개념적 지식과 절차적 지식은 적절한 균형을 이루어 지도하여야 하며 수학과 평가도 이 두 지식을 균형 있게 통합적으로 평가하여야 한다.

3.1.1 개념적 지식

개념적 지식이란 개념 사이의 관계(relationships)로 이루어진 지식이다. 개념적 지식의 단위는 독립된 하나의 정보로 존재할 수 없다. 개념적 지식의 정의에 의하면 그것은 개념적 지식의 일부로서, 조정자(지식의 주체)가 그것과 다른 정보의 관계를 인식할 수 있는 것이다.

개념적 지식의 발달은 정보 사이의 관계를 형성함으로써 이루어진다. 관계의 형성이 일어나는 경우에는 두 가지가 있다. 한 경우는 기억하고 있는 두 정보 사이에서 일어나는 것이고, 다른 하나는 이미 갖고 있는 지식의 일부와 새로 학습한 것 사이에서 일어나는 것이다.

개념적 지식을 형성하는 관계는 두 수준으로 구분된다. 한 수준은 기본적 수준(primary level)이고 다른 한 수준은 반영적 수준(reflective level)이다. 기본적 수준의 관계란 두 정보를 연결한 관계의 추상성이 그 정보들의 추상성과 같은 수준인 것을 뜻한다. 반영적 수준의 관계란 두 정보를 연결한 관계가 두 정보의 추상성보다 더 높게 추상된 것을 뜻한다. 여기서 의미하는 추상성은 지식의 단위가 구체적인 상황에 연결되어 있는 정도를 뜻한다. 추상성은 지식이 구체적인 상황으로부터 자유로워질수록 높아진다(증가한다).

기본적 수준의 관계 예를 들어보자. 어떤 학생이 소수를 배운다고 하자. 이 학생은 소수의 학습을 통하여 소수점 이하의 수에 대한 자리값을 배울 것이며, 소수의 덧셈과 뺄셈도 배울 것이다. 소수의 덧셈을 배울 때, 두 수의 소수점을 한 줄에 오게 하여 자리값을 맞추어 덧셈을 하는 것은 자리값과 덧셈의 관계를 형성한 것이다. 이때의 관계의 추상성은 소수의 자리값 수준을 넘지 않는다. 즉, 오로지 소수에 대해서만 관계를 형성한 것이다. 따라서 이 수준의 관계는 기본적 수준이다.

반영적 수준에 있는 관계의 예를 들어보자. 소수의 자리값과 소수의 덧셈을 배우는 학생이 소수의 덧셈은 소수점을 기준으로 하여 자리값을 갖게 하여 계산함을 학습한 후, 이를 자연수의 덧셈이나 분수의 덧셈과 같이 소수의 덧셈은 자리값을 같게 하여 계산한다는 관계를 형성하였다고 하자. 이때의 관계의 추상성은 구체적인 소수의 자리값을 넘어서 더욱 높게 추상화된 것이다. 따라서 이 관계는 반영적 수준에 있다.

3.1.2 절차적 지식

절차적 지식은 상이한 두 부분으로 형성되어 있다. 한 부분은 수학의 형식적 언어 또는 기호체계로 구성되어 있고, 다른 한 부분은 수학적 과제를 완성하기 위한 알고리즘(algorithm)이나 법칙(rule) 또는 수학적 과제를 해결하기 위한 절차들로 구성되어 있다. 첫 부분을 수학의 형식(form)이라고도 한다. 예를 들면, 이 수준의 절차적 지식이 있는 학생은 비록 답은 모르더라도 $3.5 \div \square = 2.71$은 식의 구성상 받아들일 수 있지만, $6 + = \square 2$는 받아들일 수 없다. 첫 번째 절차적 지식은 수학의 형식을 이해하는 것이다. 두 번째 절차적 지식은 과제를 완성하기 위해 순서적으로 절차를 수행할 수 있는 능력이다. 문제해결의 전략도 여기에 속한다.

3.1.3 의미 있는 학습지도

개념적 지식과 절차적 지식의 학습 방법에 따른 의미성에 대하여 알아보자. 어떤 개념을 다른 개념들과 관계를 형성하여 학습하는 것을 의미 있는 학습(meaningful learning)이라고 한다. 즉, 의미는 개념 사이에 관계를 형성함으로써 생성되는 것이다. 이 정의에 의하면 개념적 지식의 학습은 의미 있는 학습이다. 개념적 지식은 정보 사이의 관계 형성으로 성취되므로 개념적 지식의 지도는 의미 있는 학습이 되게 지도하여야 한다. 즉, 새로운 개념을 단편적으로 이해하고 활용하는 것이 아니라 기존의 여러 개념과의 관계성을 비교, 대조하여 체계적인 관계망이 형성되게 지도하여 의미 있는 학습이 되게 하여야 한다.

개념들 사이의 관계를 생각하지 않고 구체적인 상황에 국한하여 학습하는 것을 기계적 학습(rote learning)이라고 한다.

절차적 지식의 학습은 방법에 따라서 의미 있는 학습일 수도 있고 기계적인 학습일 수도 있다. 절차적 지식은 수학적 과제를 순서적으로 처리할 수 있는 능력이다. 이때 각 순서 사이에 관계를 형성하면서(이해하면서) 절차를 수행하면 의미 있는 학습이 되는 것이고, 절차의 순서를 암기에 의하여 수행하면 기계적 학습이 되는 것이다. 따라서, 절차적 지식의 학습은 방법에 따라 의미 있는 학습일 수도 있고 기계적인 학습일 수도 있다. 절차적 지식을 지도할 경우 의미 있는 학습이 되도록 주의를 기울여야 할 것이다.

연구 과제

1. 개념적 지식의 뜻과 개념적 지식을 형성하는 두 가지 방법을 설명하여라.

2. 개념적 지식의 정의에 의하면 수학적 지식은 전체가 하나의 관계망으로 형성되어야 한다. 수학적 개념 사이를 연결한 그림을 개념지도라고 한다. 소집단을 형성하여 중학

교 과정의 수학 내용을 개념지도로 나타내어보고, 다른 집단과 비교하여 보아라.

3. 절차적 지식의 뜻과 필요성을 설명하여라.

4. 절차적 지식을 의미 있게 학습하도록 지도하는 방법을 설명하여라.

3.2 개념의 학습지도

수학의 내용을 지도할 때 먼저 수학적 개념을 지도한다. 이를테면 선분이란 무엇인가, 주기함수란 무엇인가, 어떤 도형이 평행사변형인지 아닌지를 어떻게 아는가, 일대일 대응의 정의는 무엇인가 등을 지도한다. 이처럼, 수학에서 어떤 대상에 대하여 지도할 때, 그 대상의 개념을 지도한다고 한다.

이 절에서는 개념의 의미와 그것을 지도하는 방법에 대하여 알아본다.

3.2.1 개념의 본질

개념이 형성되는 과정을 분석해 보면, 경험에 의하여 형성되는 경우와 구체적인 설명에 의하여 형성되는 경우가 있다. 어린이가 컴퍼스로 원을 그려보는 경험을 함으로써 컴퍼스의 용도를 알게 되며 다른 학습도구와의 차이점을 인식한다. 즉, 컴퍼스가 무엇인가에 대한 명확한 설명 없이 컴퍼스의 개념을 형성한다. 이와 같이 설명에 의해서가 아니라 예들에 대한 경험을 추상화하여 개념을 갖게 되는 것을 Ausubel은 개념형성(concept formation)이라고 한다. 개념을 인식하는 다른 방법은 다른 개념들을 이용하여 새로운 개념을 인식하는 것이다. 즉, 다른 개념을 사용한 설명에 의하여 새로운 개념을 나타내는 용어의 뜻을 알게 되는 것이다. 이것을 Ausubel은 개념동화(concept assimilation)라고 한다. Henderson(1970)은 개념형성에 의하여 얻은 개념을 비언어적 개념이라고 하고, 개념동화로 형성된 개념을 언어적 개념이라고 하였다.

언어적 개념의 입장에서 개념을 정의한 예로는 다음과 같은 것들이 있다(Cooney et al., 1975). Hunt 등에 의하면, 개념이란 어떤 대상을 서술하고자 할 때 어떤 이름이 적용될 수 있는지 없는지를 구체적으로 나타내주는 결정 규칙이다. Geach에 의하면, 개념 p를 획득했다는 것은 용어 p를 어떻게 사용하는지를 안다는 것이다. 예를 들면, 원의 개념을 안다는 것은 원의 정의를 알고 있으며, 여러 도형 중에서 원을 식별할 수 있으며, 원의 성질을 알 수 있는 것을 뜻한다.

학교 교육은 언어적 개념의 지도에 중점을 두고 있으므로, 앞으로 사용하는 개념의 의미는 언어적 개념을 뜻하는 것으로 약속한다.

3.2.2 개념의 지도 방법

개념을 지도하기 위한 전략에는 정의하기, 충분조건 제시, 예를 들기, 비교·대조하기, 반례 들기, 필요조건 제시, 필요조건과 충분조건 제시, 거짓예 들기, 필요하지도 충분하지도 않은 특성 제시 등이 있다(Cooney et al., 1975). 이들이 필요한 경우와 그 활용 방법은 다음과 같다.

(1) 정의하기

정의는 어떤 개념을 나타내는 용어를 최대한 명확하면서도 간결하게 진술한 문장이다. 예를 들면, 이항식의 개념을 다음과 같이 정의할 수 있다.

「이항식은 단 두 개의 항을 가진 다항식이다.」

정의는 매우 간결하게 표현되어 있기 때문에 학생에 따라서는 그 정의를 이루는 필요조건의 합성을 이해하지 못하며 정의의 논리를 이해하지 못할 수 있다. 예를 들면, 위의 이항식의 정의에서 다항식의 개념을 알지 못한다면 이항식의 개념을 알지 못하며, 정의의 논리를 알지 못하면 위의 정의로부터 다음과 같은 네 개의 결론이 나옴을 알지 못한다.

① 만약 어떤 것이 이항식이면, 그것은 단 두 개의 항을 가진 다항식이다. (정의의 다른 표현)
② 어떤 것이 단 두 개의 항만 가진 다항식이면, 그것은 이항식이다. (정의의 역)
③ 어떤 것이 이항식이 아니면, 그것은 다항식이 아니거나, 그것이 다항식이면 단 두 개의 항을 갖고 있지 않다. (정의의 이)

④ 어떤 것이 단 두 개의 항을 갖는 다항식이 아니면, 그것은 이항식이 아니다. (정의의 대우)

정의의 형식을 분석해보면, 다음과 같다.

(용어)____ 란 조건 _____를 만족하는 ______이다.

조건 ______를 만족하는 ______를 (용어) ______ 라고 한다.

어떤 개념에 대한 정의가 있으면, 그 정의의 다른 표현, 역, 이, 대우가 모두 성립하는 특성이 있다.

(2) 충분조건 제시

개념을 지도하기 위해서 정의를 하지 않고 충분조건을 제시하는 경우도 있다. 예를 들어, 꼬인 위치에 있는 두 직선의 개념을 지도한다고 하자. 대부분의 교사들은 실제로 꼬인 위치에 있는 두 직선의 예를 들어 보인 뒤, 이 두 직선은 한 평면 위에 있지 않음을 인식하게 하고는, '한 평면 위에 있지 않은 두 직선을 꼬인 위치에 있다.'고 설명함으로써 꼬인 위치의 개념을 지도할 것이다. 한 평면 위에 있지 않은 두 직선은 꼬인 위치에 있기 위한 필요조건이지만 정의는 아니다.

'꼬인 위치에 있는 두 직선'의 정의는 '한 공간에서 서로 만나지도 않으며 평행하지도 않는 두 직선' 이다.

(3) 예를 들기

개념을 정의한 후 또는 그 개념에 대한 충분조건을 제시하고 설명한 후 그 개념을 더욱 분명하게 이해하도록 돕기 위해서 교사는 몇 개의 예를 제시한다. 이 때의 예는 가능한 한 단순하고 간결하여 쉽게 이해할 수 있는 것이 좋다. 교사가 지도하고자 하는 새로운 개념을 잘 이해하고 있는지를 파악하기 위하여 교사는 학생들에게 그 개념에 대한 예를 제시하도록 요구할 수 있다. 학생들이 제시한 예에 대한 이유를 말해 보게 함으로써 이해의 정도를 파악할 수도 있다.

모든 개념들이 예를 가지고 있는 것은 아니다. 예를 들면, 가장 큰 실수, 2보다 큰 짝수인 소수 등은 예가 있을 수 없다. 따라서, 예를 사용하려할 때는 적절한 예가 있는지를 미리 파악해야 한다.

(4) 비교 · 대조하기

어떤 개념의 이해를 돕기 위하여 예를 제시하였으면 그 예들의 공통점을 비교하고 차이점을 대조해 봄으로써 그 개념을 구성하는 조건과 논리를 더욱 분명하게 이해하게 하는 데 도움을 줄 수 있다.

(5) 반례 들기

어떤 개념에 대한 학생의 진술이나 대답에 모순이 있음을 발견하고 그것을 교정해 주려고 할 경우, 학생의 진술에 모순이 있음을 보여주는 예를 보여줌으로써 학생의 진술에서 잘못된 부분을 구체적으로 지적해 줄 수 있다. 이와 같이 어떤 명제가 성립하지 못함(거짓임)을 보여주는 예를 반례라고 한다.

예를 들면, 각의 정의를 두 개의 반직선으로 이루어진 도형이라고 대답한 학생에게, 대답을 만족하면서도 각이 되지 못하는 다음 그림의 도형은 학생의 대답에 대한 반례이다.

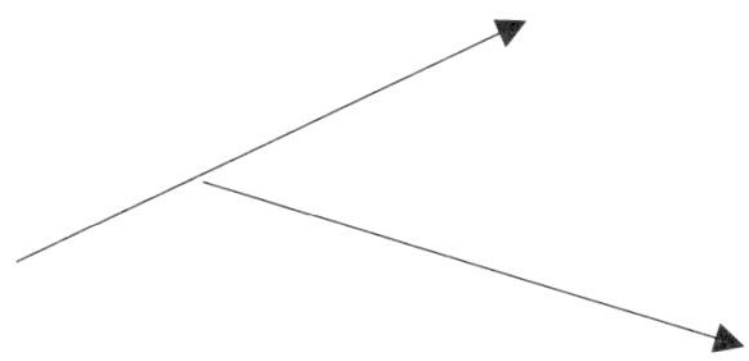

그림 3.2-1

(6) 필요조건 제시

학생의 진술이 어떤 개념을 만족하지 못할 경우, 그 진술은 개념을 만족하기 위한 조건들의 일부만 만족한 것일 수 있다. 이때 교사는 학생들에게 그 개념을 성립하게 하는 남은 조건, 즉 그 개념의 모든 필요조건을 찾아보게 함으로써 개념을 완전하게 이해하도록 도울 수 있다. 예를 들면, 평행사변형이 무엇인가라는 질문에 대하여 두 변이 평행한 사각형이라고 대답하였다면, 교사는 반례를 들어 학생의 대답이 충분하지 못함을 지적해 줄 수 있다. 여기서 교사는 학생들에게 남은 필요조건(두 쌍의 대변이 평행함)을 더 찾게 하여 평행사변형의 개념을 지도할 수 있다.

(7) 필요충분조건 제시

많은 개념들의 정의는 필요충분조건을 사용하여 진술된다. 또, 대부분의 개념들은 필요충분조건을 사용하여 여러 가지로 진술할 수 있다. 따라서 필요충분조건은 개념을 학습하는 데 중요한 요소이다. 어떤 개념을 지도한 뒤 그 개념을 나타내는 다른 필요충분조건들을 제시하게 하고 정의와의 관련을 생각해 보게 하는 것은 새로운 수학을 학습하게 하는 계기가 될 수도 있다. 예를 들면, 이등변삼각형의 정의는 두 변의 길이가 같은 삼각형이다. 이때, 두 각의 크기가 같은 삼각형은 이등변삼각형이 되기 위한 필요충분조건이다.

(8) 거짓 예 들기

개념을 지도하기 위해 정의를 하고 예를 제시할 때, 예가 될 수 없는 것, 즉 그 개념을 만족하지 못하는 거짓 예(비정례라고도 함)를 함께 제시하는 것은 그 개념의 이해에 도움이 된다. 특히, 거짓 예를 제시할 때는 정의를 구성하는 조건 중 일부만 만족하는 예를 만들어 거짓 예로 사용하는 것이 개념의 구성을 이해하는 데 더욱 도움이 된다.

3.2.3 지도상의 유의점

개념 지도를 계획할 때 다음과 같은 사항을 고려하는 것은 도움이 된다.

① 학생들의 지적 능력과 개념적 배경은 무엇인가?
만일 학생들의 지적 능력이 충분하다면 정의만으로도 개념을 지도할 수 있을 것이다. 그러나 지적 능력이 부족하다면 바른 예와 거짓 예를 충분히 활용하는 것이 좋다.

② 이 개념을 교사 자신이 배울 때 또는 다른 반에서 지도할 때의 경험은 어떠하였는가?
자기가 학습한 경험이나 다른 반에서 지도한 경험을 반성하여 개념 지도를 위한 절차를 수정하고 더욱 적절하고 충분한 예나 거짓 예를 고안하여 사용하는 것이 바람직하다.

③ 이 개념은 얼마나 중요한가?
지도하고자 하는 개념의 중요성에 따라 그 개념을 이해하게 하는 데 필요한 활동과 부수적인 활동 및 자료의 활용에 비중을 달리하는 것이 바람직하다.

연구 과제

1. 개념을 지도하기 위한 전략의 종류를 제시하고, 그들을 사용해야 할 상황을 설명하여라.

2. 한 개념을 지도하기 위해 여러 가지 전략을 사용할 수 있다. 이때 적절한 전략을 선택하고 순서를 정할 때 고려하여야 할 기준을 설명하여라.

3. 이면각은 두 반평면이 한 공통변에서 만나 이루는 도형이다. 이것을 지도하기 위한 적절한 전략을 말하고 그 방법을 예시하여라.

4. 고등학교 2학년 학생에게 극한의 개념을 지도하려고 한다. 지도 계획을 세우고 그 계획이 적절한 이유를 설명하여라.

3.3 수학적 일반성의 학습지도

3.3.1 수학적 일반성

수학적 개념 사이에 성립하는 특수한 관계가 일반화되고 증명된 것으로서 수학의 학습과 활용에 중요한 역할을 하는 것을 수학적 원리(mathematical principle)라고 하고, 수학적 원리의 알고리즘적 성격을 강조한 것으로서 활용에 중점을 둔 것을 수학적 법칙(mathematical law or rule)이라고 한다. 수학적 원리와 수학적 법칙을 통틀어 수학적 일반성(generalization)이라고 한다. 수학적 원리의 예를 들면, 집합의 연산에 관한 성질로서 ∪과 ∩, 공집합 ∅와 전체집합 U를 포함한 집합의 항등식이 있을 때, 그 항등식에서 ∪과 ∩, ∅와 U를 교환하여 만들어진 식도 항등식이 되는 성질이 있다. 이 일반화된 성질을 쌍대의 원리(principle of duality)라고 부른다. 수학적 법칙의 한 예를 들면, 집합의 연산에 유용하게 사용되는 De Morgan의 법칙이 있다. 드 모르

간의 법칙 $(A \cup B)^c = A^c \cap B^c$, $(A \cap B)^c = A^c \cup B^c$ 중 한 식이 성립함을 알면 다른 한 식은 쌍대의 원리에 의하여 성립함을 알 수 있다.

수학적 일반성을 지도하는 방법은 크게 두 가지로 나누어 생각할 수 있다. 하나는 교사의 설명(exposition)을 위주로 하는 '설명에 의한 수학적 일반성의 지도'이고 다른 하나는 발견술(heuristics)을 위주로 하는 '안내된 발견학습에 의한 수학적 일반성의 지도'이다.

3.3.2 설명에 의한 수학적 일반성의 지도

교사의 설명으로 수학적 일반성을 지도하고자 할 때에는 일반적으로 도입, 원리・법칙 제시, 예 들기, 적용하기, 설명하기, 예가 아닌 것 들기, 타당성 확인 등과 같은 활동을 통하여 지도할 수 있다. 각 활동의 중요한 내용은 다음과 같다.

(1) 도 입

도입 활동은 지도하고자 하는 내용에 학생의 관심을 집중하게 하기 위한 한 방편이다. 많이 사용되는 도입 활동으로 다음과 같은 것이 있다.

① 학습의 주제를 제시한다.
② 학습의 목표를 제시한다.
③ 지도하고자 하는 주제를 잘 알고 있는 내용과 연계시킨다.
④ 역사적인 자료를 사용한다.
⑤ 선수학습요소를 복습시키면서 지도할 내용과 연계시킨다.
⑥ 학습할 원리나 법칙으로 해결될 수 있는 문제상황을 제시한다.

도입활동을 위해 위의 모든 활동들을 다 사용할 필요는 없다. 일반적으로 학습의 주제인 법칙의 이름과 학습 목표를 제시한 뒤, ③~⑥ 사이의 도입 활동을 상황에 맞게 적절히 선별하여 사용하는 것이 효과적이다. 도입의 시간이 너무 길면 본 내용에 대한 학습 시간이 부족해지며 학습의 초점이 흐트러질 가능성이 있다. 일반적으로 학교수업에서 도입에 필요한 시간은 5분 정도가 알맞다.

(2) 원리・법칙의 제시

학습 동기 유발을 위한 도입 활동이 끝나면, 지도하고자 하는 수학적 일반성, 즉 수학적 원리나 법칙을 제시한다. 이 원리나 법칙은 칠판, OHP, 멀티미디어 시스템 등을 사용하여 제시하되 학생들이 잘 볼 수 있도록 글씨의 크기나 색상 등에 유의한다.

⑶ 예 들기

제시된 원리나 법칙의 이해를 돕기 위하여 이 원리나 법칙이 만족하는 구체적인 예를 제시한다. 학생들은 교사가 제시한 예를 통하여 원리나 법칙의 타당함과 유익함을 분명하게 인식할 수 있어야 하며, 가능한 한 간단 명료한 것이 좋다.

⑷ 적용하기

제시된 원리나 법칙을 적용할 수 있는 간단한 문제를 제시하고 그것을 실제로 적용해 보게 함으로써 그 법칙의 유용성과 활용법을 이해하게 한다. 이 활동은 원리나 법칙을 정당화하기 전에도 사용할 수 있지만 정당화한 뒤에 문제해결에 적용하는 예로 사용하는 것이 일반적이다.

⑸ 설명하기

지도하고자 하는 원리나 법칙의 의미를 학생들이 충분히 이해하지 못한다고 판단될 경우, 그 원리나 법칙을 분석적으로 설명하거나 달리 진술함으로써 그 의미를 분명히 인식하게 한다. 이때에 Ausubel의 유의미 설명식 학습 이론을 적용할 수 있다.

⑹ 비정례 들기

지도하고자 하는 원리나 법칙을 분명히 이해하도록 돕기 위한 방법으로 그 법칙이 성립하지 않는 예, 즉 비정례를 생각해 보게 할 수 있다. 적절한 예(정례)와 비정례를 생각해보게 하고 그들을 비교, 대조해 보게 하는 것은 그 원리나 법칙의 특성을 인식하게 하는 데 도움이 된다.

⑺ 정당화하기

제시된 원리나 법칙이 옳음을 추론하는 활동이다. 이 정당화 활동은 학생의 수준에 따라서, 구체물 조작이나 충분한 예시를 통한 귀납적 추론으로 할 수도 있고, 수학적 논리에 의한 연역적 추론으로 할 수도 있다.

3.3.3 안내된 발견에 의한 수학적 일반성의 지도

발견에 의한 지도는 형식화된 교육만큼이나 오래 된 것 같다. 발견술에 의한 수학 지도로서 최초이며 가장 많은 칭찬을 받은 방법은 플라톤이 예시한 소크라테스와 노예 소년(Menon의 종)과의 대화에 있다고 하겠다. 소크라테스는 노예 소년에게 적절한 발문을 계속하여 소년 스스로 넓이가 두 배인 정사각형을 만들 수 있게 하였다. 이 방법을 소크라테스의 방법(산파법이라 부르기도 함)이라고 한다. 소크라테스의 방법과 같이 교사의 잘 계획된 일련의 질문에 따라 학생들이 학습 활동을 진행함으로써, 학생 스스로 수학적 원리나 법칙을 발견하는 학습 방법을 안내된 발견학습이라고 한다.

발견학습의 관점은 두 가지가 있다. 하나는 발견의 과정을 학습하게 하는 데 중점을 두는 것이고, 다른 하나는 발견의 결과를 학습하게 하는 데 중점을 두는 것이다.

발견의 과정에 중점을 둔 학습은 발견의 방법, 즉 발견을 위한 전략의 학습에 중점을 둔다. 그림 그리기, 예상과 확인, 거꾸로 풀기, 단순화, 특수화 등과 같은 문제해결을 위한 전략의 학습은 이에 속한다. Bruner는 수학적 내용이나 원리를 더욱 잘 이해하고 활용할 수 있게 하기 위하여 발견학습을 강조한 것이 아니라, 일반적인 발견능력과 발견 방법을 지도하는 데 그 강조점을 둔다. Bruner는 발견학습의 예로서, 한 변의 길이가 x인 정사각형, 두 변의 길이가 각각 x, 1인 직사각형, 한 변의 길이가 1인 정사각형을 각각 여러 개 가지고 더 큰 직사각형을 만드는 활동을 통하여 곱셈의 법칙을 발견하게 하였다. Bruner의 이 지도 방법은 구체물이나 시각적 자료의 조작을 통하여 형식화된 성질을 이해하고 발견하는 데 도움이 된다. 데이비스(Robert Davis)도 발견의 진정한 본질은 발견의 결과가 아니라 발견하는 과정이라고 믿고, 학습자에게 문제나 "위기 딜레마"를 제시하고 그것의 해결을 통해 새로운 수학을 발견하게 하였다. Davis가 제시한 위기 딜레마의 한 예로서 이차 행렬의 연산에서 수의 곱셈에서의 1의 역할에 해당하는 행렬을 찾게 하는 것이 있다. 학생들은 직관으로 모든 원소가 1인 이차행렬을 예측한 뒤 그것이 단위행렬이 될 수 없음을 확인하고는 단위행렬의 정의를 사용하여 그 단위행렬을 구한다. Davis는 이 예를 통하여 단위행렬을 발견하게 함과 동시에 예상과 확인 전략을 지도하고 있다.

발견학습의 다른 한 관점은, 지도하고자 하는 수학적 원리나 법칙을 학생이 어떻게 활동함으로써 발견할 수 있게 하는가, 즉 발견의 결과에 중점을 두는 것이다. 수학적 원리나 법칙을 발견하게 하는 안내된 발견 학습은 여기에 속한다. 다음의 예를 보자.

교사: 0이 아닌 수를 같은 수로 나누면 그 결과는 무엇일까요?
학생: 1입니다.
교사: 그러면 a가 0이 아닐 때 $a^n \div a^n$는 어떻게 되나요?
학생: 그것도 1입니다.
교사: 우리가 알고 있는 지수법칙 ($a^n \div a^m = a^{n-m}$, 단 n, m은 양수, $n > m$)을 $a^n \div a^n$에 적용하면 그 결과는 어떻게 될까요?
학생: a^{n-n} 또는 a^0이 됩니다.
교사: 좋아, 그렇다면, a^0은 무엇이라고 정의하면 좋을까요?
학생: a^0은 1이라고 정의하여야 되겠습니다.

위의 대화에서는 교사의 의도적인 질문에 따라 학생은 최종적으로 $a^0 = 1$이라는 수학적 원리를 발견하였다. 이 학습은 발견술의 일반적인 전략보다는 구체적인 수학적 개념, 원리, 법칙의 지도에 목적을 둔 것이며, 발견하고자 하는 개념이나 원리, 법칙이 학습의 목표로 제시된 것이 아니라 발견 학습의 결과 발견된다. 이와 같이 교사의 의도된 질문에 따라 학생이 학습한 결과 최종적으로 수학적 개념이나 원리, 법칙을 발견하고 진술하게 하는 방법을 Coony(1975)는 안내된 발견 전략(guided-discovery strategy)이라고 한다.

여기서는 안내된 발견 전략을 사용하여 수학적 개념이나 일반성을 지도하는 방법에 대하여 알아본다.

수학자들이 새로운 수학적 원리나 법칙을 발견하는 과정을 분석해 보면 기본적으로 귀납적 발견전략과 연역적 발견전략을 사용함을 알 수 있다.

(1) 귀납적 발견 전략

귀납적 주장은 두 부분으로 구성된다. 첫째 것은 예측한 결론의 타당성을 지원하는 예시자료이다. 귀납적 주장의 결론은 예시자료로부터 필연적으로 따라나오는 것은 아니다. 예시자료는 그 결론에 대해 더욱 믿음이 가게 할 수는 있지만 예측한 명제를 증명할 수는 없다. 예를 들어, 3, 5, 7, 13은 모두 소수라는 사실이 모든 소수는 홀수라는 주장을 할 법도 하지만 이 주장은 증명될 수 없다. 귀납적 주장의 결론은 다른 예에 의하여 부정될 위험성이 항상 있다. 따라서 귀납적 방법으로 얻은 결론은 반드시 "타당한 것 같다" "그런 것 같다" 또는 "아마도 그럴 것이다"와 같이 진술되어야 한다. 귀납에 의한 추론의 특성은 검색한 것으로부터 검색하지 않은 것으로의 추론이라고 말할 수 있다. 다음의 예는 유명한 Goldbach의 예측에 관한 것이다.

교사: 다음의 식들을 생각하여 봅시다.

$$20 = 17 + 3$$
$$22 = 19 + 3$$
$$24 = 17 + 7$$
$$26 = 13 + 13$$
$$28 = 17 + 11$$

이 식들에서 어떤 규칙성을 찾은 학생 있나요?
학생1: 좌변의 모든 수는 20단위의 짝수들입니다.
교사: 맞았어요. 우변에 더해진 수들은?
학생2: 모두 홀수입니다.
교사: 맞았어요. 홀수라는 성질 외에 다른 성질을 발견한 사람은?
학생2: 모두 소수입니다.
교사: 매우 잘 했어요. 학생1과 학생2의 대답을 종합해 볼 사람은?
학생3: 20단위의 모든 짝수는 홀수인 두 소수의 합과 같습니다.
교사: 여러분은 이 사실이 다른 짝수에 대하여도 성립할 것이라고 생각하나요? 학생 4?
학생4: 잘 모르겠는데요.
교사: 몇 가지 예를 생각해 봅시다. 30, 10, 52 는 어떤가요?
학생: 30은 17과 13의 합이므로 성립합니다.
(학생들은 10과 52에 대하여도 이 성질이 성립하는 예를 제시한다)
교사: 여러분 각자 짝수를 세 개 택하여 이 성질이 성립하는지 확인하여 보세요.

교사: 이 성질이 성립하지 않는 예를 발견한 학생이 있나요?

교사: 4는 어떤가요? 6은?

(학생들이 4는 짝수인 두 소수의 합으로 나타낼 수 있고, 6은 홀수인 두 소수의 합으로 나타낼 수 있음을 말한다.)

교사: 이 사실들로부터, 짝수와 홀수인 소수 사이의 관계를 예측해 볼 사람?

학생10: 4보다 큰 모든 짝수는 홀수인 두 소수의 합으로 나타낼 수 있습니다.

교사: 잘했어요. 이것이 유명한 Goldbach의 예측이라고 하는 것인데, 아직도 참인지, 거짓인지가 증명되지 않았어요. 그래서 우리는 이것이 참인 것으로 믿고 있어요.

귀납적 발견 활동에는 두 가지 과정이 있다. 하나는 추상화이고, 다른 하나는 일반화이다. 귀납적 발견 학습에서는 먼저 주어진 집합의 원소 사이에서 공통성을 찾아 이를 추상화한다. 다음에는 처음 탐색된 집합을 포함하는 더 넓은 집합에서도 학생이 발견한 추상화가 성립하도록 일반화한다.

귀납에 의하여 발견된 원리나 법칙이 성립하는가를 확신하기 위하여 그것을 적용하는 적절한 예를 생각해 볼 수 있다. Wills는 이 예를 판정과제(criterion task)라고 부른다. 판정과제는 학생이 발견한 규칙성을 확실히 이해하지 못했다면 매우 어려워서 빨리, 옳게 처리하기가 곤란하다. 예를 들면,

$$|x|+|y|=a,\ \ a>0$$

의 그래프에 대한 규칙성을 이해하지 못했다면,

$$|x|+|y|=\frac{11}{9}$$

의 그래프를 그리는 데는 많은 어려움을 느끼게 된다. 이와 같은 판정과제는 교사가 학생들이 발견한 규칙성을 얼마나 잘 이해하였는가를 파악하는 데 사용할 수 있다.

(2) 연역적 발견 전략

연역적 발견의 본질은 학생들에게 여러 가지 수학적 개념과 원리를 제시하고 이미 알고 있는 지식으로부터 논리적 연역을 하여 이전에는 알려지지 않았던 새로운 수학적 지식을 유도하게 하는 것이다. 연역적 발견 학습법으로 수학적 원리나 법칙을 발견하게 하려면, 귀납적인 방법에서와 마찬가지로 교사의 적절한 질문과 권고에 의한 안내가 뒷받침되어야 한다.

연역적 발견전략을 사용하여 수학적 일반성을 발견하게 하려고 할 때에 교사는 학생이 일반성으로 접근할 수 있도록 적절한 질문과 권고를 제시하여야 한다. 학생의 진전 상황을 관찰하고 잘못된 것을 유도하거나 진전이 없을 때에는 적절한 질문, 권고 또는 힌트를 제시하여 바른 방향으로 나아가게 하여야 한다. 이 절의 앞 부분에서 안내된 발견전략의 예로 제시한 $a^0=1$을 이끌어내게 지도한 과정은 연역적 발견 전략을 사용한 한 예이다. 발견전략으로 수학적 일반성을 발견하게 하는 명쾌한 일련의 질문을 할 수 있는 능력은 연습을 통하여 얻을 수 있다. 다음의 예는 연역적으로 발견하게 하는 학습지도에서 교사가 할 수 있는 발문들이다.

문제상황: 좌표평면에서 원점을 지나는 한 반 직선이 단위원과 만나 중심각 θ를 이루고 있는 그림을 제시한다. 이 그림에 단위원과 반직선이 만나는 점의 좌표 $(\cos\theta, \sin\theta)$ 가 표시되어 있다.

교사가 할 수 있는 발문: 이 그림에서 $\cos\theta$와 $\sin\theta$의 관계를 찾을 수 있는가?

찾을 수 없다면, θ를 한 각으로 하는 직각삼각형을 볼 수 있는가?

이 직각삼각형에서 $\cos\theta$와 $\sin\theta$의 관계를 알 수 있는가?

이 관계는 임의의 각 θ에 대하여도 성립하는가?

(3) 귀납적 발견 전략과 연역적 발견 전략의 혼용

발견학습 지도에 대하여 논할 때 발견의 형식을 귀납적 발견과 연역적 발견으로 구분하지만, 실제 수업 현장에서는 이 두 발견 활동을 적절히 포함하는 전략을 사용하는 경우가 많다.

발견학습법으로 수학적 원리나 법칙을 지도할 것을 계획할 경우 교사는 두 가지 요인을 생각하여야 한다. 첫째, 학생의 인지 능력 수준이 귀납적 발견 활동과 연역적 발견 활동을 어느 정도 수행할 수 있는지를 확인하고 그 수준에 맞는 방법을 택하여야 한다. 연역적 발견은 논리적 추론 능력을 요구하고, 귀납적 발견은 규칙성을 유도하고 일반화하는 능력을 필요로 한다. 둘째, 지도하려는 과제는 귀납적 방법과 연역적 방법 중 어느 것이 적절한가를 판단하여야 한다. 과제에 따라서는 둘 중의 하나만 사용하여야 하는 경우도 있으며 두 가지 모두 사용하여야 하는 경우도 있을 수 있다. 또, 교사에 따라서 어느 하나를 더 잘 활용하는 경우도 있다. 이와 같은 요인을 사전에 충분히 검토한 뒤 적절한 전략을 사용하여야 한다.

3.3.4 지도상의 유의점

발견 전략을 사용하여 수학적 일반성을 지도할 때에 교사는 다음과 같은 점을 유의하여야 한다.

① 학생들이 발견하여야 할 일반성을 명확히 의식하고 있어야 한다. 지도할 일반성을 명확히 의식하지 못할 경우 학생의 활동이 피상적인 것으로 될 가능성이 있다.

② 귀납적 전략이나 연역적 전략 또는 이들을 조합하여 사용할 것을 결정하기 전에 적절한 요소들을 충분히 고려하여야 한다. 학생들의 인지 능력, 과제의 성격, 교사의 취향 등에 따라서 적절한 전략을 선택하여야 한다.

③ 귀납적 발견전략을 사용할 경우, 일반성을 적용할 수 있는 대표적인 예들을 선택해야 한다. 이 예에 대한 반응을 통하여 학생들이 그 일반성을 분명하게 인식하고 있는지를 판단할 수 있다.

④ 여러 가지 예들을 순서있게 배열하는 것이 효과적이라면, 그 배열 순서를 계획하여야 한다. 같은 개수의 예를 들더라도 그 배열 순서에 따라 효과가 다를 수 있다. 발을 씻은 후 양말을 신을 수는 있지만 양말을 신은 후 발을 씻을 수는 없다.

⑤ 학생들의 발견을 증명하게 한다. 증명은 연역적이어야 한다. 증명의 엄밀성은 학생의 인지수준에 따라 결정될 수 있다. 귀납적인 발견은 적절한 판정과제를 사용하여 확인할 수 있다.

⑥ 발견한 일반성을 응용하게 함으로써 발견을 강화한다. 발견술을 지도

함으로써 얻는 이점은 두 가지가 있다. 하나는 발견하는 능력의 전이이고, 다른 하나는 발견한 지식의 보유이다. 발견한 일반성의 활용은 이들 두 가지 이점을 모두 높여준다.

연구 과제

1. 수학적 원리와 수학적 법칙의 차이점을 설명하고, 그 예를 중학교 수준에서 두 가지씩 제시하여라.

2. 설명에 의하여 수학적 일반성을 지도하려고 할 때, 적절한 활동들을 순서를 정하여 제시하고, 그 이유를 설명하여라.

3. 안내된 발견에 의하여 수학적 일반성을 지도하려고 할 때, 적절한 활동을 순서를 정하여 제시하고, 그 이유를 설명하여라.

4. $\sqrt[n]{xy} = \sqrt[n]{x}\sqrt[n]{y}$ $(x,\ y \geq 0,\ n$: 양의 정수)를 설명식 방법으로 지도하는 과정을 기술하여라.

5. $\cos(-x) = \cos x$ 를 안내된 발견학습 방법으로 지도하려고 한다. 과정을 기술하여라.

3.4 기능의 학습지도

3.4.1 수학적 기능

수학적 능력을 크게 보아 개념적 지식과 절차적 지식으로 나눌 수 있다. 개념적 지식의 중요한 내용은 수학적 개념과 수학적 일반성이며, 절차적 지식의 중요한 내용은 수학적 기능과 문제해결력임은 앞에서 밝힌 바 있다. 학교 교육에서는 수학적 개념뿐만 아니라 수학적 과제를 처리하는 능력도 지도한다. 예를 들면, 2차방정식의 근을 구하는 공식을 가르치며 선분의 수직이등분선을 빠르고 정확하게 작도하는 순서를 가르친다. 이와 같이 수학적 과제를 정확하고 빠르게 처리하는 능력을 수학적 기능이라고 한다.

수학적 기능의 지도는 수학과 학습지도에서 중요한 영역을 차지한다. 만일 학생들이 수학적 과제를 처리하는 능력을 발달시키지 못했다면 수학을 더 이상 공부하는 데 장애가 된다. 높은 수준의 수학을 공부하기 위해서는 유리수를 연산하는 방법을 이해할 뿐만 아니라 간단한 유리수의 연산을 잘할 수 있는 기능도 있어야 한다. 수학과 학습지도가 수학적 기능을 중시한 나머지 기능 숙달에만 치중해서도 안 된다. 오늘날은 계산기나 컴퓨터를 사용하여 복잡한 식의 계산을 손쉽게 처리할 수 있기 때문에, 개념적 지식을 이해하고 이를 문제해결에 적용하는 데 필요한 정도의 기초적인 수학적 기능을 지도하면 충분하다.

수학적 기능의 지도는 교사가 적절한 시범을 보여주어서 학생들이 모방할 수 있게 하여야 하며 그 기능에 관한 수학적 원리나 법칙에 대한 지식과 그것을 사용하는 적절한 연습을 제공하여야 한다. 수학적 기능이 부족하면 수학 학습에 대한 자신감과 흥미도 상실하게 된다.

3.4.2 수학적 기능의 지도 방법

수학적 기능을 지도하는 데 필요한 활동에는 도입(introduction), 기능 제시(assertion), 설명(interpretation), 타당성 확인(justification), 연습(practice) 등이 있다. 이들에 대하여 간단히 알아보기로 한다.

(1) 도입

학습의 주제와 목표를 제시하고 동기유발을 제시하여 학습 의욕을 갖게 한다. 이는 개념의 지도나 일반성의 지도에서의 도입과 같은 목적이다. 기능을 지도하기 위한 목표 진술의 내용은 본 학습을 함으로써 이 주제에 대한 처리를 정확하고 신속하게 할 수 있음을 포함하여야 한다.

(2) 기능 제시

지도하고자 하는 수학적 기능의 실행 순서를 제시한다. 예를 들어 자와 컴퍼스를 사용하여 선분의 이등분점을 찾는 기능을 지도하려면 다음과 같은 작도의 순서를 제시한다. 이때 따라할 수 있도록 교사가 시범을 보이는 것이 중요하다.

① 컴퍼스를 벌려서 반지름이 선분의 길이의 반보다 더 크게 하여라.
② 컴퍼스의 끝점을 선분의 한 끝점에 놓고 그 선분의 아래, 위로 원호를 그려라.
③ 컴퍼스의 끝점을 선분의 다른 끝점에 놓고 앞에서와 같은 반지름으로 선분의 아래, 위로 원호를 그려서 먼저 그린 원호와 만나도록 하여라.
④ 두 원호가 만나서 이룬 두 교점을 자로 연결하여 주어진 선분과 만나는 점을 찾는다. 이 점이 주어진 선분을 이등분한다.

(3) 설명

지도하고자 하는 기능의 알고리즘을 잘 이해할 수 있도록 설명한다. 설명을 할 경우 알고리즘에 사용되는 용어들에 대하여 정확하게 이해할 수 있도록 쉽고 적절한 예를 들어 설명하여야 한다. 예를 들면, 원뿔의 부피를 구하는 공식 $V=\frac{1}{3}\pi r^2 h$를 설명할 경우는 각 기호의 의미를 설명하되, h가 나타내는 높이의 정의를 설명할 때에 모선의 길이와 혼돈하지 않도록 그림을 그려 설명하는 것이 중요하다.

(4) 타당성 확인

지도하고자 하는 수학적 기능의 알고리즘이 타당함을 확인할 수 있게 한다. 타당성을 확인하게 하는 데는 두 가지 방법이 있다. 첫째 방법은, 교사가 제시한 기능의 순서를 따라한 결과가 타당함을 학생들이 다른 방법으로 확인하여 보는 것이다. 교사가 제시한 방법이 더욱 간편하면서도 결과가 옳음을 실제로 확인할 수 있다면 그 방법을 신뢰하고 모방하게 될 것이다. 예를 들면 교사가 선분을 n등분하는 알고리즘을 설명하였다면 학생들은 이 방법에 의하여 선분을 3등분하여 보고, 선분이 정확하게 3등분되었음을 자나 종이 접기를 이용하여 확인하는 방법이 있다. 두 번째 방법은, 교사가 제시한 기능의 방법이 논리적으로 정당함을 입증해 보이는 것이다. 첫째 방법을 실제적 타당성 확인(pragmatic justification)이라고 하고 두 번째 방법을 연역적 타당성 확인(deductive justification)이라고 부른다.

(5) 연습

계산 방법이나 법칙 등을 적용해 보는 충분한 연습을 한다. 이 연습을 통하여 수학적 처리 능력의 정확성과 신속성이 높아진다. 연습을 할 경우, 맹목적이며 기계적인 연습이 되지 않도록 학생 활동에 대한 즉각적인 강화와 피드백을 제공하는 것이 바람직하다. 연습을 하게 할 때는 지루함을 느끼지 않도록 다양한 방법이나 소재를 가지고 할 수 있게 하는 것이 좋다.

3.4.3 지도상의 유의점

수학적 기능 지도를 위한 계획 수립은 한 가지 방법으로 결정되는 것이 아니라 상황에 따라서 다양하게 계획될 수 있다. 기능을 지도하기 위한 계획을 수립할 때, 다음 사항을 충분히 고려하여 상황에 맞게 수립하도록 한다.

① 가르치고자 하는 기능은 무엇인가를 명확하게 파악한다.
② 지도하고자 하는 기능의 절차를 명확히 한다.
③ 학습목표와 동기유발을 제시하는 적절한 방법을 준비한다.
④ 기능의 절차를 설명하려고 할 때, 어려워하거나 모르는 용어는 없는지, 적절한 예는 무엇인지를 조사한다.
⑤ 학생들에게 기능의 절차를 잘 확신하게 할 수 있는 방법을 모색한다.
⑥ 연습 과제를 제시하기 전에 학생들이 그 기능의 절차를 실행할 수 있음을 확신할 수 있어야 한다.
⑦ 적정량의 연습 과제를 제시하여야 한다. 연습을 많이만 한다고 해서 바람직한 것은 아니다. 필요 이상의 연습은 학습의 효과에 별 도움이 안될 뿐만 아니라 학습에 대한 흥미를 상실하게 할 수 있다.

연구 과제

1. 수학적 기능의 뜻을 설명하고, 기능 지도의 중요성에 대하여 토론하여라.

2. 수학적 기능을 지도하기 위한 활동을 설명하여라.

3. 수학적 기능을 지도할 때, 교사가 유의하여야 할 사항에 대하여 토론하여라.

4. 분수식의 덧셈 $-\frac{y}{x^2-y^2}+\frac{y}{x^2+xy}$ 을 지도하고자 한다. 학생들이 알고 있어야 할 선행지식은 무엇인가? 또, 답을 구하는 절차를 설명하여라.

5. 이차방정식의 근을 구하는 기능을 지도하려고 한다. 지도의 절차를 제시하고, 타당성을 설명하여라.

6. 각을 이등분하는 기능을 지도하기 위한 활동 순서를 제시하여라.

3.5 증명의 학습지도

증명은 중등학교 수학의 중요한 학습 내용 중의 하나로서 수학적 활동을 통해 얻은 결과가 참임을 확신시켜 주는 수단이다. 이 절에서는 증명의 뜻과 증명 지도의 필요성, 증명의 기본이 되는 논리적 추론, 완전한 증명의 방법과 실생활에서 흔히 볼 수 있는 불완전한 증명에 대하여 알아본다.

3.5.1 증명

중학교에서 처음으로 증명을 지도하기 시작한다. 이때의 증명의 뜻은 실생활에서 사용하는 증명의 뜻과는 차이가 있다. 실생활에서 사용하는 증명의 뜻은 자기의 주장을 남에게 확신시키는 것이다. 사회에서 남에게 자기의 주장을 확신시키는 방법으로서 적절한 예를 들어 보일 수도 있고, 경험을 제시할 수도 있고, 상대방이 반례를 들 수 없음을 지적하여 확신시키는 경우도 있다. 그러나 수학에서 사용하는 증명의 뜻은 특수한 형식을 갖추어 어떤 주장이 타당함을 전개하는 것이다. 이와 같은 증명을 완전한 증명이라고 한다. 완전한 증명을 보여준 대표적인 책은 유클리드의 "원론"(Elements)이라고 할 수 있다. 원론의 구성은 23개의 정의, 5개의 공준, 5개의 공통 개념을 전제로 하여 논증의 법칙에 의하여 명제들을 증명한다.

과학이나 사회학의 연구에도 증명을 통하여 새로운 사실이나 자기의 주장이 타당함을 보인다. 이 경우는 실험에 의하거나 통계적 방법 또는 귀납적 추론을 주로 사용하는 것으로서 논리적으로 완전함을 보장하지 못하는 경우가 많다. 이와 같이 논리적으로 완전하지 못한 증명을 불완전한 증명이라고 한다.

중등학교 학생들에게 왜 증명의 지도가 필요한가, 어느 정도의 엄밀한 증명을 지도하는 것이 타당한가, 하는 문제는 교사에게는 매우 중대한 문제이다. 수학에서의 증명은 명제와 정의 및 공리 또는 명제와 명제 사이의 관계를 밝혀준다. 그 결과 수학을 구조화하는 데 도움을 준다. 따라서 수학을 학습하는 학생들은 수학의 본질을 이해하기 위해서 증명을 이해할 수 있어야 한다. 증명을 처음 학습하는 학생들에게 모든 수학 학습에서 완전한 증명을 요구하는 것은 무리이다. 증명의 필요성과 형식을 이해하게 하고 간단한 증명을 할 수 있게 하며, 학생들의 수학 학습이 높은 수준으로 진행되면서 증명의 엄밀성도 점차적으로 그 수준을 높여 가는 것이 바람직하다.

3.5.2 논리적 추론 규칙

완전한 증명의 과정은 논리적 추론의 규칙을 지켜야 한다. 증명에 이용되는 논리적 추론의 규칙에는 다음과 같은 것들이 있다.

(1) 삼단긍정논법(modus ponens)

삼단긍정논법은 가정과 결론으로 이루어진 어떤 명제가 참임을 알고 있을 때에, 그 명제의 가정이 참임을 알면 결론도 참이라고 규정하는 논증의 방법이다. 예를 들어, 피타고라스의 정리를 알고 있다면, 어떤 직각삼각형에서 세 변의 길이를 알고 있을 때에 빗변의 제곱은 다른 두 변의 제곱의 합과 같다는 것을 참인 것으로 받아들이는 것이다. 이 추론의 규칙을 다음과 같은 형식으로 나타낼 수 있다.

$$\begin{array}{l} P \Rightarrow Q \\ P \\ \hline \therefore\ Q \end{array}$$

(2) 삼단부정논법(modus tollence)

가정과 결론으로 이루어진 어떤 명제가 참임을 알고 있을 때에 그 명제의 결론의 부정을 알고 있으면 가정은 참이 아니라고 규정하는 논증의 방법이다. 예를 들면, 피타고라스의 정리를 알고 있을 때에, 어떤 삼각형의 세 변의 길이 사이에 빗변의 제곱이 다른 두 변의 제곱의 합보다 클 때 그 삼각형은 직각삼각형일 수 없다는 것이다. 이 추론의 규칙을 다음과 같은 형식으로 나타낼 수 있다.

$$\begin{array}{l} P \Rightarrow Q \\ \sim Q \\ \hline \therefore \sim P \end{array}$$

(3) 조건삼단논법(hypothetical syllogism)

두 명제 'P이면 Q이다'와, 'Q이면 R이다'가 참임을 알 고 있을 때에 P가 참임을 알면 R이 참이라고 규정하는 논증의 규칙이다. 예를 들면, 방정식 $x^2-4=0$이면 $(x+2)(x-2)=0$이 성립하고, $(x+2)(x-2)=0$이 성립하면 $x=2$ 또는 $x=-2$가 성립한다. 따라서, $x^2-4=0$의 해는 $x=2$ 또는 $x=-2$라고 보는 것이다. 이 논법을 다음과 같이 형식화할 수 있다.

$$\begin{array}{l} P \Rightarrow Q \\ Q \Rightarrow R \\ \hline \therefore P \Rightarrow R \end{array}$$

(4) 선언삼단논법(disjunctive syllogism)

두 명제 P, Q가 있고, P 또는 Q가 참임을 알고 있을 때에 P가 참이 아니라고 하면 Q가 참이라고 규정하는 논법이다. 예를 들어, 방정식을 푸는 과정에서 $x=2$ 또는 $x=-2$를 알았지만, x는 음수가 될 수 없다는 조건이 있으면 $x=2$가 그 방정식의 해가 되는 것이다. 이 논법을 다음과 같이 형식화할 수 있다.

$$\begin{array}{l} P \text{ or } Q \\ \sim P \\ \hline \therefore Q \end{array}$$

위의 논법 외에도 다음과 같은 논법을 생각할 수 있다. 그러나 이 논법들은 중등학교 수준에서는 많이 사용되지는 않는다.

⑸ 구성적 양도논법
(constructive dilemma)

$$\frac{(P \Rightarrow Q) \wedge (R \Rightarrow S) \qquad P \vee R}{\therefore Q \vee S}$$

⑹ 파괴적 양도논법
(destructive dilemma)

$$\frac{(P \Rightarrow Q) \wedge (R \Rightarrow S) \qquad \sim Q \vee \sim S}{\therefore \sim P \vee \sim R}$$

⑺ 흡수논법(absorption)

$$\frac{P \Rightarrow Q}{P \Rightarrow P \wedge Q}$$

⑻ 분리논법(simplification)

$$\frac{P \wedge Q}{\therefore P}$$

⑼ 연접논법(conjunction)

$$\frac{P \qquad Q}{\therefore P \wedge Q}$$

⑽ 선접논법(addition)

$$\frac{P}{\therefore P \vee Q}$$

3.5.3 증명의 방법

앞에서 제시한 추론의 규칙을 사용하여 어떤 명제가 참임을 증명하는 것을 완전한 증명 또는 간단히 증명이라고 한다. 증명의 방법을 크게 나누어 직접증명법, 간접증명법, 반례법, 수학적 귀납법으로 나눌 수 있다. 각 증명 방법에 대하여 알아보자.

⑴ 직접증명법

어떤 명제가 참임을 증명하고자 할 때에 추론의 규칙을 사용하여 그 명제의 가정으로부터 결론을 이끌어내는 방법을 직접증명법이라고 한다. 예를 들어, 피타고라스의 정리를 증명할 경우, 직각삼각형의 각 변을 한 변으로 하는 세 개의 정사각형을 만들고 가장 큰 정사각형의 넓이가 다른 두 정사각형의 넓이의 합과 같음을 증명하는 방법은 직접증명법이다. 중등학교 수학에서는 이 방법을 많이 사용한다.

⑵ 간접증명법

경우에 따라서는 직접증명법으로는 증명의 과정이 매우 복잡하거나 어려운 경우가 있다. 이런 경우는 증명하고자 하는 명제를 부정함으로써 모순을 도출하여 그 명제를 부정할 수 없음을, 즉 그 명제가 참이라고 규정하는 증명법을 간접증명법이라고 한다. 명제를 부정하는 방법으로는 그 명제의 가정을 부정하거나 결론을 부정하거나 가정과 결론을 모두 부정할 수 있다. 그런데 어떤 명제의 가정을 부정하면, 즉 그 명제의 가정이 거짓이면 그 명제는 결론의 참, 거짓에 관계없이 항상 참이다. 그러므로 가정이 거짓인 명제는 증명의 대상이 될 필요가 없다. 따라서, 간접증명을 위해 명제를 부정할 때는 그 명제의 결론을 부정한다. 명제의 결론을 부정한 결과 그 명제의 가정에 모순됨을 보임으로써 그 명제가 참임을 보이는 증명법을 대우법이라고 하고, 결론의 부정이 참이라고 밝혀진 다른 사실 (공리, 정의, 정리 등)에 모순됨을 보임으로써 그 명제가 참임을 보이는 증명법을 귀류법이라고 한다. 예를 들면, 명제 '공집합은 모든 집합의 부분집합이다'를 증명하기 위하여 공집합이 어떤 집합의 부분집합이 아니라고 가정하면, 공집합에는 어떤 집합에 속하지 않는 적어도 한 원소가 속해 있어야 한다. 이는 공집합의 정의에 모순이다. 따라서 공집합은 모든 집합의 부분집합이라고 증명하는 방법은 간접증명법으로서 대우법에 해당한다. 또 $\sqrt{2}$는 무리수임을 증명하기 위하여 $\sqrt{2}=b/a$(기약분수)로 가정하고 모순을 찾아내는 간접증명 방법은 귀류법이다.

⑶ 반례법

어떤 주장이 성립하지 않음을 보이려면 그 주장이 성립하지 않는 한 예를 제시할 수 있으면 충분하다. 이러한 증명법을 반례법이라고 한다. 예를 들어 $x \le 2$이면 $x^2 < 4$라고 대답한 학생에게 $x=-3$을 예로 들어 그의 진술이 잘못되었음을 깨닫게 해주는 방법은 반례법이다.

⑷ 수학적 귀납법

수학적 귀납법은 자연수 $n \ge k$에 관한 어떤 성질 $p(n)$이 타당함을 증명하는 데 사용되는 한 증명 방법으로서 다음과 같은 수학적 귀납법의 원리를 이용한다. 수학적 귀납법의 원리는 도미노의 원리로 설명될 수 있다.

[수학적 귀납법의 원리]

① $p(k)$는 참이다.

② 임의의 자연수 $n(\geq k)$에 대하여 $p(n)$이 참이라고 가정하면, $p(n+1)$도 참이다.

③ 그러면, 모든 자연수 $n(\geq k)$에 대하여 $p(n)$은 참이다.

수학적 귀납법은 용어의 느낌으로는 귀납적 증명법에 속하는 것처럼 보이지만 연역적 증명법이다.

수열에서 일반항 또는 제 n항까지의 합을 구하는 공식이 타당한지를 증명하는 데는 수학적 귀납법이 유용하게 사용될 수 있다.

3.5.4 불완전한 증명과 사회적 추론

가정이 참임에도 불구하고 결론이 항상 참이라고 할 수 없는 추론이 있다.(아래의 예 (1)에서 새로 증명하고자 하는 명제는 $Q \rightarrow P$이며, 가정은 Q, 결론은 P이다.) 이러한 추론들은 수학에서 증명을 위해 사용될 수는 없다. 그러나 이러한 추론은 어떤 사실이 성립할 것이라고 예측을 하는 데는 도움이 되는 경우가 많다. 이와 같은 추론을 불완전한 추론이라고 한다. 실생활에서 흔히 사용되는 추론들은 불완전한 추론인 경우가 많으며, 불완전한 추론은 다음과 같은 불완전한 증명의 형식을 사용하는 경우가 많다.

(1) 타당하지 않은 추론(1) (역의 성질 이용)

$$\begin{array}{l} P \Rightarrow Q \\ Q \\ \hline \therefore P \end{array}$$

일반적으로 어떤 명제가 참이라도 그 역을 항상 참이라고는 할 수 없다.

(2) 타당하지 않은 추론(2) (이의 성질을 이용)

$$\begin{array}{l} P \Rightarrow Q \\ \sim P \\ \hline \therefore \sim Q \end{array}$$

어떤 명제가 참이라고 해서 그 이도 항상 참이라고는 할 수 없다.

⑶ 타당하지 않은 사회적 추론의 예(1)

두 사람의 후보가 출마하여 선거 유세를 하는 경우 자기의 훌륭한 점이나 정책을 제시하기보다는 상대방의 약점이나 실책을 들추어내어 공격함으로써 자기를 간접적으로 내세우는 경우가 많이 있다. 이 유세의 논리는 타당한 듯하지만 수학적으로 보면 그렇지 못하다. 이 유세의 추론은 다음의 추론 형식을 이용한다.

$$\begin{array}{l} P \vee Q \\ \sim Q \\ \hline \therefore P \end{array}$$

이 추론 형식은 옳다. 그러나 잘못된 부분은 현실 세계에서 $P \vee Q$ 가 참이라고 보장되어 있지 못하기 때문이다. 즉, 두 사람 모두 후보자로서 훌륭하지 못한 경우도 현실적으로 있을 수 있기 때문이다. 따라서, 이 유세의 추론은 타당하지 못하다고 할 수 있다.

⑷ 타당하지 않은 사회적 추론의 예(2)

다음 광고를 보자.

"이 세상에서 가장 맛있는 냉면을 먹고 싶으면 우리 식당으로 오시오."

이 광고의 주인은 우리들에게 자기집의 냉면이 이 세상에서 가장 맛있다고 판단하고 자기 집으로 올 것을 기대하고 있을 것이다. 이 광고를 보고 그 식당의 냉면이 이 세상에서 가장 맛있다고 추론하는 것은 옳은 것인가? 이 주장에서 사용한 문장은 명령문으로서 참이나 거짓을 가릴 수 없으므로 논리적 추론 형식을 갖추고 있지 못하다. 이 광고에는 자기 식당의 냉면이 가장 맛있다고 표현한 부분이 없으며, 논리적으로 그렇게 추론할 수도 없다. 따라서, 설령 그 식당의 냉면 맛이 이 세상에서 가장 나쁘더라도 논리적 추론에 의하면 그 주인을 거짓말하였다고 비난할 이유가 없다.

연구 과제

1. 증명의 뜻과 그 필요성에 대하여 설명하여라.

2. 증명에 이용되는 논리적 추론의 규칙을 제시하고 그들을 사용한 증명의 예를 각각 하나씩 제시하여라.

3. 직접증명법, 간접증명법, 반례법, 수학적 귀납법을 사용한 증명의 예를 각각 하나씩 제시하여라.

4. 불완전한 증명이 사회에서 실제로 사용되는 상황에 대하여 토론하여라.

5. 한 원에서 어떤 호에 대한 원주각의 크기는 중심각의 크기의 반임을 증명하고, 이 증명은 어떤 추론의 규칙을 이용하였는지 설명하여라.

6. 한 직선이 삼각형의 한 변에 평행하고 다른 한 변과 만나 그 변을 이등분한다. 이 직선은 삼각형의 남은 한 변도 이등분함을 증명하여라.

3.6 문제해결 학습지도

문제해결은 수학교육의 중요한 학습목표로서 옛날부터 수학자들의 연구과제이었다. 최근 수학 교육이 학교 교육에서 더욱 주목을 받기 시작한 것은 1980년에 NCTM(미국 수학교사 협의회)이 발행한 "An Agenda for Action: Recommendation for School Mathematics of 1980s"에서 문제해결은 1980년대의 수학교육의 초점이 되어야 한다고 권고한 것에서 비롯된다.

수학교육에서 문제해결의 중요성을 강조하는 근거로서 두 가지 이유를 생각할 수 있다(Coony, Davis, Henderson, 1975). 첫째 이유는 학생들에게 문제해결을 지도하는 것은 그들의 인생에서 더욱 분석적으로 판단할 수 있게 해

준다는 신념 때문이다. 컴퓨터를 비롯한 멀티미디어 시스템의 발달로 인한 정보화 사회에서 쏟아지는 각종 정보를 분석적으로 판단하는 것은 현대인의 필수적인 과제가 되었다. 그러므로 학교교육에서의 문제해결은 더욱 강조될 것이다. 둘째 이유는 수학 학습의 본질은 수학적 사실이나 법칙을 암기하여 문제 풀이에 적용하는 단편지식의 습득과 문제 풀이 기능 습득에 있는 것이 아니라, 주어진 상황에서 수학적인 문제를 구성하고 이를 해결함으로써 실세계에 관련된 문제를 해결하는 능력을 신장함은 물론이고, 새로운 수학을 창조하는 능력을 기르는 데 있다고 보기 때문이다. 문제해결은 수학교육에서 지속적으로 강조될 것으로 전망된다.

3.6.1 문제와 문제해결

수학 교과서에서 '문제'라는 용어를 많이 사용하고 있다. 예를 들면, '보기'나 '예제'에 이어서 나오는 '문제' '연습문제' '종합문제' 등과 같이 '문제'라는 용어를 많이 사용한다. 수학 교과서에서 어떤 개념의 설명에 이어서 나오는 '문제'의 개념은 이 단원에서 사용하려는 문제(problem)의 개념과는 다르다. '예제'는 앞에서 설명한 수학적 개념을 적용하는 방법을 교사가 설명하기 위한 대표적인 과제이며, 이어서 나오는 '문제'는 본문의 설명이나 예제에서 교사가 보여준 방법을 학생들이 스스로 적용하여 해결해 보게 하는 과제인 것이다. 단원 말미에 나오는 연습문제 또는 종합문제도 그 단원에서 학습한 개념을 종합적으로 응용해 보게 하는 수준의 과제로서, 본문의 내용과 예제의 풀이 방법을 이해하면 그 방법을 적용하여 학생들 스스로가 해결할 수 있는 수준의 과제이다.

그러나, '문제해결'(problem solving)에서 의미하는 문제(problem)의 뜻은 위에서 설명한 문제의 뜻과는 차이가 있다. 문제해결에서 의미하는 문제는 학습자가 해결해야 할 과제로서 처음에는 그 답이나 풀이 방법을 알 수 없지만, 학습자가 해결하고자 하는 도전감을 불러일으키며, 궁극적으로는 스스로 해결할 수 있는 과제를 의미한다. 그러므로 문제해결이란 해결 방법을 알 수 없는 막연한 상황을 도전감을 가지고 노력하면 궁극적으로는 해결할 수 있는 상황이라고 정의할 수 있다. 문제는 학습자가 도저히 해결할 수 없을 정도로 지나치게 어려워도 안 되며, 답이나 해결 방법을 즉각적으로 알 수 있어서 도전감을 가질 수 없을 정도로 쉬워도 안 된다. 그러므로 어떤 과제는 학습자의 대상에 따라서 문제가 될 수도 있고 되지 못할 수도 있으며, 같은 학생이라도 지적 성숙에 따라서 문제가 되던 과제가 더 이상 문제가 되지 않을 수도 있다.

문제의 유형을 분류하는 방법에는 여러 가지가 있는데, 그중의 한 방법은 문제를 정형문제, 비정형문제, 실생활문제로 나눈다. 정형문제는 교과서형 문제라고도 하는 것으로서, 그 문제를 해결하기 위한 형식이 정해져 있는 문제이다. 교과서에 나오는 대부분의 문제는 그 단원에서 학습한 수학을 사용하는 것이므로 정형문제에 해당한다. 비정형문제란, 그 문제를 해결하는 형식이 정해져 있지 않은 문제이다. 해가 여러 개로 나올 수 있는 열린문제나 실생활 문제인 경우가 많다. 실생활문제란 실생활의 상황을 문제의 소재로 하는 문제로서 수학의 유용성을 보여주므로 문제해결에서 많이 다루어진다.

3.6.2 지도의 원리

문제해결 지도는 학생들이 문제해결의 사고 단계에 따라 스스로 사고하고 창의적으로 사고할 수 있도록 도와주어야 한다.

문제해결을 위한 사고의 단계는 학생수준과 문제의 내용에 따라서 다소 다를 수 있지만, 일반적으로 Polya의 문제해결 사고 단계인 문제의 이해, 계획 수립, 실행, 반성의 네 단계를 생각할 수 있다. 이 네 단계를 문제해결 사고 단계, 문제해결 발견술 또는 문제해결 전략이라고도 한다. 폴리아의 문제해결 사고 단계에 의하여 문제해결을 지도할 경우 지도의 원리와 교사가 유의하여야 할 사항은 다음과 같다.

첫째, 학생들이 문제를 정확하게 이해하도록 하여라.

문제를 정확하게 이해하지 못하고는 그 문제를 풀 수 없는 것은 당연할 뿐만 아니라, 수학 학습에 대한 흥미마저 상실하게 한다. 많은 학생들이 쉬운 문제도 잘못 이해하여 바른 답을 구하지 못하는 경우를 흔히 볼 수 있으며, 이 경우 쉬운 문제에 대한 자기의 실수에 매우 좌절하며 수학에 대한 흥미를 상실하는 경우가 흔히 있다.

교사는 정확한 문제 이해를 돕기 위해서 학생들에 대한 다음 사항들을 파악하여야 한다.

① 문제에 사용된 수학적 용어와 기호의 의미를 바르게 이해하고 있는가?
② 문제에 주어진 자료, 조건, 찾고자 하는 것, 가정과 결론을 하나하나 확인하고 있는가?
③ 문제를 다른 말로 진술할 수 있는가?
④ 문제를 그림으로 나타내거나, 적절한 문자나 기호를 사용하여 표현할 수 있는가?

문제를 대할 때마다 위의 사항들에 유의하여 문제를 정확하게 이해하려고 노력하는 것은 문제해결 학습을 위해 매우 중요한 태도이다.

둘째, 해결 계획을 효과적으로 작성할 수 있도록 적절한 전략을 사용하게 하여라. 문제를 정확하게 이해하였다고 해서 저절로 문제의 해결 방안이 떠오르는 것은 아니다. 학생들이 문제 해결을 위한 효과적인 계획을 수립할 수 있도록 돕기 위해서는 다음 사항을 유의하여야 한다.

① 이 문제와 같은 문제를 해결해 본 경험이 있는지를 생각해 보게 한다. 여기서 '같은 문제'의 의미는 문제의 소재나 주어진 자료, 조건, 문장 등 외형적인 것만을 의미하지는 않는다. 그 문제를 구성하고 있는 조건과 찾고자 하는 것, 또는 주어진 가정과 결론이 같은 문제를 의미한다. 문제해결의 경험이 많으면, 문제의 진술문은 전혀 다르더라도 문제의 구조가 같으면 같은 문제로 볼 수 있다. 구조가 같은 문제는 같은 방법으로 해결할 수 있다. 학생들이 학습하는 과정에서 대하는 문제들 중 상당수는 구조적으로 같은 경우가 많다. 주어진 문제의 구조가 이미 해결한 경험이 있는 문제와 같은 구조라면, 그 문제는 이미 해결한 것이나 마찬가지여서 더 이상 문제되지 않는다. 과거의 경험을 상기하고 활용하는 습관은 수학을 구조적으로 이해하고 학습하는 데 도움이 된다.
② 같은 문제를 해결한 경험이 없으면, 유사한 문제를 해결해 본 경험을 생각해 보게 한다. 유사한 문제란, 자료, 조건, 찾고자 하는 것 중의 일부가 다르지만 그 문제 해결을 위해 핵심적인 원리나 방법이 같은 문제를 의미한다. 예를 들면, 서로 만나지도 않으며 다른 것에 포함되지도 않는 두 원이 있을 때, 이 두 원의 외접선을 긋는 문제와 내접선을

긋는 문제는 모두 원 밖의 한 점에서 접선을 긋는 방법을 사용하는 것이기 때문에 유사문제로 볼 수 있다.

③ 동일한 문제나 유사한 문제를 상기하기 어려울 때는 문제를 변형하여 보게 한다. 문제의 변형은 주어진 자료, 조건, 찾고자 하는 것 중의 일부를 생략하거나 다른 것으로 바꾸어 봄으로써 원래 문제의 해결 방안을 생각해 내게 하는 것이다. 조건이 여러 개일 경우 일부를 생략한 간단한 문제를 해결한 다음 남은 조건을 생각하는 문제해결 전략을 단순화라고 한다.

④ 문제가 잘 해결되지 않을 때는 다른 시각에서 문제를 생각해 보게 한다. 어떤 고정된 관점에서만 생각하면 문제가 해결될 수 없거나 매우 복잡한 과정을 거쳐야만 해결되는 경우가 있다. 어려운 문제로 느껴지는 문제도 다른 관점에서 보면 놀랍게도 쉽게 해결되는 경우가 있다.

다음 예제를 생각해 보자.

(예제) 다음 그림에서 주어진 원의 반지름은 1이고, $\overline{AB}$, $\overline{CD}$는 모두 지름으로서 서로 수직이다. $\overline{EG} \perp \overline{AB}$, $\overline{EF} \perp \overline{CD}$이다. $\overline{FG}$의 길이를 구하여라.

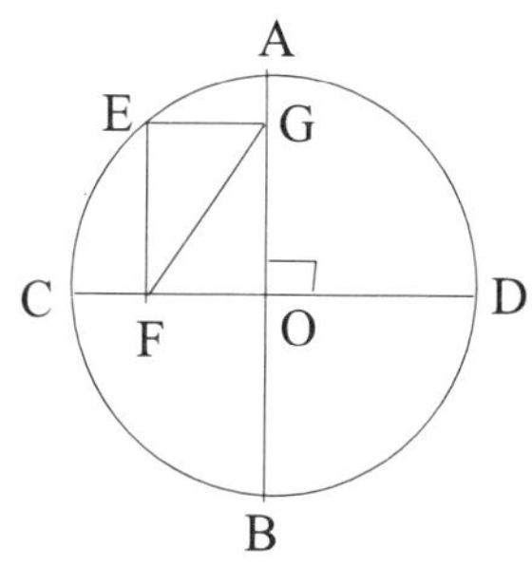

그림 3.6-1

이 문제를 $\overline{OF}$, $\overline{OG}$의 길이를 구하여 피타고라스 정리를 활용하려고 생각하면 쉽게 해결되지 않는다. 그러나, 관점을 바꾸어서, 사각형 EFOG를 직사각형으로 볼 수 있으면 구하는 선분의 길이는 대각선의 길이로서 1임을 쉽게 알 수 있다.

관점을 바꾸어 생각해 봄으로써 다양한 해결방법을 생각해 보는 것은 창의적이고 발전적으로 문제를 해결하는 능력을 기르게 하는 데 도움이 된다.

셋째, 문제해결에 집중할 수 있게 하는 분위기를 조성하여라. 문제들은 본질적으로 쉽게 해결되지 않는다. 문제해결에 필요한 시간은 보통 수준의 문제인 경우 20분에서 2시간 정도를 필요로 하며, 긴 과제는 그 이상에서 며칠 동안을 필요로 하기도 한다. 따라서, 학생들이 어려운 문제에 부딪혔을 경우는 그들이 충분히 생각할 수 있도록 시간과 용기를 주어야 한다.

넷째, 문제를 해결한 학생들에게 그 문제와 해결방법을 반성해보게 하여라. 문제를 해결한 뒤 그 결과가 문제의 상황에 타당한지를 생각해 보는 것은 문제해결 과정의 중대한 오류를 발견할 수 있게 하거나 수학적 풀이를 실제 상황에 맞도록 해석할 수 있게 한다. 문제를 해결한 후 그 문제의 구조와 해결 방법을 되돌아보고 더 좋은 방법은 없는지를 생각해 봄으로써 더 간결하고 명확한 풀이법을 찾을 수 있으며, 이전에 해결한 문제들과의 관련성을 찾을 수 있게 된다. 또한, 주어진 문제를 다양하게 변형해 봄으로써 그 문제의 특수한 경우나, 일반화된 경우, 또는 도전감을 불러일으키는 새로운 문제를 만들 수 있게 되고 수학에 대한 흥미와 자신감을 가지게 된다.

3.6.3 자료 개발

문제해결을 지도하기 위해서는 적절한 자료를 활용하여야 한다. 문제해결을 위한 자료는 전문 출판사에서 개발된 자료를 활용하는 것이 일반적이지만, 교사가 스스로 학습 내용과 학생 수준에 맞는 문제를 개발하여 사용할 수 있다면 더욱 효과적으로 문제해결을 지도할 수 있다. 문제해결을 위한 자료개발 방법으로서 다음과 같은 방법들을 생각할 수 있다.

① 수학의 기본적인 개념이나 성질을 학생들이 스스로 발견해 보도록 발문을 통하여 유도하여라. 예를 들면, 이차방정식의 해를 구하는 방법을 방정식의 유형에 따라 구체적인 예를 통하여 이해하게 한 후 방정식의 계수가 문자인 일반적인 이차방정식의 해를 구하는 공식을 유도해 보게 할 수 있다. 또, 행렬의 덧셈이나 곱셈을 이해하게 한

뒤 연산에 대한 항등원을 찾아보게 하는 것 등은 문제해결을 위한 좋은 자료이다.

② 어떤 문제를 해결하게 한 뒤 문제를 변형하거나 관련된 문제를 생각해 보게 하는 것이다. 문제의 변형이나 관련된 문제를 생각하는 것은 이미 해결한 방법을 어떻게 변형하여 적용할 수 있는가를 생각하게 함으로써, 문제의 구조에 따른 해결 방법을 이해하게 하는 데 도움을 준다.

③ 실생활에 관련된 상황을 문제로 다룰 수 있다. 신문이나 방송을 통한 여러 가지 사회적 문제를 수학적으로 접근하여 해결해보게 하는 것은 수학의 유용성을 인식하게 하고 적용 능력을 높이게 한다.

④ 수학적 호기심을 자극하는 퍼즐 문제를 활용할 수 있다. 역사적으로 유명한 퍼즐 문제들은 수학적 호기심을 자극하며 창의적인 사고를 촉진한다.

예를 들면, ‘디오판투스의 묘비’ 문제나 다음과 같은 문제에서 문자의 값 구하기 등이 있다.

$$\begin{array}{r} \text{SEND} \\ +\ \ \text{MORE} \\ \hline \text{MONEY} \end{array}$$

⑤ 학생들의 답변을 활용할 수 있다. 학생들의 답변에 대하여 그 이유를 설명해 보게 하는 것은 수학적 개념이나 성질을 정확하게 이해하게 하며, 문제해결을 위한 새로운 사실을 발견할 수 있게 한다. 대답이 틀렸을 경우도 왜 그렇게 생각했는지를 생각해 보게 함으로써 자기의 잘못을 발견하게 하고 바른 답을 찾도록 유도할 수 있다.

3.6.4 절차와 방법

문제해결 학습지도에 관해서는 연구와 이론이 많이 있다. 문제해결을 지도하고자 하는 대상 학생의 인지적 수준과 지도할 내용에 따라서 방법이나 절차가 달라져야 하기 때문이다. 여기에서는 문제해결 학습지도 연구의 초석을 이룬 Polya의 이론을 중심으로 문제해결 학습지도의 절차와 방법을 알아본다.

첫째, 학습자가 문제를 해결하고자 하는 의욕과 정서를 안정되게 한다. 교사는 문제해결 지도를 시작하기 전에 자유롭고 안정된 학급 분위기를 조성하고 문제해결 활동에 필요한 여러 자료들이 갖추어져 있는지를 확인한다.

둘째, 일제학습을 하게 한다. 교사가 전체 학생들을 대상으로 하여 지도하고자 하는 특수한 전략이나 문제유형에 대하여 특성을 설명한다. 이 과정에서 학생들은 학습할 내용에 대해 이해하게 되며 학습하고자 하는 동기와 목표를 인식하게 된다.

셋째, 소집단 활동을 하게 한다. 소집단을 형성하여 교사가 지시하는 순서에 따라 문제해결 활동을 한다. 교사가 지시하는 문제 해결의 단계는 여러 가지 있을 수 있으나, Polya가 제시한 문제해결을 위한 사고의 네 단계를 따를 수도 있다. 이 과정에서 교사의 역할은 학생들 스스로 충분히 사고하고 토론하고 바른 결과를 얻을 수 있도록 적절한 발문과 권고를 하며 학습 분위기를 만들어 주는 것이다. 교사가 문제해결의 각 단계에서 할 수 있는 발문과 권고는 제2장의 Polya의 수학 학습지도 이론편에 제시되어 있다.

넷째, 각 소집단의 대표들은 얻은 결과를 전체 학급에 발표하고 그 방법이나 결과에 대하여 토론을 하게 한다.

다섯째, 개별학습 활동을 하게 한다. 소집단에서 해결한 것과 유사한 문제를 모든 학생들이 개별적으로 해결해 보게 한다. 이때 교사는 개별 학생들을 순회지도하며, 학생들은 상호간에 의논을 할 수도 있다.

3.6.5 메타인지의 활용

문제를 해결하는 과정에서 자기가 문제를 바르게 해결하고 있는지, 더 좋은 방법은 없는지 등을 생각해 가면서 문제를 해결하는 것은 문제의 효율적인 해결을 위한 매우 중요한 습관이다. 이와 같이 사고활동을 모니터하고 조정하는 인지작용을 메타인지(meta cognitive) 또는 초인지라고도 한다. 메타인지 습관은 문제해결을 위해 매우 중요한 습관이다.

문제해결에서 메타인지를 위해 사용할 수 있는 질문에는 다음과 같은 것들이 있다.

너는 지금 무엇을 하고 있는가?

너는 왜 그것을 하고 있는가?
그것이 너에게 어떤 도움을 주는가?

메타인지를 위한 위의 질문은 학생들이 문제를 해결하는 동안 교사가 학생으로 하여금 자기의 사고를 반성하고 조정하게 하기 위해 사용할 수도 있으며, 학습자가 자신에게 질문함으로써 자기의 사고 과정을 반성하고 효율적인 방향으로 사고를 조종해갈 수 있다.

메타인지의 습관을 기르게 하는 한 방법으로서, 문제해결 활동이 끝난 직후 학생들에게 메타인지를 하였는지, 어떤 메타인지를 하였는지를 질문하고, 이 질문에 대한 학급 토론을 하게 하는 것은 매우 효과적이다. 또 한 방법은 문제해결이 끝난 후 메타인지를 얼마나 사용하였는지를 주기적으로 메타인지 체크리스에 스스로 체크해보게 하는 것이다. 메타인지 체크리스트의 한 예로 표 3.6-1과 같은 것이 있다.

3.6.6 지도상의 유의점

문제해결 지도 과정에서 교사는 다음 사항에 유의하여 문제해결 활동을 도와야 한다.

(1) 학생들이 문제를 이해하고 있음을 확인하여라.

문제를 정확하게 이해하지 못한 상태에서는 문제해결이 성공적일 수 없다. 문제를 이해하지 못한 상태에서 문제를 풀었을 경우, 성공적인 답을 구할 수 없는 것은 당연할 뿐만 아니라, 문제해결 학습에 흥미와 자신감을 상실하는 계기가 된다. 학생이 문제를 이해하지 못하였음을 인식한 경우, 그 문제는 그 학생에게 더 이상 문제가 될 수 없다. 문제해결 지도에서 학생들이 문제를 명확히 이해하고 있는지를 교사는 파악하여야 한다. 학생들의 문제 이해 수준을 파악하기 위해 다음과 같은 사항을 생각할 수 있다.

1a. 학생들은 문제 안에 있는 용어의 의미를 이해하는가?
1b. 학생들은 모든 관련 자료들을 고려했는가?
1c. 학생들은 문제가 요구하는 것을 지적할 수 있는가?
1d. 학생들은 자신의 말로 문제를 진술할 수 있는가?

메타인지 항목	하지 않았다	한 것 같다	하였다
문제해결 전 문제해결 시작 전, 당신은 무엇을 하였는가? 1. 문제를 두 번 이상 읽었다. 2. 그 문제에 관해 내가 할 수 있는 모든 것을 찾으려고 노력하였다. 3. 나는 다음을 자문하였다. “문제가 묻고 있는 것을 나는 진실로 이해하는가?” 4. 나는 이 문제의 해결에 필요한 정보를 생각하였다. 5. 나는 다음을 자문하였다.“이와 같은 문제를 이전에 풀어본 경험이 있는가?” 6. 나는 다음을 자문하였다. “이 문제에 필요하지 않은 정보는 있는가?”			
문제해결 중 문제를 해결하는 동안, 당신은 무엇을 하였는가? 7. 내가 한 것에 대하여 반성하여 보았다. 8. 내가 무엇을 하고 있는지, 왜 그렇게 하고 있는지를 생각해 보았다. 9. 내가 한 것을 그 순서에 따라 검토해 보았다. 10. 다른 방법으로 다시 시작하였다. 11. 다음과 같이 자문하였다.“내가 하고 있는 것이 답에 가까이 가고 있는가?”			
문제해결 후 문제해결을 끝낸 후, 당신은 무엇을 하였는가? 12. 모든 계산이 맞았는지를 확인하여 보았다. 13. 내가 해결한 것이 좋은 방법인지를 반성하여 보았다. 14. 내가 풀이한 답이 의미가 있는지 확인하기 위해 문제를 다시 보았다. 15. 그 문제의 다른 풀이 방법을 생각해 보았다. 16. 문제가 묻고 있는 것 이상을 찾을 수 있는지 알아보려고 노력하였다.			

표 3.6-1 메타인지 체크리스트(Van De Walle, 1998)

(2) 학생들이 계획작성에 도움이 되는 적절한 자료를 모으는 것을 도와라. 이를 위해 교사는 다음과 같은 사항들을 생각해 볼 수 있다.

2a. 학생들이 주어진 조건을 분석하게 함으로써 필요한 자료를 모으는 것을 도와라.

2b. 학생들이 유사한 문제를 분석하게 함으로써 자료를 얻도록 도와라.

2c. 학생들이 비효과적인 접근 때문에 지치기 시작하면, 다른 시각에서 문제를 볼 수 있도록 도와주어라.

(3) 문제해결에 집중하게 하는 분위기를 제공하라.

학생들이 창조적 능력을 발휘해 낼 수 있게 하는 분위기를 조성해 주어야 한다. 그 예로는 학생들이 사용하는 전략이 가능성이 있다고 암시를 준다거나, 문제를 탐색하는 데 필요한 충분한 시간을 준다거나, 학생들이 어려움에 직면하였을 경우 이를 극복하는 데 용기를 주는 말, 예를 들면 이 문제는 원래 어려운 거야, 너는 조금만 더 생각하면 해결할 수 있을 것 같구나, 다른 학생들도 어려워 할 거야, 등과 같은 말은 학생들에게 끈기 있게 문제를 해결하게 하는 용기를 넣어줄 수 있다. 학생들이 문제해결에 집중하도록 하기 위해 다음과 같은 사항을 생각할 수 있다.

3a. 어려움에 봉착하여 실망할 가능성이 있는 학생에게 적절한 힌트를 주고 격려하라.

3b. 학생들이 예측을 하고 검증해보게 하며, 떠오르는 예상을 따르도록 격려하여라. 그 결과 학생들에게 문제에 대한 다양한 해결 방법을 찾을 수 있게 하여라.

3c. 학생들에게 문제를 이해하게 하고, 분위기를 제공하고, 힌트를 준 다음에는 그들이 문제를 해결할 때까지 충분히 기다려라.

(4) 학생이 일단 한 가지 해를 구하였으면, 그 문제와 그 해의 의미를 반성해 보도록 격려하라. 아래의 전략들은 학생들이 성공적인 문제해결을 할 수 있도록 해 줄 것이다.

4a. 가능하면, 연역적으로 확립되지 않은 해를 증명해 보아라.

4b. 한 문제의 풀이에 대한 다른 방법을 찾고 발표해 보아라.

4c. 주어진 문제의 변화에 대하여 탐구해 보아라.

연구 과제

1. 문제의 뜻과 문제해결 지도의 필요성에 대하여 설명하여라.

2. 문제해결 지도의 원리를 Polya의 이론을 중심으로 설명하여라.

3. 문제해결 지도를 위한 자료 개발의 방법을 제시하고 각 방법으로 한 문제씩 개발하고 그 적절성에 대하여 토론하여라.

4. 문제해결 학습지도의 순서에 대하여 토론하여라.

5. 수학에 관련된 열린 문제와 실생활에 관련된 열린 문제를 각각 하나씩 만들고 그 풀이 방법을 설명하여라.

6. 크림이 있는 컵에서 크림을 한 스푼 떠서 커피 컵으로 붓고 잘 저어서 섞었다. 이번에는 크림이 섞인 커피 컵에서 커피를 한 스푼 떠서 크림 컵으로 옮겨서 잘 섞었다. 크림 컵에 있는 커피의 양과 커피 컵에 있는 크림의 양은 어느 것이 더 많은가?

7. 아래 그림과 같이 전시실이 36개 있는 박물관이 있다고 한다. 각 전시실 사이에는 출입문이 있어서 자유롭게 왕래할 수 있다고 한다. 출입문 A로 걸어가서 각 전시실을 한 번씩만 지나 출입문 B로 나올 수 있는지 설명하여라.

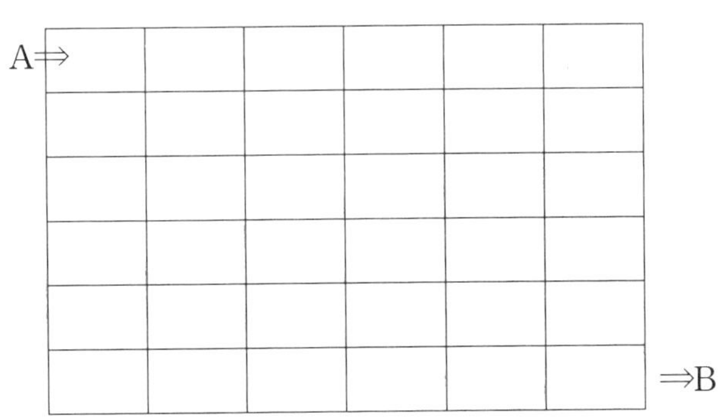

3.7 특수아의 수학 학습지도

3.7.1 수학 학습 부진아 지도

학습을 성공적으로 할 수 없는 경우로서 학습 지진(learning disable)과 학습 부진(slow learning)으로 구분하여 생각할 수 있다. 학습지진은 정상적인 학습이 어렵거나 불가능한 경우이며, 학습 부진은 어떤 요인에 의하여 학습 결손이 심하고 그 결과 일반 학생들에 비하여 특수한 부분의 학습이 어렵거나 학습의 속도가 느린 경우이다.

학습 지진의 원인은 정신박약, 시력장애, 청력장애로 구분한다. 정신박약이란 IQ가 50~70 정도이며, 본 것이나 들은 것들을 식별할 능력이 부족하여 혼동을 일으키는 것을 뜻한다. 정신박약, 시력장애, 청력장애로 인한 학습 지진아들은 이들을 위한 특수 교육과정과 특수학교가 있으며, 이들을 지도하는 전문 교사가 있으므로 여기서는 학습부진아의 지도에 대하여 알아본다. 학습 부진아란 학습 지진아는 아니면서 학습에 성공적이지 못한 학생을 뜻한다. 즉, 학습 부진의 원인은 선천적이거나 신체적인 결함에 있는 것이 아니라 개인적, 사회적, 또는 학습 과정에서 발생한 어떤 요인에 있다고 할 수 있다.

학습 부진아들의 일반적 특성은 다음과 같다.

- 자신은 수학을 전혀 이해할 수 없다고 생각한다.
- 자신은 수학적으로 실패한 사람이라고 생각한다.
- 학습 활동을 거부하며 교사에게 반항한다.
- 엉뚱하고, 돌발적인 행동을 하여 학습 분위기를 해친다.
- 수학 학습에 방어적이며, 모든 활동을 회피하고, 공상(day dreaming)을 한다.

학습 부진아를 지도하는 방법으로는 이들만으로 구성한 특수학급을 만들어 특수한 자료와 방법을 사용하여 지도하는 방법과 일반 학생들과 같은 교실에서 지도하는 방법이 있다. 학습 부진아를 지도하기 위해서는 다음과 같은 점들을 고려할 수 있다.

- 힘이 있고, 자신감이 있고, 열의가 있는 교사의 모습을 보여라. 학생의 이름과 개인적인 또는 사회적인 배경을 알고 있으며, 학생들의 좌석 배치, 소집단 구성 지시 등을 의도적으로 하며, 학생의 활동에 관심을 가지고, 반항적인 행동을 했을 때 가능한 한 관용으로 대하되 필요한 경우는 단호하게 훈계하고 처벌하여야 한다.
- 학생이 성공적으로 할 수 있는 과제와 활동을 제공하여라. 학습활동에 대한 성취감은 매우 좋은 보상이며, 학습에 긍정적인 자세를 갖게 한다.
- 부진아를 위해 만들어진 보충학습자료를 제공하고 많은 관심을 가지고 지도하여라.

3.7.2 수학 영재 지도

학습활동에서 일반학생보다는 탁월한 능력을 발휘하는 학생을 천재 또는 영재(gifted)라고 한다. 수학 영재란 수학 학습에서 다음과 같은 능력에서 탁월함을 보이는 학생이다(Ridge and Renzulli, 1991).

- 수학적인 것에 적극적으로 흥미를 보인다.
- 어린 나이에 수학적인 기능에 우수함을 보인다.
- 분석적으로 추론하는 능력을 보인다.
- 수학의 다른 부분들 사이의 관계성을 찾는다.
- 수학적 규칙성과 일반성을 인식하는 능력을 보인다.
- 잘 조직된 논리적 형태로 표현할 수 있다.

수학 영재를 지도하는 방법으로서 일반학생들과 한 학급에서 지도하는 방법과 이들만을 모아 특별학급을 구성하여 지도하는 방법이 있다.

수학 영재를 지도하기 위해서는 다음과 같은 점을 고려하여야 한다.

① 교사의 조건

- 교사는 교과 내용에 대하여 충분한 지식을 갖추고 있어야 한다. 지도하는 교과에 대한 폭넓고 깊이 있는 지식을 갖추고 있어야 한다.
- 교사는 자신감이 있어야 한다. 경우에 따라서는 학생이 교사보다

우월한 능력을 보일 때가 있다. 이러한 경우에도 의연하게 대하여야 하며, 학생의 재주에 위축되어서는 안 된다.

- 교사는 학생을 지도하는 우수한 기능을 가지고 있어야 한다. 영재에게 구체적인 것을 가르치는 것보다는 그들 스스로가 탐구할 수 있는 방법과 적절한 과제를 제시하고 학습 활동의 과정을 점검하는 것이 더 중요하다.

② 일반학급에서 지도하는 경우

- 영재를 교사의 조력자로 활용할 수 있다.
- 이들을 위한 특별자료를 제공하고 개별적으로 학습하게 하고 과정을 점검한다.
- 특별활동 시간이나 방학을 이용하여 영재를 위한 특별프로그램을 실시할 수 있다.

③ 특별학급에서 지도하는 경우

- 일반 학생들이 학습하는 교재를 속진으로 학습하게 한다.
- 심화학습 프로그램(예: 수학 올림피아드 문제, 경시대회 문제 등)을 지도한다.
- 탐구과제를 제시하고 탐구하게 한다. 탐구과제는 실생활 과제, 컴퓨터 활용 과제 등 다양한 것이 있다.
- 교과 시간 외에도 인근 지역의 대학이나 전문기관에 가서 수학을 학습하게 한다.

연구 과제

1. 수학 학습지진아에게 지도하여야할 중요한 수학은 무엇이라고 생각하는가? 이들을 지도하기 위한 방법을 토론하여라.

2. 수학 영재에게는 어떤 수학을 지도하는 것이 바람직하다고 생각하는가? 이들을 지도하기 위한 방법을 토론하여라.

3. 과학고등학교에서 수학을 지도하는 방법을 알아보고 그 특성을 토론하여라.

제 4 장 수학과 수업모형

학습지도를 실제로 실행하기 위해서는 지도 목표, 지도 내용, 전개 방법 등을 분명하게 결정하고 이것을 사용하기 쉽게 기록한 지도안을 준비하여야 한다. 학습 지도의 전개과정을 일반화한 것을 수업모형이라고 하고, 지도할 내용, 교사와 학생의 중요한 활동, 사용할 자료, 필요한 시간 등을 구체적으로 기록한 자료를 학습지도안이라고 한다.

전문가가 개발한 수업모형은 교사가 수업을 진행하는 데 기준이 되며, 수업의 질을 향상시키는 수단의 역할을 한다. 수업모형은 학습지도의 경험이 없거나 미약한 교사에게 수업 방법을 안내해 주며, 경험이 많은 교사에게는 자기의 수업을 반성해 보게 하고 개선할 수 있는 아이디어를 제공한다. 즉, 수업모형은 연구에 의하여 개발된 학습지도의 이론을 실제로 적용할 수 있게 하며 수업의 질을 개선하게 하는 촉매 역할을 한다. 학교 교육이 전문화되기 이전의 전통적인 교육에서는 수업모형이 개발되지 않았기 때문에 교사는 교과서에 있는 내용을 경험으로 체득된 자기가 선호하는 방법으로 지도하였다. 그 결과 교사에 따라서 지도하는 방식이 매우 달랐으며 학생들에게 미치는 영향도 다양하였다.

이 장에서는 중등학교 수준에서 수학을 지도하기에 적합한 수학과 수업모형들을 알아본 후 학습 지도안의 형식에 대하여 알아본다.

4.1 교사중심 수업모형

4.1.1 교사중심 수업

전통적인 수업의 형태는 교사가 그 반의 모든 학생들을 대상으로 지도할 내용을 설명하고 학생들이 교사의 설명을 기록하고 시범을 따라 익히게 하며, 이를 적용하여 문제를 해결하게 하는 것이다. 이러한 유형의 수업을 설명식 수업, 수용학습 수업 또는 일제학습 수업이라고도 하는데, 여기서는 교사가 수업을 이끌어 가는 점을 강조하여 교사중심 수업이라고 한다.

교사중심 수업모형은 교사가 전체 학생들을 대상으로 학습 내용을 설명하고 연습하게 하며 수업 진행의 모든 과정을 획일적으로 이끌어 가는 특징이 있다. 따라서 능력 수준이 비슷한 다수의 학생들에게 어떤 내용을 짧은 시간에 지도하여 적용할 수 있게 하는 데 효과적이다. 교사중심 수업은 주로 교사의 설명으로 진행되므로 학생들의 인지수준이 교사의 설명을 충분히 이해할 수 있는 고학년 학생들에게 적절하다. 학생 집단의 인지수준이 낮은 경우는 상세한 설명보다는 학습자 스스로가 충분한 구체물 조작이나 관찰 활동을 하게 하여 수학적 개념을 인식하게 하는 것이 효과적인 경우가 많다. 교사중심 수업은 처음부터 끝까지 교사의 설명에만 의존하는 것은 아니다. 수업 과정에서 학생의 준비 정도를 파악하기 위하여 적절한 질문을 할 수 있으며, 새로운 개념을 설명하는 과정에서도 학생들의 사고활동을 촉진하고, 교사의 지도를 바르게 이해하고 있는지를 파악하기 위하여 적절한 질문을 하거나 실제로 활동해 보게 할 수 있다. 학생들도 교사의 설명이 이해되지 않거나 의문이 가는 내용은 항상 질문하고 토론함으로써 학습의 효과를 높일 수 있다.

설명식 수업을 의미 있게 진행하게 하는 방법으로서 Ausubel은 유의미 설명식 수업 방법을 제시한다. 이 이론은 설명식 수업을 의미 있게 하기 위한 것으로 선행조직자의 활용, 점진적 분화의 원리, 통합조정의 원리를 사용하게 한다(제2장 Ausubel의 학습지도 이론 참조).

교사중심 수업은 많은 학생을 대상으로 학습지도를 할 수는 있지만, 학생들의 성취 결과가 교사의 강의 내용 수준을 넘기 어렵다는 단점이 있다.

4.1.2 수업모형

교사중심 수업은 교사의 설명이 수업의 중심을 이루며, 일반적으로 다음과 같은 순서로 진행된다. 수업의 시작과 함께 전날에 제시한 과제가 있으면 과제를 회수하고 과제에 대한 학생들의 질문을 받거나 질문을 하여 과제를 검토한다. 본학습을 위한 동기유발을 한다. 동기유발 내용은 학생들에게 흥미가 있어야 하며, 학습 목표를 포함한다. 다음으로는 본시 학습 주제에 대해 교사가 설명을 하면서 필요한 경우는 시범을 보여준다. 이때 학생들은 교사의 설명을 경청하고 기록하며 의문이 있을 경우 질문을 한다. 교사는 학생들의 이해를 돕기 위하여 필요하면 구체물이나 반구체물(그림 자료) 또는 컴퓨터 자료 등 보조학습자료를 활용한다. 교사의 설명이나 지시에 의하여 학생들은 연습문제를 해결한다. 이때 교사는 순회지도를 통하여 학생들의 학습 성취 정도를 파악하고 필요한 경우 학생들을 돕는다. 수업 내용을 요약 정리하고 질문을 통하여 학습 결과를 확인한다. 본시 학습 내용에 대한 과제 학습과 차시 예고를 하고 수업을 종료한다. 이상의 수업 절차를 모형화하면 그림 4.1-1과 같다.

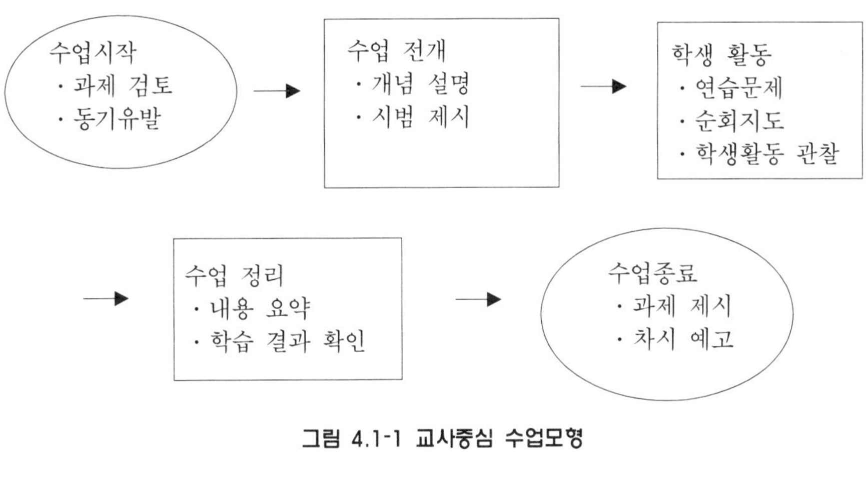

그림 4.1-1 교사중심 수업모형

4.1.3 적용상의 유의점

이 수업모형을 사용할 경우 교사가 특히 유의해야 할 사항은, 첫째 수업에 참가한 모든 학생들이 교사의 설명을 이해하고 지시에 따라할 수 있는 수준에 있는지를 확인하여야 한다. 교사의 지도 수준과 학생의 인지 수준에 차이가 있으면 학습의 효과가 없음을 van Hiele의 이론을 통해서 알아본 바 있다. 둘째, 교사의 설명이나 시범을 학생들이 바르게 이해하고 있는지를 계속적으로 확인하여야 한다. 즉, 일제학습을 진행하면서 교사는 진단평가를 계속적으로 하여야 하며 필요한 경우 즉각적으로 피드백을 주어야 한다. 셋째, 적절한 보조자료를 사용하거나 보조활동을 하여야 한다. 일제학습이 교사의 설명을 중심으로 진행되기는 하지만 학생들이 추상적인 설명을 바르게 이해하게 하기 위해서는 구체물이나 반구체물(그림 자료), 영상자료, 컴퓨터자료 등을 효과적으로 활용할 수 있어야 한다. 넷째, 교사의 설명이나 시범에 이어서 개별적으로 이를 익히고 적용하는 연습을 충분히 할 수 있게 하여야 한다. 학생들이 연습활동을 하는 동안에 교사는 학생들 사이를 순회하면서 모든 학생들이 의미 있는 학습활동을 하고 있는지를 확인하고 필요하면 개별적으로 또는 학급 전체를 대상으로 보충지도를 하여야 한다. 다섯째, 적절한 과제를 제시하고, 과제 검사를 통하여 학생들의 성취 정도를 파악하고 필요한 경우 적절한 보충, 심화 학습을 하게 하여야 한다.

연구 과제

1. 교사중심 학습의 뜻과 그 목적을 설명하여라.

2. 교사중심 수업모형의 전개 과정을 설명하고, 이 모형에 의한 감명받았던 학습 경험에 대하여 토론하여라.

3. 교사중심으로 지도할 경우 교사가 유의하여야 할 사항을 설명하여라.

4. 교사중심 학습지도의 장점과 단점에 관하여 토론하여라.

4.2 협력학습 수업모형

4.2.1 협력학습

협력학습은 1990년대부터 미국의 대학 수학교육 개혁을 통해 많은 주목을 받았으며, 초등 및 중등학교에서는 1940년대부터 사용되었다(MAA, 1997). 협력학습은 Dewey, Piaget, Vygotsky 등의 인지발달과 학습 방법에 관한 연구의 결과, 교육은 학습자 중심으로 이루어져야 하며, 특히 학습은 본질적으로 사회적인 것이라고 밝힌 것을 이론적 배경으로 하고 있다. Kurt Lewin, Martin Deutsch는 1940년대에 처음으로 소집단으로 구성된 팀을 직장과 사회 단체에 적용하였다. 이것을 시발점으로 하여 University of Minesota, Johns Hopkins University에서 협력학습에 관한 연구를 하기 시작하였으며, 이때부터 협력학습이 학교 교육에 적용되기 시작하였다(MAA, 1997).

협력학습 수업모형을 소집단 학습 수업모형이라고도 한다. 협력학습 수업은 한 교실의 학생들이 소집단을 만들어 각 집단의 학생들이 서로 논의하고 도와가면서 학습하는 수업이다. 소집단의 규모는 2～8명까지 다양할 수 있지만 보편적으로 3～4명이다.

소집단학습 수업을 하는 근본적인 이유는, 첫째, 오늘날 교육 철학은 사회적 구성주의에 근거를 두고 있다. 지식은 학습자에 의하여 주관적으로 형성되기 시작하지만 이것에 대하여 다른 사람들에게 발표하고 토론하여 인정받음으로써 객관적 지식으로 형성되는 것이다. 따라서, 학습 활동은 자연스럽게 자기의 아이디어를 다른 사람과 교류하고 의논하는 과정에서 이루어지는 것이 바람직하다. 둘째, 혼자서 문제를 해결하는 것보다는 여러 사람이 함께 협력하면 문제를 더욱 잘 해결할 수 있으며, 협력학습을 통하여 다른 사람의 장점을 활용할 수 있으며, 집단 구성원 간에 서로의 장점을 배울 수 있기 때문이다. 실제로 우리가 사회에서 어려운 문제에 직면하면 다른 사람들과 의논하고 그들의 도움을 받아 문제를 해결한다. 과학이나 산업의 첨단 분야에서 새로운 것을 연구하고 창조하는 사람들도 팀을 구성하여 업무를 수행하며 수시로 회의와 세미나를 통하여 지식과 정보를 교환하면서 협력하여 과제를 수행한다. 셋째 협력학습 활동은 학생들이 다른 사람들과 협력하는 능력과 태도를 길러주기 때문이다. 협력학습을 통하여 학생들은 다른 사람과 아이디어를 교환하는 능력과 태도를 배우며, 상대방의 아이디어를 이해하고, 존중하며, 비판하는 능력을 기를 수 있으며, 자기의 아이디어를 분명하며 효과적으로 전달하는 능력을 기를 수 있다. 사회는 다양한 사람들이 어떤 규정에 의해 단체를 결성하여 서로 협력하면서 각자의 일을 처리하고 있다. 학교교육의 목적이 학생들에게 사회 생활에 잘 적응할 수 있게 하기 위해 필요한 지식과 태도를 길러 주어야 한다고 볼 때에 가능하면 협력학습 수업으로 학생들을 지도하는 것이 매우 바람직하다. 협력학습 활동은 집단 구성원들 간에 충분한 의사소통을 필요로 함으로써 의사소통능력을 길러준다. 정보화 사회에서는 의사소통 능력을 더욱 필요로 하고 있으므로 수학교육은 의사소통 능력을 중요한 교육목표 중의 하나로 정하고 있다.

협력학습은 소집단의 활동이 수업의 흐름을 주도한다. 따라서, 각 소집단의 학습활동은 매우 중요하다. 교사는 소집단의 구성을 계획적으로 하여야 하며, 모든 구성원들이 학습활동에 적극적으로 참여할 수 있도록 세심한 주의를 기울여야 한다.

4.2.2 소집단 구성

소집단의 구성은 일반적으로 두 가지 유형으로 조직할 수 있다. 하나는 각 구성원의 능력을 비슷하게 한 동질집단(homogeneous group)의 구성이고, 다른 하나는 구성원의 능력을 다양하게 한 이질집단(heterogeneous group)의 구성이다. 동질집단의 구성이 바람직한 경우는 학급 구성원들 사이의 능력 차이가 매우 심해서 모든 학생들이 동일한 수학적 내용을 학습할 수 없을 경우이다. 학습자의 능력 차이가 심한 학급에서 동질집단으로 소집단을 구성하였을 경우 한 소집단 내에서의 능력 차이는 비슷하지만 집단 간에는 능력 차이가 심하므로, 일반적으로 집단간의 능력 차이를 3, 4단계의 수준으로 나누고 집단 간에 학습내용이나 방법을 달리함으로써 개별 학생들이 자기 수준에 맞는 학습을 하게 할 수 있다. 동질 집단으로 나누었을 경우, 수준이 우수한 집단에는 사고활동을 중시하는 문제해결 학습을 하게 하는 것이 바람직하며, 수준이 낮은 학생들에게는 알고리즘 문제나 기능에 관한 문제를 학습하게 하는 것이 바람직하다.

한 학급에서 개인의 학습능력 차이가 다양하긴 하지만 동일한 주제를 학습할 수 없을 만큼 심각하지 않다면, 개인의 능력 차이가 다양한 학생들로 소집단을 구성하는 것이 바람직하다. 이 경우 집단 간의 능력은 비슷하므로 모든 집단은 동일한 수준의 수학적 주제를 학습할 수 있다. 모든 학생들이 다 알아야 할 기본적인 개념을 학습하게 할 때에 효과적인 소집단 구성이라고 할 수 있다. 소집단의 구성은 교사의 치밀한 계획에 의하여 구성되어야 하며 적절한 시기에 재구성(학습 주제별로 또는 단원별로 재구성할 수 있음)하는 것이 바람직하다.

협력학습 지도를 실시할 경우의 학생과 교사의 역할은 교사중심의 학습지도 활동에 비하여 많은 차이가 있다. 교사중심의 학습지도에서는 교사가 학습 내용을 잘 구성하여 설명하면 학생들은 이를 경청하며 노트에 기록하고 교사의 지시에 의하여 연습문제를 익히며, 이해가 어려운 것이 있으면 질문하고 교사는 이에 대하여 다시 설명하는 것이 일반적인 역할이다. 그러나 협력학습 수업에서는 학생들이 수업활동의 주체이며 학생의 역할은 다음과 같이 달라진다(MacGregor, 1997).

① 경청하는 사람, 주목하는 사람, 기록하는 사람으로부터 문제를 해결하는 사람, 문제해결에 공헌하는 사람, 토론하는 사람으로 된다.
② 수업 준비에 대한 낮은 기대에서 높은 기대로 바뀌어 수업 전에 학습할 자료를 읽고 문제나 과제를 준비한다.
③ 교실에 개인적 입장에서 출석하는 것으로부터 공적인 입장에서 출석(public presence)한다.
④ 동료와 경쟁하는 입장에서 그들과 협력하는 입장이 된다.
⑤ 학습을 독자적으로 하고 혼자서 책임지는 것에서부터 협동으로 학습하고 그 결과에 대하여 구성원이 함께 책임을 진다.
⑥ 교사와 교과서를 권위와 지식에 대한 유일한 출처로 생각하던 것을 동료, 자기 자신, 단체에 의한 사고를 권위와 지식의 중요한 소재로 확대한다.

협력학습 지도에서는 교사의 역할도 많이 달라진다. 교사의 중요한 역할은 다음과 같다.

① 협력학습을 위해서 교과서를 그대로 사용하기에는 적합하지 않다. 교

사는 집단별로 사고하고 탐구할 활동과제의 리스트를 개발하여 각 집단에 제공하여야 한다.

② 모든 학생들이 적극적으로 과제 해결에 참여하도록 유도하여야 하며, 학생들이 어려움에 부딪힐 경우 적절한 해결 방법을 안내한다. 한두 학생이 집단활동을 독점하여서는 안 되며, 한 사람이라도 소외되어서는 안 된다.

③ 각 집단의 활동 과정과 결과를 평가하여 등급을 제시한다. 소집단 활동에 대하여 평가를 할 경우는 활동 결과뿐만 아니라 구성원들의 적극적인 참여 정도도 반영한다. 이러한 평가를 하기 위해서는 세심하게 계획된 평가기준을 마련하고 이를 학생들에게 공개하여 타당성을 인정받도록 한다. 평가기준을 학생들과 함께 토론하면서 개발하는 것도 좋은 방법이다.

④ 적절한 연습문제와 가정학습 과제를 제시하고 그 결과를 평가한다.

4.2.3 수업모형

협력학습의 수업은 일반적으로 다음과 같은 순서로 전개된다.

첫째, 도입 단계에서 교사는 전체 학생들을 상대로 학습 목표를 제시하며 학습 동기를 유발하게 한다.

둘째, 학생들은 소집단을 구성하고 교사가 제공하는 문제를 협력하여 해결한다. 각 집단이 해결하는 과제는 학습목표에 따라 같을 수도 있고 다를 수도 있다. 소집단을 구성하는 모든 학생들이 과제 해결에 적극적으로 참여하여야 한다. 각 집단은 과제를 해결하는 동안 어려움에 부딪히면 교사의 도움을 요청할 수 있다. 교사는 직접적인 방법을 가르치기보다는 해결의 실마리를 생각할 수 있도록 안내하는 것이 바람직하다.

셋째, 각 소집단은 해결한 결과를 전체 학급에 발표하고 토론한다. 각 집단이 해결한 결과를 정확하게 발표하고 집단간의 차이점과 그 이유에 대하여 토론한다.

넷째, 교사는 각 집단의 활동 결과에 대하여 평가하고 정리한다.

다섯째, 연습문제를 개별로 또는 서로 협력하여 해결한다.

이상의 학습활동 과정을 형식화하면 그림 4.2-1과 같은 모형을 얻는다.

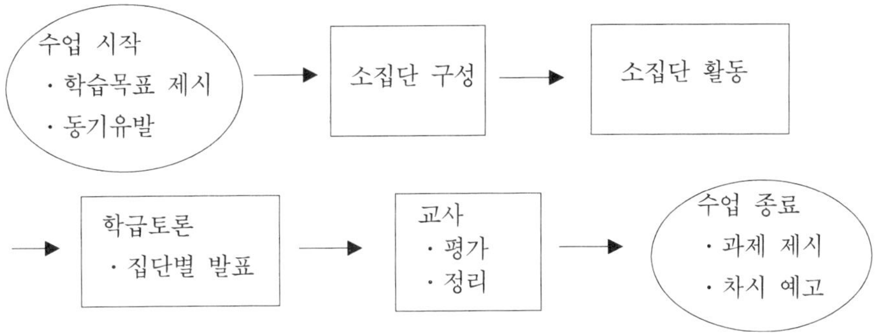

그림 4.2-1 협력학습 수업모형

4.2.4 적용상의 유의점

소집단학습 수업에서 교사가 특히 유의하여야 할 사항은 소집단의 구성원들 모두가 함께 학습활동에 참여하게 하여야 하는 것이다. 한 소집단이 과제를 해결하였을 경우 구성원 모두가 다 같이 이해하고 있어야 한다. 소집단학습 수업에서 구성원 중 한두 사람이 학습활동을 독점하며 일부 학생들이 수업활동을 외면하는 일이 없도록 해야 한다. 교사는 각 집단을 순회하면서 각 집단의 활동을 파악하며 모든 학생들의 참여를 독려하고 적절한 힌트를 제공하여야 한다.

소집단학습 수업을 실시하였을 경우, 평가도 소집단 활동의 결과와 개인별 능력을 각각 반영하여야 한다. 즉, 집단별로 해결한 결과에 대하여 모든 구성원에게 동일한 점수를 부여함으로써 모든 구성원이 협력하여 학습활동을 하게 하며, 구성원들이 소집단 활동을 통하여 획득한 능력을 과제 학습 등을 통해 익힌 능력을 개별적으로 평가함으로써 각 구성원의 적극적인 학습 활동을 유도할 수 있다. 그러므로, 소집단학습 수업을 실시하였을 경우 평가는 집단별 평가와 개별 평가를 각각 실시하여 그 결과를 함께 반영하는 것이 바람직하다.

연구 과제

1. 협력학습 수업의 필요성에 대하여 설명하여라.

2. 협력학습 수업에서 학생과 교사의 역할을 설명하여라.

3. 협력학습으로 수학을 공부한 경험을 발표하여라.

4. 중학교 학생들에게 확률 개념을 협력학습 수업으로 지도하려고 한다. 소집단을 형성하여 학생의 학습활동 자료를 만들고 그 타당성을 다른 집단과 비교하여 보아라. 또, 학생들의 학습활동을 평가하기 위한 평가 리스트를 만들어 보고, 다른 집단과 비교하여 보아라.

4.3 개별학습 수업모형

4.3.1 개별학습

개별학습 수업은 학습자 개개인에게 최적의 학습환경을 제공하기 위한 수업방법으로서 학습자 개개인이 자기 수준에 맞는 학습과제를 선택하고 자기의 속도에 맞게 학습할 수 있게 하기 위한 것이다. 그러나, 현실적으로 교사가 모든 학생을 개별적으로 직접 지도하기는 매우 어렵다. 따라서 개별학습의 수업은 교사의 도움이나 안내를 비교적 적게 필요로 하는 수학적 기능의 연습이나 학습한 내용을 복습하게 하는 데 적절한 수업방법이라고 할 수 있다. 개별학습을 위한 자료로서 1960년대에 프로그램 학습 자료와 티칭머신이 만들어졌으며, 오늘날은 컴퓨터를 이용하는 CAI(computer assisted instruction) 자료들이 개발되어 사용된다.

4.3.2 학습자료

(1) 프로그램 학습자료

프로그램 학습자료란 학습목표를 상세화하여 개발한 계열화된 학습자료로서, 학생들은 개별적으로 프로그램에 표시된 순서를 따라 자기의 속도에 맞게 학습한다. 프로그램의 순서를 따라 한 문제에 답한 후 그 문제의 정답이 무엇인가를 즉시 확인할 수 있다. 이때, 학생의 답이 옳으면 칭찬의 보상을 받고, 틀렸으면 교정을 위한 지시를 받는다. 즉, 학습활동에 대한 즉각적인 보상과 피드백을 받을 수 있는 장점을 지니고 있다. 프로그램 학습 원리는 자극에 대한 바른 반응을 유도하고 강화하는 것이 학습이라는 스키너의 학습원리에 의하여 개발된 것이다.

학습 과제를 계열화하는 방법에는 직선형과 분지형이 있다. 직선형이란 학습과제를 일렬로 배열하고 모든 학생들이 이 순서를 따라 각자의 속도에 맞게 학습해 가게 하는 형식이다. 직선형의 학습자료는 학습자의 능력 차이를 인정하지 않고 모든 학생이 동일한 학습과제를 각자의 속도에 맞게 개발한 것이다. 직선형을 사용하면서 이해되지 않는 과제가 발견되면 그 전 과제를 다시 공부함으로써 그 다음 과제를 공부하게 하는 것이 일반적이며, 특수한 경우는 각 단계에 대한 피드백을 부록으로 제시하고 과제를 해결하지 못한 경우는 피드백을 학습함으로써 그 단계를 이해하게 하는 방법이다. 그러나 학습자에 따라서 또는 학습내용에 따라서는 상세화된 모든 단계를 다 학습할 필요가 없이 몇 단계를 건너뛰어 학습할 수도 있으며, 학습자에 따라서는 학습자료의 각 단계의 수준이 너무 비약되어 있어서 그 단계를 따라 학습할 수 없을 수도 있다. 직선형의 이와 같은 문제점을 보완한 것이 분지형 프로그램 학습자료이다.

분지형 프로그램 학습자료는 프로그램이 진행되는 과정에서 어떤 특수한 단계의 과제를 해결할 수 있으면 몇 단계를 뛰어넘어서 학습할 수 있게 하며, 과제를 해결할 수 없으면 보충학습을 위해 마련한 학습 과제들을 해결한 뒤 다음 단계로 나아가는 방법이다. 이 방법은 학습자의 학습 속도와 학습 능력을 고려한 특성이 있다. 프로그램 학습 자료는 1960~70년대에 사이에 많이 사용되었지만 지금은 컴퓨터의 발달로 거의 사용되지 않는다.

⑵ 티칭머신

티칭머신(teaching machine)이란 프로그램 학습자료를 기계에 입력하여 학생들이 더욱 쉽고 흥미 있게 학습할 수 있게 고안한 것으로서 1960년대 말에 개발되어 일시적으로 사용되었다.

⑶ CAI 학습자료

컴퓨터가 급속히 발달하기 시작한 1960년대부터 컴퓨터를 학습의 보조자료로 활용하는 연구가 미국에서 활발히 진행되었으며, 오늘날은 대학 수학으로부터 초등학교 수학에 이르기까지 컴퓨터와 계산기가 다양하게 활용된다. 우리 나라도 1990년대부터 일선 학교에 컴퓨터 실습실이 만들어지고 수업에 컴퓨터를 이용하는 교사가 늘어났으며, 학생들은 가정이나 학교에서 컴퓨터를 활용한 개별학습을 많이 하기 시작하였다.

컴퓨터를 개별학습으로 활용하기에 적합하도록 개발한 자료로서 CAI 자료가 있다. CAI 자료는 교과서의 내용을 학습하거나 수학적 기능을 익히기에 적합하도록 개발한 소프트웨어로서 개인교수용(tutoring), 기능연습용(drill and exercise), 게임(game), 시뮬레이션 (simulation) 등이 있다. CAI를 활용하면, 학생들은 자기가 필요로 하는 학습과제와 수준을 선택하여 학습할 수 있고, 학생의 반응에 대한 즉각적인 피드백을 받을 수 있어서 프로그램 학습자료나 티칭머신보다 훨씬 효과적으로 학습할 수 있다.

4.3.3 수업모형

개별학습을 운영하는 일반적인 절차는 다음과 같다.

첫째, 도입활동을 통하여 개별학습의 중요성을 설명하고 학습활동에 필요한 전반적인 지침을 전달한다.

둘째, 각 학생이 학습할 과제를 제시한다. 이때, 학생들이 자기 수준보다 높거나 낮은 과제를 택하지 않도록 주의한다.

셋째, 학생들이 개별학습 활동을 할 동안 교사는 순회지도를 통하여 학습 활동을 관리하며 학생들을 돕는다.

넷째, 학생들이 공부한 내용을 정리하게 하고 전체적인 질문을 받는다. 가정학습 과제를 제시하고 차시예고를 한다.

이상을 모형으로 나타내면 다음 그림과 같다.

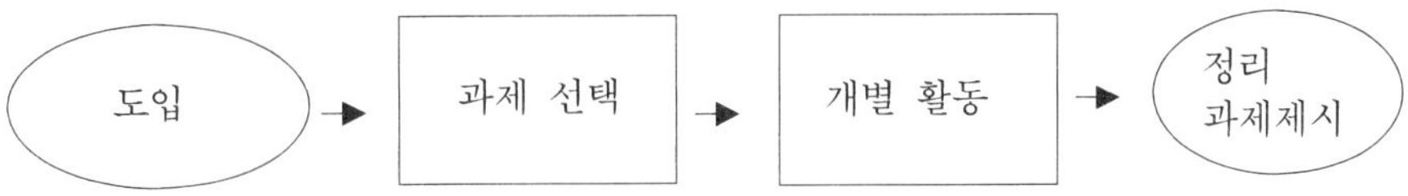

그림 4.3-1 개별학습 수업모형

4.3.4 적용상의 유의점

첫째, 개별학습이 필요하고 효과적인 경우에만 이 수업 방법을 적용하도록 한다. 예를 들면, 계산 기능을 익히거나 이미 학습한 개념을 복습하게 하는 데 적절하다.

둘째, 학생 각자가 자기 수준에 맞는 내용을 선정하여 학습활동에 몰두할 수 있도록 하여야 한다. 지나치게 쉬운 과제나 어려운 과제를 택하지 않도록 각 학생의 학습 내용에 관심을 기울여야 한다.

셋째, 모든 학생들에게 고르게 관심을 갖고 순회지도함으로써 일부 학생에게 방임형 학습이 되지 않도록 유의하여야 한다.

넷째, 학생들이 학습자료를 올바르게 사용하고 있는지를 확인하고 필요한 경우 도움을 주어야 한다. 컴퓨터 소프트웨어를 사용할 경우 그 자료의 특성을 학생들이 충분히 이해하고 활용할 수 있도록 활용방법을 충분히 지도하여야 한다.

연구 과제

1. 개별학습 수업의 뜻과 필요성에 대하여 설명하여라.

2. 개별학습 수업을 실시할 경우 교사의 역할에 대하여 토론하여라.

3. 컴퓨터를 사용하여 개별학습 수업을 받은 경험을 발표하고, 그 효과에 대해 느낀 점을 토론하여라.

4.4 열린교육 수업모형

4.4.1 열린교육

열린교육(open education)의 열린의 의미는 닫힌(closed)의 반대적 의미로서, 1960년대에 미국 사회는 닫힌 사회, 폐쇄적 사회로 간주하고 이를 타파하려는 운동이 일어났다. 교육계도 이 운동에 영향을 받아 열린교육으로 눈을 돌렸다. 미국의 열린교육은 당시 영국에서 일어났던, 비형식적 교육(informal education)에 영향을 받았다. 영국의 비형식적 교육은 유아학교에서 이루어진 것으로, 아동의 흥미와 필요에 기초하여 학생들의 호기심을 자극하는 환경과 학습자료를 제공하고 이를 이용한 활동중심 학습을 강조하는 교육이다. 이 시기의 미국의 열린교육 영향은 1950년대부터 활발히 진행되던 수학교육현대화 운동을 반성하게 하고 수학교육을 기본으로 돌아가게 하는 계기가 되었다.

우리 나라에서는 1986년에 두 곳의 사립 초등학교에서 열린교육을 도입하였으며, 최근에는 중학교 수준에서도 열린교육을 시도하는 학교가 있다.

1995년 5월 31일에 공포된 교육개혁안은 열린교육사회, 평생교육사회를 비전으로 제시하고, "학습자 중심 교육"과 "교육의 다양화"를 지향한다고 밝힘으로써, 이후부터 열린교육이 전국적으로 확산되었다.

21세기는 정보화 사회로서 사회가 급변하며, 이 시대에 적응하기 위해서는 수시로 새로운 교육을 받아야 할뿐만 아니라 교육의 내용도 단순 지식보다는 문제해결 능력과 창의적 사고력을 길러주고 기본 지식을 여러 방면에 적용하는 능력을 길러주는 교육을 실시하여야 한다. 이와 같은 필요성에 의한 교육을 열린교육이라고 한다. 즉, 열린교육의 의미에는 두 가지의 뜻이 있다. 첫 번째 의미는 학교 교육제도가 특정 지역에 특정연령을 대상으로 닫혀 있는 것이 아니라 열려 있어서 어느 곳에서도, 어떤 연령층도 학습할 수 있게 하는 것으로서 방송매체를 이용한 통신교육과 인터넷을 이용한 가상학교 교육 등과 같이 교육제도가 열려 있는 교육이다. 두 번째 의미는 교실에서의 학습이 교사의 지도하에 획일적으로 이루어지는 것이 아니라 학생 각자가 학습의 주체가 되어 학습과제와 학습 방법을 선택하여 흥미 있고 의미 있는 학습을 할 수 있게 하는 교육방법이다.

우리 나라에서는 열린교육협의회가 1996년에 열린교육 강령을 제시하였는데, 그 내용은 인간교육, 전인교육, 개성교육, 공동체교육, 창의성교육 등이다.

열린교육의 특성을 구체적으로 분석하면 다음 표와 같다.

열린교육의 정의	교육과정(교재, 학습시간, 학습공간, 학습집단, 교사들 간의 관계)을 유연하게 편성, 운영하는 총체적 자율화 교육
열린교육의 목적	1. 학생들의 학습속도에서의 개인차 존중 2. 학습속도와 관심의 개인차에 대응하기 위한 다 교과 동시 개설 3. 총체적 경험을 위한 교과 연관 교육과정 4. 교과간 연계 이해를 위한 교과 연관 교육과정
단위수업시간 운영	단위 수업시간을 40분 또는 50분으로 고정하지 않고 교육내용에 따라 100분, 2시간, 4시간 등으로 유연하게 운영
학습집단 구성	학생 수준과 활동영역별로 소집단 지도를 위주로 하되 전체지도와 개별지도 병행
교수 및 학습 자료	참고도서, 사전, 괘도, 비디오, CD, 멀티미디어 자료 등 다양한 교수-학습 자료를 활용하여 실험실습, 토론, 조사, 조별 학습을 실시함
학습평가	1. 개별화된 평가 2. 학습결과보다는 과정을 관찰 3. 수행평가 등 다양한 방식으로 평가
교사	1. 정규교사 이외에 학부모, 실습생 등 보조교사 활용 2. 교사들 사이의 팀티칭 실시
학교 건물 및 시설	다양한 형태의 교수-학습이 이루어질 수 있는 일반교실 및 특별교실

표 4.4-1 열린교육의 특성

열린교육의 특성을 요약하면 "개별화된 학습자중심 교육"으로서 다음 조건을 만족한다.

① 개별화(학습내용, 방법, 속도, 평가의 개별화)
② 자율화(교사와 학생에게 선택의 부여, 자기 주도적 학습)
③ 적극적인 교수-학습(학생의 능동적인 참여와 수업운영에서의 교사의 적극적 역할- 대집단과 소집단에서의 강의, 토론, 시범, 개별과제 학습감독, 학생활동의 점검과 개별지도)
④ 다양화(학습내용, 학습방법, 학습자료, 교실환경, 평가방법, 특별활동의 다양화)
⑤ 융통성(교육과정 구성, 수업운영, 공간구성 등의 융통성)

열린교육의 실행은 열린교육의 의미를 충실히 반영할 수 있는 것으로 충분하다. 열린교육의 효율화를 위하여 수업모델을 만드는 것은 바람직하지만 모델이 수업의 흐름을 고착시켜 특수한 능력만 학습하게 하거나 창의적으로 사고할 수 없게 한다면 열린교육의 뜻에 위배된다.

4.4.2 수업모형

두 중학교에서 최근(1999년)에 실시한 열린교육의 수업모형으로서 다음과 같은 사례가 있다.

사례 1: 이 학교에서 실시하는 열린교육 수업모형은 다음과 같다.
수업 모형: (시작) → (일제학습) → (개별학습) → (발전학습) → (정리)
이 모형의 각 단계에서의 활동 내용은 다음과 같다.

① 시작 단계: 이 단계에서는 학습목표를 제시하고 방법을 안내한다. 학습방법의 안내는 학습 순서를 나타내는 순서도로 제시한다.
② 일제학습 단계: 본시학습의 기본 내용을 교사가 모든 학생들에게 설명한다. 교사는 새로운 개념을 설명하며, 예제를 풀이한다.
③ 개별학습 단계: 교과서에 제시된 문제를 각자가 풀이하고, 그 결과를 게시판에 있는 정답을 보고 채점한다.
④ 발전학습 단계: 교사가 준비한 난이도가 상, 중, 하인 세 종류의 발전과제 학습자료를 각 학생이 자발적으로 선택하여 풀이하고, 게시판에 제시된 답과 비교한다. 이때 교사는 순회지도하면서 질문을 받고

개별지도를 한다.

⑤ 정리 단계: 그 시간에 학습한 내용을 교사가 정리하고 과제제시와 차시 학습을 안내한다.

문제점 분석: 이 사례에서는 교사 주도의 일제학습을 통해 기본 개념과 관련된 문제를 예제를 통하여 이해하게 한 후, 연습문제나 발전문제를 개인별로 스스로 학습하고 평가할 수 있게 한다. 이 사례는 상당부분을 학습자가 자기 주도적으로 학습할 수 있게 함으로써 열린교육의 의미를 어느 정도 살렸다고 볼 수 있다. 그러나 이 사례에서 지적할 수 있는 중요한 점은 학습의 흐름이 기본 개념은 교사가 설명하고 학생들은 연습하거나 적용하는 수준에서 자기 주도적 학습을 한다는 것이다. 수학교육에서의 열린교육의 의미는 수학 학습에 흥미를 갖고 창의적이고 자기 주도적으로 학습할 수 있게 하는 것이라고 본다면, 위의 사례를 완벽한 열린교육이라고 보기는 어렵다.

사례 2: 이 학교는 열린교육을 학교의 운영과 교과수업 양면에서 실시하고 있다. 학교 운영에서는 학생들의 단체활동 참여와 학부모의 지속적인 이해를 위해서 연 2회의 체육대회, 연 4회의 소풍행사, 월 1회의 책가방 없는 날, 월 1회의 학부모 열린교육 이해를 위한 연수 실시 등을 행하고 있다. 교과수업의 열린교육을 위해서는 다음과 같은 다양한 모형을 적용한다.

① 개별화 학습: 문제해결 학습을 중심으로 문제해결 단계에 따라 개인적으로 교사의 도움을 받는다.

② 흐름학습: 수업시작 때 교사는 그 시간의 수업절차를 순서도로 제시하고, 학생들은 순서도를 따라 스스로 학습을 진행한다.

③ 자기진도 과제학습: 학생들은 예습을 중심으로 하는 과제학습을 하고 그 결과를 본시학습에서 확인하거나 미진한 부분을 보완한다.

④ 자기평가 학습: 교사가 기본 내용을 중심으로 하는 일제학습을 한 뒤 학생들은 자기 수준에 맞는 학습지를 택하여 풀이를 하고 그 결과를 게시판에 부착된 모범답안을 보고 평가한다.

⑤ 단원별 합격제: 매 단원 말에 평가를 실시하여 미진한 부분을 보충하게 한다.

⑥ 방과후 학습: 개인에 따라 방과후 교사의 도움을 받아 보충학습을 할 수 있게 한다.

문제점 분석: 학교 운영 면에서 열린교육의 취지를 살리기 위한 방법은 좋다고 판단한다. 자기진도 과제학습, 단원별 합격제 등은 수학적 지식의 향상을 촉진하는 조치이지만, 흥미 있는 과제를 학생들이 협력하여 해결하는 기회를 제공하지 못하며, 창의성 개발을 위한 학습활동도 고려하지 않았다. 이 모형은 개별학습 활동에 많은 초점을 두고 있다.

4.4.3 적용상의 유의점

열린교육 수업을 할 경우 교사는 다음 사항들에 유의하여야 한다.

첫째, 열린교육의 특성으로 학생 중심의 개별화 학습을 강조한 나머지 학습활동을 개별화가 아닌 개인화가 되지 않도록 하여야 한다. 적절한 학습 과제나, 프로젝트 과제를 소집단별로 해결하게 하고 결과를 학급 전체가 토론하게 한 후 그 방법을 개별적으로 연습하게 수업 방법, 또는 교사가 적절한 발문과 권고를 구사하는 탐구학습식 수업 방법이 열린교육의 의도에 더욱 잘 부합한다.

둘째, 열린교육의 외형적 특성을 강조한 나머지 능력별 반 편성에 의한 이동식 수업을 하거나 복도를 없애고 교실 간의 벽을 허물 필요는 없다. 한 학급의 학생수를 줄이고, 책상 배열을 적절히 하여 개별로 또는 소집단 별로 협력학습을 하기에 편리하게 하면 된다.

셋째, 열린교육에서 학생들의 자기 주도적인 학습 활동을 강조한 결과 방임형 교육을 하게 될 위험이 있다. 학생들이 교사의 도움 없이 개별적으로 학습을 진행할 때 오개념을 형성하거나 비효율적인 방법을 고수하는 경우가 발생할 수 있다. 교사는 학생들이 개별학습을 하거나 소집단 활동을 할 때 이들의 학습 과정을 면밀히 관찰하고 파악하여 학생들에게 즉시 피드백을 제공하여야 한다.

연구 과제

1. 열린교육의 의미와 그 목적을 설명하여라.

2. 열린교육은 유치원 교육과 초등학교 교육에서부터 시작하였다. 본래 의미의 열린교육을 중등학교에서 수학 지도에 적용할 경우, 가능성과 문제점에 대하여 토론하여라.

3. 열린교육을 실시하는 학교를 찾아 그 학교에서 실시하는 수업모형을 조사하고 특성을 설명하여라.

4. '도형의 합동'을 열린교육으로 지도하려고 한다. 수업의 진행과정을 제시하고 그 이유를 설명하여라.

4.5 수준별 학습 수업모형

4.5.1 수준별 학습지도

수준별 학습지도란 한 학급에서 함께 공부하는 학생들의 인지적 능력 차이가 매우 심하여 같은 주제를 같은 방법으로 학습할 수 없는 경우에, 인지적 능력을 중심으로 학생들을 몇 단계의 수준으로 구분한 다음, 각 수준에 따라서 학습 내용과 방법을 달리하는 학습 지도 방법을 뜻한다. 우리 나라의 경우, 중학교와 고등학교로 진학할 때 학교별 입학시험을 실시하지 않기 때문에 한 학급을 구성하는 학생들의 인지적 능력 차이가 매우 심각하여 수준별 학습지도를 하지 않을 수 없는 상황에 이르렀다. 그 결과 2000학년도부터 적용하는 제7차 교육과정은 수준별 교육과정으로 개발되었기 때문에, 2000학년도부터 점차적으로 우리 나라의 초, 중등학교 교육은 수준별 교육을 실시하고 있다.

수준별 학습지도의 중요한 특성은 다음과 같다.

첫째, 학생들을 몇 단계의 수준으로 나누어 학습지도를 한다. 학생들을 능력 집단으로 나누는 데에는 두 가지 방법이 있다. 하나는 전 학년의 학생을 몇 단계 수준으로 나누어 능력별 반 편성을 하는 것이고, 다른 하나는 한 학급에서 교과목별로 학생들의 수준을 구분하는 방법이다. 능력별 반 편성을 하면 한 학급에 속한 학생들의 능력은 동일한 수준이므로 교사는 그 학급의 학생들에게 동일한 내용을 동일한 방법으로 지도할 수 있다. 따라서 교사의 수업 준비와 지도가 비교적 용이하다. 그러나 전 학년의 학생들을 교과목마다 능력별 반 편성을 하는 것은 사실상 어려우므로 대다수의 학교에서는 학생들의 전체 성적으로 수준을 구분하거나 주지교과목인 국어, 수학, 영어과목의 성적을 중심으로 하여 수준을 구분한다. 이 경우 어떤 학생은 전체 성적은 우수하지만 수학 성적은 저조할 수도 있다. 그러나 이 학생은 우수반에서 수학을 학습하여야 하므로 수준별 학습지도를 실시하는 의미가 없어진다. 또, 열등반에 속하는 학생들은 학교 내에서 열등의식을 가질 수 있기 때문에 교육적으로 바람직하지 않은 문제점을 야기할 수 있다. 한 학급에서 교과별로 학생들의 능력을 몇 단계로 구분하는 경우는 그 교과의 성적만을 기준으로 하므로, 같은 수준에 속하는 학생들의 능력은 같은 수준에 있다고 가정할 수 있다. 그러나 이 경우 학습지도를 운영하기 위해서 교사는 각 수준에 맞는 내용과 지도 방법을 준비하여 실시하여야 하므로 많은 준비와 지도상의 노력이 필요하다.

둘째, 수준별 학습지도를 할 경우, 각 수준에 적합한 내용과 방법을 준비하여야 한다. 우리 나라에서는 한 교육과정의 내용을 몇 단계의 수준에 따라 지도할 수 있는 교과서나 교육용 자료가 개발되어 있지 않다. 따라서 수준별 교육을 실시하려면 학교 단위로 수준별 자료를 개발하여 사용하여야 하는 실정이다. 어떤 도에서는 교육위원회에서 수준별 학습지도 자료를 개발하여 각 학교에 보급하는 경우도 있다.

셋째, 수준별 교육을 실시할 경우, 각 수준에 대한 지도 내용과 방법이 다르므로 평가도 달리하여야 한다. 평가의 목표는 지도 목표와 일관성이 있어야 하기 때문이다. 학습 진행에 필요한 성취도 평가는 수준 집단에 따라 다르게 실시하여 학생들에게 피드백을 주는 것이 바람직하며, 총괄평가는 교육과정이 요구하는 기본 과정을 중심으로 하여 절대평가를 실시하는 것이 바람직하다.

4.5.2 수준별 교육과정

국가 교육과정으로서 수준별 교육과정을 처음으로 실시한 나라는 영국이다. 영국은 1989년부터 국정교육과정을 실시하면서 수준별 교육과정을 적용하고 있다. 영국의 국정교육과정은 수학의 각 영역을 9개의 수준으로 나누어 한 수준을 학습 한 다음에 다른 수준을 학습하게 하고 있다. 각 수준의 통과 여부는 교사가 판정하지만 교사는 국가 차원에서 실시하는 GCSE시험을 참고로 한다. 영국에 이어 호주에서도 영국과 유사한 수준별 교육과정을 실시하고 있다.

미국은 NCTM이 수학교육을 개혁하기 위해 Curriculum and Evaluation Standards for School Mathematics(1989), Professional Standards for Teaching Mathematics(1991), Assesment Standards for School Mathematics (1995)등을 공표하였으며, 여러 대학에서 국가의 지원(NSF)을 받으며 이 Standards를 실행하기 위한 구체적인 교육과정과 교재용 자료를 개발하는 중이다. 또, Standards의 내용을 새롭게 개선하기 위한 Principles and Standards for school Mathematics(NCTM, 2000)을 개발하여 2000년 4월에 발표하였다. Standards를 중심으로 하는 미국의 수학교육 개혁운동은 모든 학생들에게 수학을 학습하게 하며, 실생활과 관련한 수학을 이해하게 하며, 협력하여 학습하는 능력을 기르며, 창의적인 방법으로 사고하게 하며, 9학년 이상부터는 개인의 능력 수준에 맞는 방법으로 수학을 학습할 수 있게 하는 핵심교육과정(core curriculum)을 적용하게 하고 있다. 핵심교육과정의 특성은 고등학교 2학년까지 모든 학생들이 동일한 주제의 수학을 학습하되, 개인의 수준에 따라서 학습 방법을 달리하게 한다. 예를 들면, 부피가 일정한 원통 모양의 캔을 만들 때, 캔의 재료가 최소가 되는 경우를 찾는 문제에는 표 만들기, 프로그램 작성, 계산기나 컴퓨터의 그래프 기능 활용, 컴퓨터나 계산기를 활용한 관계성 찾기, 대수적 성질을 이용한 형식적 추론 등의 방법을 수준에 맞게 선택하여 학습하게 하고 있다(NCTM, 1989 pp.134~136).

우리 나라의 제7차 교육과정(1997년 고시, 2000년부터 적용)은 처음으로 실시하는 수준별 교육과정이다. 이 교육과정은 교과목과 학년 수준에 따라서 심화보충형 수준별 교육과정, 단계형 수준별 교육과정, 과목선택형 수준별 교육과정으로 나누어진다.

심화보충형 교육과정은 한 학급의 모든 학생들이 같은 주제를 학습하되 개인의 능력 차에 따라서 보충학습과 심화학습을 한다. 7차 교육과정에서는 국민 공통 기본 교육과정 중 국어, 과학, 사회, 영어(3～6학년) 과목이 이 유형의 교육과정을 적용한다.

단계형 수준별 교육과정은 교육과정 내용을 학습 위계에 따른 여러 개의 단계로 나눈 다음 학생들을 평가하여 적절한 단계의 내용을 학습하는 교육과정이다. 제7차 교육과정의 경우 수학과와 영어과(7～10학년)가 이 유형의 교육과정을 적용한다. 수학과는 1학년부터 10학년(고등학교 1학년)까지를 10단계로 나눈 다음 각 단계를 다시 하위 2단계로 구분하여 총 20개의 단계로 설정하였다. 각 단계의 진급 유무는 수학교사가 절대평가에 의하여 판단하지만, 학습이 부진한 학생들을 방과후 보충학습이나 방학중 보충학습을 실시하여 가능한 한 모든 학생이 유급하지 않고 진급할 수 있도록 지도할 것을 권장한다.

수학과 교육과정은 단계형 교육과정이지만, 같은 단계에 속하는 학생들 사이에도 능력 차이가 있음을 인정하여 보충학습과 심화학습을 하며, 심화학습의 내용은 교육과정에 명시하였으며, 보충학습은 기본과정의 내용 중에서 필요한 부분을 보충하도록 하고 있다.

과목선택형 수준별 교육과정은 학생들이 자기의 수준과 진로에 맞는 과목을 선택하여 학습할 수 있게 하는 것으로 고등학교 2, 3학년의 모든 학생들은 이 교육과정에 의하여 과목을 선택하여 학습할 수 있다. 선택과목은 일반선택과목과 전문선택과목으로 구분된다. 수학과의 경우 일반선택과목으로는 실용수학이 있으며, 전문선택과목으로는 수학 I, 수학 II, 미분과 적분, 확률과 통계, 이산수학이 있다. 이와 같은 선택과목의 선택은 학생들의 자율적 의사에 맡기는 것을 원칙으로 하고 있다. 이전의 교육과정에서는 선택과목의 선택은 계열(인문사회계열, 자연계열, 예체능계열)에 따라 결정되었지만, 7차 교육과정에서는 계열을 설정하지 않았다.

4.5.3 수업모형

단계형 수준별 교육과정에 의한 수업은 같은 단계에 있는 학생들이 함께 모여 학습하는 것을 원칙으로 한다. 따라서 학급 편성이 단계형 중심으로 편성되어 있으면 능력별 반편성이나 이동식 수업이 필요없지만, 그렇지 않은 경우는 이동식 수업 또는 동질 소집단 학습 활동이 필요하다. 이때 수업모형은 교사중심 수업모형 또는 협력학습 수업모형이 적절하다. 기본 학습지도가 끝난 뒤 형성평가를 실시하여 또는 다른 기준에 의하여 학생들을 보충학습 수준, 기본학습 수준, 심화학습 수준으로 나눈다. 그리고는 학생들이 소집단으로 또는 개별로 자기 수준의 과제를 학습하게 한다. 수업이 종료될 무렵, 그 시간에 학습한 내용에 대하여 교사가 요약하여 정리하고, 학생들의 능력에 따라 과제학습을 제시한다. 이와 같은 수업의 전개 과정을 모형화하면 그림 4.5-1과 같다.

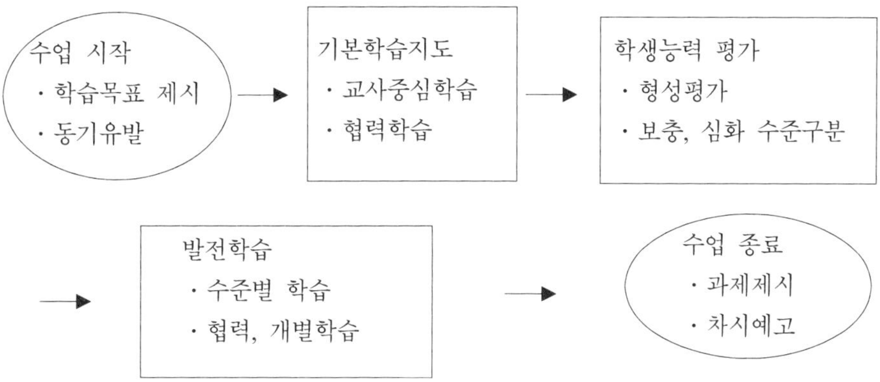

그림 4.5-1 수준별 학습 수업모형

4.5.4 적용상의 유의점

수준별 학습지도를 할 경우 교사는 다음 사항에 유의하여야 한다. 첫째, 기본학습 내용, 보충학습 내용, 심화학습 내용을 미리 파악하여 준비하고 있어야 한다. 둘째, 기본내용을 모든 학생들에게 지도할 때는 교사중심 학습지도나 협력학습을 하게 하며, 협력학습을 하게 할 때는 이질집단과 동질집단 중 어느 것이 교육상 효과적인지를 판단한 후 소집단을 구성하여야 한다. 일반적으로 이질집단으로 구성하는 것이 효과적인 경우가 많다. 셋째, 발전학습을 하게 하기 위한 학생들의 능력수준을 구분할 때 객관적인 근거에 의하도록 한다. 학생들의 능력을 수시로 평가하여 학생들은 자기의 수준에 맞는 발전학습을 할 수 있게 하여야 한다. 넷째, 과제를 제시할 때 획일적인 방법을 지양하고, 수준을 고려하여 개발한 자료를 활용하여야 한다. 교과서의 연습문제도 수준의 차이가 있으므로 이를 활용할 수 있다. 다섯째, 발전학습을 할 경우는 수준별로 동질 집단을 형성하여 학습하게 하는 것이 바람직하다. 이때, 보충집단 학생들이 열등의식을 갖지 않도록 하기 위한 교사의 세심한 관심이 필요하다. 일곱째, 수업의 전 과정을 통하여 학생들이 흥미와 주체 의식을 갖고 학습활동을 하게 한다. 이를 위해서는 충분한 동기유발, 적절한 학습자료 제공, 적절한 학생수준 구분 등이 중요하다.

연구 과제

1. 수준별 학습지도의 뜻과 그 특성에 대하여 설명하여라.

2. 영국의 수학과 국가교육과정과, NCTM의 학교수학을 위한 교육과정과 평가의 Standards, 우리 나라 7차 수학과 교육과정을 비교 분석하여 그 차이점에 대하여 토론하여 보아라.

3. 수준별 학습지도를 받은 경험을 소개하고, 그 특징을 설명하여라.

4. 수준별 교육과 열린교육의 차이점을 설명하여라.

5. 수준별 교육을 실시하는 학교를 찾아 수업모형을 분석하고 그 특징을 토론하여라.

4.6 학습지도안

4.6.1 학습지도안의 필요성

우리는 중요한 일을 할 때는 그 일을 착수하기 전에 충분한 계획을 세우고, 계획이 충분히 실행될 수 있다고 확신이 설 때 계획에 따라 일을 시작한다. 교사가 학생을 지도하는 것은 매우 중요한 일이다. 교사는 학생의 지도를 가장 효과적으로 하기 위해서 충분한 지식을 갖추어야 하며 충분한 계획을 세워서 계획에 따라 수업을 진행하여야 한다. 즉, 수업 계획안은 교사가 의도한 학습지도가 잘 이루어질 수 있게 하는 학습지도의 지침 역할을 한다. 특히, 학생 지도경험이 부족한 교사 또는 지도하려는 과목에 대하여 익숙하지 않은 보다 새로운 학습지도 방법을 적용하려고 의도하는 교사는 반드시 철저한 지도안을 작성하고 이를 중심으로 수업을 전개하는 것이 바람직하다.

4.6.2 학습지도안의 구성 내용

학습지도안은 교사가 의도하는 수업의 모든 요소들이 잘 나타나고 이를 활용하기에 편리하도록 구성되어야 한다. 일반적으로 학습지도안에는 학습목표, 동기유발 내용, 학습할 과제, 학습활동(교사활동과 학생활동), 보조자료, 시간계획, 진단과 형성평가, 가정학습 과제 등이 포함되어 있어야 한다.

학습목표는 학습이 끝난 후 그 도달 정도를 확인할 수 있도록 구체적으로 진술되어야 한다. 예를 들면, '…를 안다.' '…를 이해한다.' 등의 표현보다는 '…를 증명할 수 있다.' '…를 구할 수 있다.'와 같이 구체적인 행동이 나타나게 진술하는 것이 바람직하다.

동기유발 내용은 수학사적 내용, 실생활이나 다른 과목에서 수학을 사용하는 실례, 본시학습 내용에 관련된 문제 상황, 테크놀로지를 이용한 수학의 특성이나 아름다움 등 다양한 것들을 생각할 수 있다. 동기유발을 통하여 학생들이 수업에 흥미와 관심을 갖게 되었다면 매우 성공적으로 출발한 것이다.

학습할 과제는 단편적이고 기능적인 것보다는 개념의 이해, 수학적 사고력, 문제해결에 관한 내용을 강조하는 것이 바람직하다. 교과서에 있는 예제와 문제를 그대로 학습하게 하는 것은 예습을 해온 학생들이 관심을 갖지 않을 가능성이 많다. 따라서, 교과서에 있는 문제와 같은 수준이지만 다른 문제를 가지고 수업을 하면 학생들의 관심을 모을 수 있다. 교과서 문제의 일부는 가정학습 과제로 활용하며, 학생의 수준에 따라서 선택하여 학습하게 하는 것이 바람직하다.

학습활동 난에는 교사는 수업의 안내자로서의 역할을 하고 학생들은 학습의 주체가 되어 활동하는, 실현 가능한, 가상적인 활동들이 기술되도록 한다. 이를 위해서는 교사는 적절한 수업모형을 생각하고 그에 맞는 학습활동을 충분한 사고실험을 통하여 설정하여야 한다.

적절한 보조자료의 활용은 생동감 있는 학생 중심의 수업을 가능하게 한다. 구체물 조작자료, 입체도형의 모형, 자, 컴퍼스, 색분필, 신문이나 잡지에 게재된 정보, 계산기, 컴퓨터, 보충·심화 과제 등은 중요한 보조자료로 사용될 수 있다.

시간 계획은 동기유발, 중요한 학습 내용, 정리에 필요한 시간을 계획해 두는 것이 바람직하다. 동기유발과 정리는 일반적으로 5분 정도로 한다. 동기유발과 정리에 많은 시간을 할애하면 본시 학습 내용을 다룰 시간이 그만큼 줄기 때문에 바람직하지 않다. 본시 학습활동중 시간 계획에 너무 제한을 받으면 수업이 경직되거나 단절될 가능성이 많으며, 시간 계획을 전혀 고려하지 않는다면 학습활동이 지나치게 구체적이거나 간결하여 의도한 수업을 할 수 없는 경우가 발생한다. 동기유발, 중요한 학습주제, 정리에 필요한 시간을 기록하고 확인하는 것이 바람직하다.

수업을 진행하는 동안 학생들의 준비도와 성취도를 확인하는 것은 학생들에게 의미 있는 학습을 할 수 있게 하고 적절한 피드백을 줄 수 있는 기회를 갖게 한다. 진단평가나 형성평가의 내용은 간단한 질문으로 할 수도 있으며, 학생활동을 관찰함으로써 할 수도 있고, 필요에 따라서는 필답식 시험으로도 할 수 있다.

적당한 수준의 문제를 적당한 시간에 해결할 수 있는 가정학습 과제를 부과하는 것은 학생들이 능동적으로 학습하게 하기 위한 좋은 방법이다. 문제가 지나치게 많거나, 지나치게 어렵거나 또는 쉽거나, 지나치게 유사한 문제들만을 가정학습 과제로 부과하는 것은 바람직하지 않다. 교사는 학생들의 능력을 고려하여 과제를 주어야 하며, 과제의 결과는 반드시 빠른 시간 안에 평가하고, 틀린 부분은 수정하여 학생들에게 돌려주어 반성할 수 있게 하여야 한다.

4.6.3 학습지도안의 형식

학습지도안의 형식은 교사의 취향에 따라 다양할 수 있다. 여기서는 우리 나라에서 사용되는 본시 학습지도안의 한 형식(형식 1)과, 미국에서 제시된 한 형식 (형식 2)을 소개한다.

형식 1: 본시 학습지도안(3차시/11차시)

단원	다항식/ 나머지 정리/ 항등식
학습 주제	· 항등식의 개념과 성질
학습 목표	· 항등식이 무엇인지 안다. · 미정계수법을 이용하여 문제를 풀 수 있다.
학습 자료	· OHP, 종이, 필기구, 교과서, 공책, 과제 인쇄물

학습 단계	학습 내용	교수 학습 활동		학습 형태 및 시간	자료 및 지도상의 유의점
		교 사 활 동	학 생 활 동		
도입	· 전시간 과제 확인	· 전 시간에 학습한 다항식의 곱셈과 나눗셈에 대한 과제를 확인	· 조별(6명)로 서로서로 과제를 했는지 살펴보고, 과제 중 가장 어렵거나 중요한 문제를 한 문제씩 뽑아 발표한다.	협력학습 발표수업 5분	· 발표한 내용의 부족한 점이나 틀린 부분을 학생들이 스스로 발견할 수 있게 한다. · 학생들의 자발적이고 고른 참여 유도
	· 동기 유발 항등식의 성질을 이용한 게임으로 학생들의 흥미를 유발시킨다. [별첨 1]	· 이 시간 학습할 '항등식'에 대한 동기 유발로 "숫자 맞추기 게임"을 한다.	· 게임 참여 -앞에 나온 학생과 함께 교사가 질문하는 대로 수를 만들어 간다.	협력학습	· 산만해지지 않도록 한다.
	· 학습목표 제시	· 항등식이 무엇인지 안다. · 미정계수법을 이용하여 문제를 풀 수 있다.	· 다함께 읽기	5분	

전개	·항등식의 개념 -전체 집합 U={-1, 0, 1, 2, 3}과 다음 등식에서 아래 물음에 답하여 보자. ① $x+4=4$ ② $(x+2)(x-2)=x^2-4$ ③ $(x-3)^2=x^2-6x+9$ ④ $4x+4=-x^2$ 1) 집합 U의 특정한 원소를 대입하였을 때만 성립하는 등식은 어느 것인가? 2) 집합 U의 어떤 원소를 대입하여도 항상 성립하는 등식은 어느 것인가?	·탐구 활동 -항등식인 것과 아닌 것이 섞인 예를 들어 항등식의 개념을 떠올려 보게 한다. ·항등식의 개념을 설명한다. ·항등식을 찾는 문제를 이용하여 학생들이 항등식을 분류해 낼 수 있게 한다.	·다양한 예를 통해 항등식의 개념을 쉽게 익힌다. ·이에 해당하는 문제를 풀면서 항등식 개념을 이용한 문제 해결력을 기른다.	개별학습 일제학습 7분	OHP를 이용하여 문제 및 개념 제시
	·항등식이 되기 위한 조건 $ax+b=0$이 x에 대한 항등식 $\Leftrightarrow$ $a=0$, $b=0$	·항등식이 되기 위한 필요충분조건을 유도하고 설명한다.	·예를 이용하여 항등식의 성질을 확실히 이해하고, 문제 해결력을 기른다.	일제학습 23분	·혼자 해결하기 힘든 문제는 조원들과 함께 해결하도록 한다.
	·미정계수법 $x^2+2x+3=a(x-1)^2+bx+c$가 x에 대한 항등식이 되도록 상수 a, b, c의 값을 정하여라. 다음 등식이 항등식이 되도록 상수 a, b, c의 값을 정하여라.	·위의 조건, 항등식의 성질을 이용하여 항등식의 미지의 계수를 정하는 방법이 바로 미정계수법임을 이해하게 한다. ·이에 관련된 문제를 풀게 하여 문제해결력을 기르게 한다.			

정리	· 형성평가 다음 등식이 x에 대한 항등식이 되도록 상수 a, b, c의 값을 정하여라. $x^2+ax+1=bx^2+c(x+1)(x+2)$	· 형성 평가 문제로 오늘 학습한 내용을 확인한다.	· 각자 OHP로 제시된 문제를 풀어본다.	개별학습 5분	
	· 학습 목표 확인	· 학습 목표를 다시 한번 상기시키며, 목표를 달성했는지 확인해 본다.	· 학습 목표를 다시 읽고, 스스로 어느 정도 학습 목표를 달성했는지 생각해 본다.	일제학습 협력학습	
	· 과제 제시 및 차시 예고 [별첨 2]	· 적당량의 과제 제시 · 다음 시간에는 나머지 정리에 대해 학습할 것이라 예고	· 조원끼리 협력해서 스스로 해결하기 힘든 문제까지 풀어본다. 다음 시간까지 조원끼리 상의해서 전 시간의 과제 중 가장 어렵거나 좋은 문제를 선정해 발표준비를 한다.	5분	
	· 여분 문제 다음 등식이 x에 대한 항등식이 되도록 상수 a, b, c의 값을 정하여라. $2ax+b=x+5$ $2a(x-1)+b(x+1)=x$ $x^3+1=(x+1)(ax^2+bx+c)$	· 여분 문제를 제시한 후 학습 내용을 다시 한번 상기시킨다.		개별학습	

형식 2: 본시 학습계획안

학습단계	학습 내용	교수-학습 활동	학습형태	시간	학습자료
도입	[학습목표] 다음 같은 경우의 연립 부등식의 영역을 좌표평면에 나타낼 수 있다. ① 1차함수로만 이루어진 연립부등식 ② 2차함수로만 이루어진 연립부등식 ③ 1차와 2차함수로만 이뤄어진 연립부등식	·학습 목표를 학생들에게 보여주고 읽게 한다.		2분	파워PT
	※ 전시 학습확인 · $y<-x+3$을 좌표평면에 나타내시오. 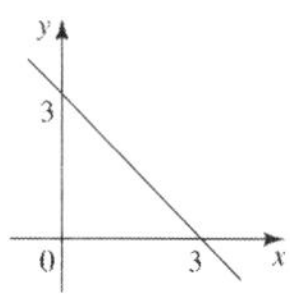 ※ 경계 제외	·전시간에 학습한 내용을 복습한다. ① $y=-x+3$의 그래프를 그린다. ② $y=-x+3$으로 나뉘는 두 영역 중 임의의 점 $(0,0)$을 대입한다. ③ 0<3이 참이므로 $y=-x+3$은 $(0,0)$이 있는 영역을 나타낸다.	일제학습	3분	칠판
전개	·동기유발 ① $y<x+1$ ② $y>2x$ ③ $y>\frac{1}{3}x^2$ <질문> 위의 세 가지의 함수의 영역을 각각 그리시오.	[학생] 주어진 문제를 조별 학습한다. 조별로 칠판에 푼다. [교사] 우리는 지금 세 가지의 그래프를 그렸는데, 위의 부등식들 중에서 두 가지를 하나의 좌표에 그릴 수 있을까요? [학생] 예 [교사] 공통부분도 찾을 수 있겠죠? [학생] 예 GSP를 통해서 공통부분을 보여준다.	조별학습	10분	GSP(①②③, ①②, ①③, ②③). 칠판
	연립부등식 교집합 ·등호가 없는 경우 ① $\begin{cases} y<x+1 \\ y>2x \end{cases}$ ② $\begin{cases} y>2x \\ y>\frac{1}{3}x^2 \end{cases}$ ③ $\begin{cases} y>\frac{1}{3}x^2 \\ x^2+y^2>1 \end{cases}$	공통부분을 찾는 것은 교집합을 구하는 것인데, 교집합은 식을 성립함으로써 구해짐을 상기시킨다. [교사] 선생님이 칠판에 직접 위의 문제를 그려보겠어요. (그림을 그리고 설명)	일제학습	10분	칠판

<table>
<tr><td rowspan="2">전개</td><td>· 등호가 있는 경우
<문제 제시>
$3y \le 3x + 4y \le 2x + 3$
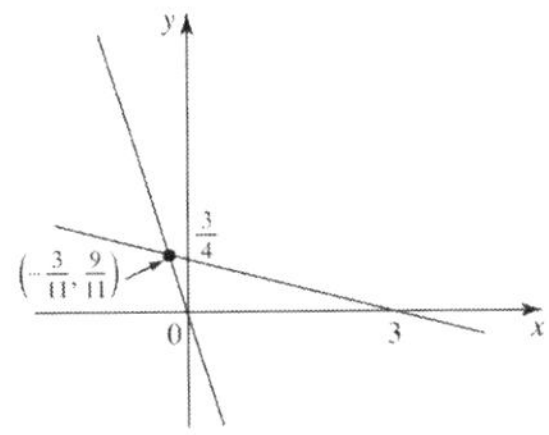
</td><td>[교사] 지금까지 우리는 경계가 포함되지 않는 식을 했는데 이제 경계를 포함하는 부등식을 풀어보죠.</td><td></td><td>5분</td><td>GSP</td></tr>
<tr><td><문제 제시>
1. $\begin{cases} 2x + y - 1 \ge 0 \\ x^2 + y^2 \ge 1 \end{cases}$
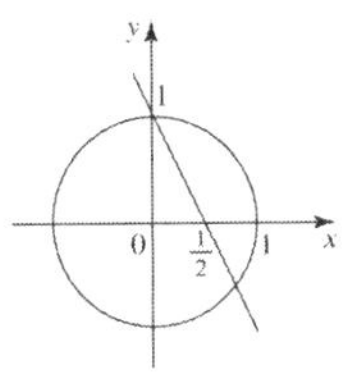

2. $(3x - y)(x + 2y + 4) < 0$
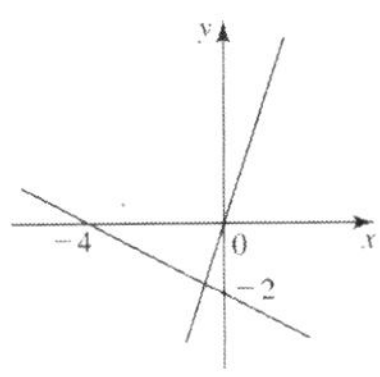
</td><td>조별로 문제를 풀게 한 후 조별로 한 명씩 한 문제 선택하여 풀게 하고 질문을 받는다.</td><td></td><td>5분</td><td>파워 PT, GSP, 칠판</td></tr>
<tr><td rowspan="4">정리 및 평가</td><td>[형성평가]</td><td>· 연립부등식의 영역에 대한 처음 시간이므로 간단한 형성 평가 문제를 제시하고, 스스로 채점하게 한다.</td><td>평가</td><td>5분</td><td>평가지</td></tr>
<tr><td>· 학습내용 총정리</td><td>· 오늘 배운 내용을 정리하고 질문을 받는다.</td><td>질의응답</td><td>3분</td><td>파워 PT, GSP</td></tr>
<tr><td>· 과제제시</td><td>· 형성평가의 결과를 토대로 수준별로 과제를 제시한다.</td><td>일제수업</td><td>2분</td><td></td></tr>
<tr><td>· 차시예고</td><td>· 다음 시간에 배울 내용에 대한 개요를 말한다.</td><td>일제수업</td><td>1분</td><td>파워 PT,</td></tr>
</table>

연구 과제

1. 학습지도안의 중요성에 대하여 토론하여라.

2. 위에서 제시된 두 지도안의 특징을 조사하고 개선점을 토론하여라.

3. 학교 현장에서 사용하는 지도안을 수집하여 그 특징을 조사하여라.

4. 소집단별로 이상적인 지도안의 형식을 고안하여라. 그리고, 그 형식에 의하여 2차함수의 그래프 그리기를 주제로 하는 지도안을 작성하여 보아라.

제 II 부

수학과 평가론

제 5 장 평가의 원리

5.1 평가의 뜻과 목적

평가는 학교 교육을 정상적으로 실천하게 하고 개선하게 하는 데 중요한 영향을 미친다. 학교 교육은 교육과정에 의하여 운영되어야 한다. 학습지도는 교육과정의 내용과 방법을 충실히 따르고 있지만 평가가 교육과정을 따르지 못하고 파행적으로 이루어진다면, 교육은 더 이상 정상적으로 실천되기 어려우며 평가로부터 교육의 질 개선을 위한 아무런 정보를 얻을 수 없을 뿐만 아니라 학교 교육을 파행적이 되게 한다. 예를 들면, 1980년대 이전의 대학 진학을 위한 학력고사의 출제 경향이 문제 풀이의 기능을 요구하는 많은 문제를 객관식으로만 출제함으로써 각급 학교의 평가는 모두 단편지식과 문제풀이 기능을 객관식으로 평가하는 평가만 하게 되었으며, 그 결과 수학 교육은 교육과정의 목표와는 다르게 단편지식과 문제풀이 기능을 숙달하는 교육에만 치중하였으며, 수학적 사고력과 문제해결력의 지도는 소홀히 하게 되었다.

평가라는 용어를 흔히 두 가지 의미로 사용한다. 첫째는 assessment에 해당하는 것으로서, 어떤 대상에 대한 학생들의 지식, 그것을 사용하는 능력, 그것에 대한 성향 등에 관한 증거를 수집하는 과정이며, 다양한 목적을 위해 수집한 증거에서 추론하는 과정이다. 예를 들면, 수학 성취도를 조사하기 위해 적절한 평가 방법을 택하고 평가도구를 만들어 적용함으로써 수학적 능력에 대한 어떤 자료를 얻고, 자료를 분석하여 수학적 능력에 대한 등급을 부여하며, 앞으로의 학습 능력에 대한 전망을 제시하는 것은 assesment에 해당하는 평가이다. 둘째는 evaluation에 해당하는 것으로서, 주의 깊은 검사와 판단에 의하여 어떤 것에 대한 가치를 부여하는 과정이다. 예를 들면, 수학 교육에 새로운 방법의 도입을 결정하여야 한다고 가정하자. 우리는 이 방법의 도입 여부를 결정하기 위하여, 그 방법에 의한 교육효과를 검증하여야 하며, 그 방법을 사용하는 데 따르는 위험요소를 조사하여야 하며, 경제적인 부담, 교사의 적응 능력 등 여러 가지 요소를 모두 고려하여 최종적으로 도입 여부를 결정하게 된다. 이와 같은 과정을 evaluation이라고 한다.

학교 교육에서 사용하는 평가의 개념은 주로 assesment에 해당하므로, 이 책에서는 assessment에 해당하는 개념을 사용한다.

NCTM(1989)은 수학교육 개혁을 위해 개발한 교육과정과 평가의 Standards에서 평가에 관해 관심을 증가시킬 사항과 감소시킬 사항을 표 5.1-1과 같이 제시하였다.

관심을 증가시킬 사항	관심을 감소시킬 사항
◇ 학생들이 수학에 대하여 아는 것과 생각하는 방법에 대하여 평가	◇ 학생들이 모르는 것을 평가
◇ 평가는 지도의 통합된 한 부분이 되게 함	◇ 평가는 등급을 주기 위한 목적으로 실시한 시험에서 정답의 개수를 제공
◇ 수학적 과제의 넓은 범위에 초점을 두고 수학에 대한 통합적인 관점을 취함	◇ 내용-행동을 행렬로 하여 구성된 구체적이고 독립된 기능 문제에 초점을 둠
◇ 여러 개의 수학적 아이디어의 적용을 요구하는 문제 상황을 개발	◇ 한두 가지의 기능만을 요구하는 연습문제나 문장제 문제를 사용
◇ 필답, 구술, 실제로 해 보이기 등과 같은 여러 가지 평가기술 사용	◇ 필답고사만 사용
◇ 평가에 계산기, 컴퓨터, 조작자료 사용	◇ 평가 과정에 계산기, 컴퓨터, 조작자료 사용 배제
◇ 산출, 교육과정, 수업에 관한 정보를 체계적으로 모아 프로그램을 평가	◇ 단지 시험 성적에 근거하여 프로그램을 평가
◇ 표준화 성취도 검사를 프로그램 산출의 많은 지표 중 하나로 사용	◇ 표준화 성취도 검사를 프로그램 산출의 유일한 지표로 사용

표 5.1-1

NCTM(1995)은 평가의 여러 가지 목적을 다음과 같이 네 가지 범주로 나눈다.

첫째 학습 목표에 대한 학생의 진전을 모니터링 하는 것이다. 높은 기대를 설정한 후 이들 목표로의 진전에 대한 증거가 수집되어 학생과 교사에게 피드백과 함께 주어져야 한다. 피드백은 각 학생의 수학적 힘의 성장을 촉진하기 위해 사용된다. 모니터링은 지속적으로 이루어져야 한다. 증거의 수집은 때로는 비형식적이고 우연적일 수 있으며, 때로는 형식적일 수도 있다. 평가의 결과는 각 학생에게 중요한 진단적인 피드백(잠정적이긴 하지만)을 충분히 제공한다.

둘째 학습지도의 판단을 내리는 것이다. 교사는 학생들의 수학적 이해에 대한 증거를 사용하여, 물론 수업 과정에서는 얻는 다른 정보도 함께 사용하여, 수업을 개선하며 그렇게 함으로써 학습을 더욱 잘 향상시킬 수 있다. 교사는 학생들이 알고 있고 할 수 있는 수학을 가장 잘 평가할 수 있는 사람이다.

셋째 어떤 시점에서 학생의 수학 성취에 대한 가치를 부여하는 것이다. 일정한 시간 간격을 두고 각 학생에 대한 증거자료들이 어떤 형식으로 요약되어 보고된다. 선택된 증거의 소재는 계획적인 것이라야 하며, 보고는 학생의 성취도를 공개하는 것이기 때문에 그 성취도가 목표의 어느 위치에 도달하였는가를 입증하는 형식을 갖추어야 한다. 이와 같은 평가는 학생들 사이의 상대적인 비교가 아닌 절대적인 평가 기준에 따라 이루어져야 한다.

넷째 프로그램에 대한 가치 판단을 하는 것이다. 학생의 성취에 대한 증거는, 다른 데이터와 같이 학습지도 프로그램이 모든 학생들에게 수학에 대한 높은 기대치를 충족하는지에 대한 판단을 내리는 데 사용된다. 그 결과를 사용하여 프로그램이 더욱 잘 기능되도록 수정할 수 있다.

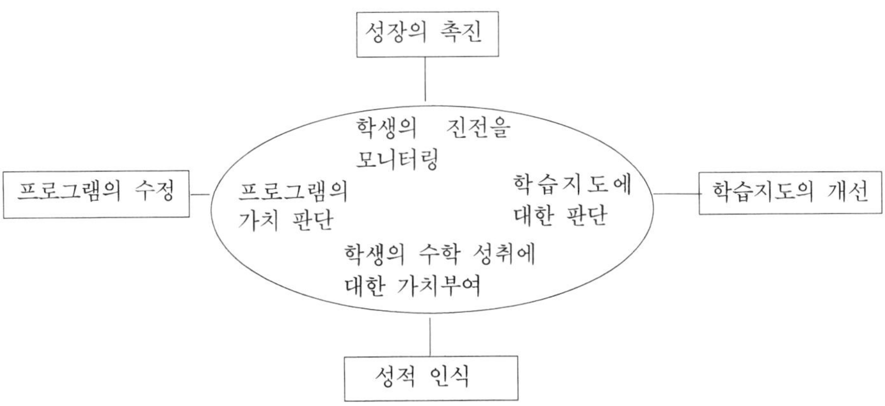

그림 5.1-1 평가의 목적과 그 결과

지금까지 논의한 평가의 목적과 그 결과를 그림 5.1-1과 같은 모형으로 나타낼 수 있다. 타원 안은 평가의 목적이며 타원 밖은 평가의 결과를 나타낸다.

연구 과제

1. 평가의 두 가지 뜻을 설명하고 수학과 학습 지도 과정에서 실시하는 평가는 이 중 어느 것에 속하는지 설명하여라.

2. NCTM은 수학 교육 개혁을 위해 여러 가지 Standards를 제시하고 있다. 이 Standards에서 지향하는 평가의 강조점들을 설명하여라.

3. 학교 교육에서 실시하는 평가의 네 가지 목적을 설명하여라.

4. 평가가 학습지도에 미치는 영향을 구체적인 예를 들어 설명하여라.

5.2 평가의 과정

평가의 과정은 평가를 위한 중요한 결정을 필요로 하는 상호 관련 있는 네 개의 국면으로 생각해 볼 수 있다. 첫째는 평가를 계획하는 것이고, 둘째는 입증자료를 수집하는 것이며, 셋째는 입증 자료를 해석하는 것이고, 넷째는 그 결과를 활용하는 것이다. 이 네 국면은 순서대로 이루어질 필요는 없다. 평가를 진행하는 과정에서 필요한 경우 순서에 관계없이 다른 국면을 생각해 볼 수도 있다. 평가의 국면들을 모형화하면 그림 5.2-1과 같다. 이 모형에서는 평가 과정의 순서가 뚜렷한 것처럼 나타나 있지만 상황에 따라서 순서는 임의로 바뀔 수 있다. 이 모형은 복잡한 평가 과정의 구조를 이해하는 데 도움을 주기 위한 것이다.

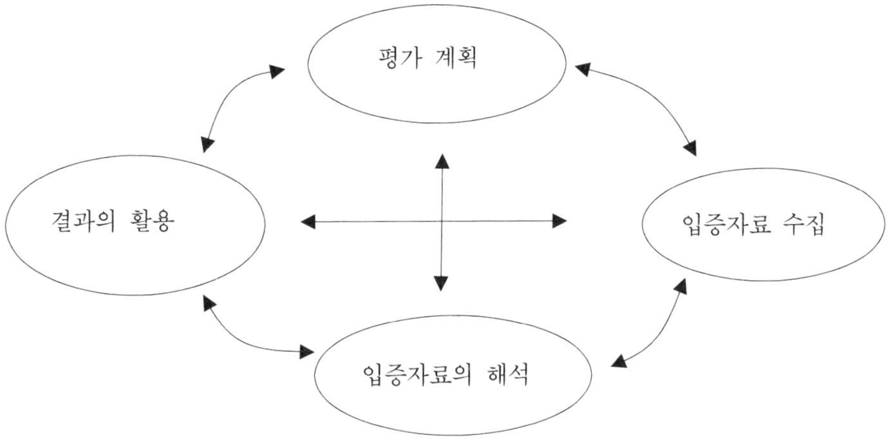

그림 5.2-1 평가의 국면

평가의 각 국면에서 판단하고 실행할 활동은 다음 사항을 고려하여야 한다.

첫째 국면: 평가를 계획하기

* 이 평가의 목적은 무엇인가?
  모든 평가는 그 목적을 뚜렷이하여 실시하여야 한다. 예를 들면, 학습의 과정에서 학생들이 갖는 문제점을 파악하여 수업의 질을 개선하는 것이 목적인 평가의 결과는 학생들의 성취도를 결정하는 평가로 사용되는 것은 바람직하지 않다.
* 평가 활동에서 강조할 점과 균형을 이루어야 할 점은 무엇인가?
  평가는 몇 개의 방법이나 문항으로 나누어질 수 있다. 이들을 평가 과정에서 수치화할 때 적절한 가중치와 균형을 고려하여야 한다.
* 정보를 수집하고 해석하기 위해 어떤 방법을 사용할 것인가?
  평가의 목적에 합당한 정보를 수집하고 해석하기 위해 적절한 방법을 사용하여야 한다. 예를 들면, 수학적 개념이나 일반성의 이해를 측정하는 것이 평가의 목적이라면 단답형 또는 선다형 지필 검사를 사용할 수 있으며, 개념이나 일반성의 적용이나 문제해결력을 평가하는 것이 목적이라면 주관식 서술형 평가나 프로젝트 평가를 실시할 수 있다.
* 수행활동을 판단하기 위해 어떤 기준을 사용할 것인가?

수행활동을 판단하기 위해서는 먼저, 수행활동에서 찾을 수 있는 바람직한 행동들의 항목을 정해야 하며, 각 항목에 대한 중요성을 고려하여 어느 정도의 비중을 둘 것인가를 결정한다.

* 판단을 요약하고 결과를 보고하기 위해 어떤 형식을 사용할 것인가?
  평가의 결과를 요약하고 결과를 기록하기 위한 형식을 미리 정해둔다. 생활기록부나 학부모에게 알리기 위한 성적 통지표는 이 형식의 일종이다. 평가의 결과를 단순히 수치화하거나 등급화하는 것만으로는 바람직하지 않다. 학생들이 평가의 과정에서 보이는 중요한 인지적 특성이나 정의적 태도를 기록하는 것이 필요하다.

둘째 국면: 입증자료를 수집하기

* 활동과 과제가 어떻게 창조되고 선택되는가?
  적절한 평가 방법이나 도구를 사용하여 학생의 활동과 과제가 어떻게 창조되고 선택되는가를 조사한다.
* 학생들의 활동 절차가 어떻게 선택되는가?
  평가도구를 사용하여 학생들이 과제를 처리하는 절차에 대하여 조사한다.
* 판단되어야 할 수행의 정보를 만들고 보존하는 방법은 무엇인가?
  평가도구를 사용하여 얻은 정보를 적절한 형식에 기록하고 보존한다.

셋째 국면: 입증자료를 해석하기

* 정보의 질은 어느 정도인가?
  평가 도구를 사용하여 얻은 입증자료의 질적 수준을 판단한다.
* 수행한 것의 이해는 입증자료로부터 어떻게 추론되어야 하는가?
  평가를 통해 추론될 수 있는 내용들을 분석하고 해석한다.
* 수행들을 판단하기 위해 어떤 구체적인 판단 기준이 응용되는가?
  평가를 위해 응용된 판단기준들의 종류를 조사한다.
* 그 판단 기준은 적절하게 응용되었는가?
  판단기준들이 적절하게 응용되었는지 분석한다.
* 판단들은 결론으로서 어떻게 요약될 것인가?
  평가의 결과를 적절한 형식으로 요약한다.

넷째 국면: 결과를 사용하기

* 결과를 어떻게 보고할 것인가?
  평가의 결과를 적절한 형식에 맞게 기록한다. 적절한 형식은 항목별 수량화와 특성에 대한 서술이 가능한 것이 바람직하다.
* 결과로부터 무엇을 추론할 수 있는가?
  평가의 결과로부터 현재까지의 학습 능력이나 앞으로의 학습능력 등과 같은 추론할 수 있는 것을 조사한다.
* 그 추론을 바탕으로 하여 어떤 활동을 할 수 있을 것 같은가?
  추론의 결과에 대한 대책을 생각한다.
* 평가의 결과는 다음의 학습지도와 평가에 어느 정도 이용될 것인가?
  평가의 결과를 앞으로의 수업과 평가의 개선에 적절히 활용한다.

연구 과제

1. 평가의 과정에서 중요한 네 가지 국면의 종류와 그들의 관련성을 설명하여라.

2. 평가 과정의 각 국면에서 판단하고 실행할 활동들을 설명하여라.

3. 필답시험을 볼 것인지, 포트폴리오를 평가할 것인지는 어느 국면에서 결정되는가?

4. 수학과 학습 지도 과정에서 실시하는 평가의 결과는 어떻게 사용할 수 있는지에 대하여 설명하여라.

5. 고등학교 1학년 2학기 한 학기 동안 수학을 지도하는 데 필요한 평가의 계획은 언제 수립하는 것이 적절하며, 수립된 평가의 계획을 학생들에게 공개하는 것에 대하여 토론하여라.

5.3 수학과 평가의 원리

NCTM(1989)이 평가 도구를 판단하기 위한 원리를 제시하였다. 이 원리들은 모든 수준의 평가에 적용할 수 있으며, 학생의 수학 성취도 평가를 위해서도 타당성을 제공하며, 프로그램의 평가에도 적용할 수 있다. 이 평가의 원리들을 충족하는 모든 평가의 과정은 여러 가지의 평가 기술을 사용하며, 교육과정과 일관되며, 평가의 목적을 고려하여야 한다. 수학과 평가에서 사용할 수 있는 여러 가지 평가 기술이란 선다형, 단답형, 토론, 열린 질문, 구조화된 면담 또는 자유로운 면담(open-ended interview), 숙제, 프로젝트(project), 일지(journal), 수필(essays), 실제로 해 보이기(demonstration), 교실 발표 등이 있다. 이 중에는 전체 학습에서 할 수 있는 것도 있고, 소집단 학습에서 할 수 있는 것도 있으며, 개별학습에서 할 수 있는 것도 있다. 평가의 형식에는 필답형, 구술형, 컴퓨터활용 등도 포함된다.

각 평가의 원리를 요약하면 다음과 같다.

원리 **1:** 일관성

학생의 학습을 평가하기 위한 방법과 과제는 교육과정의 다음 것들과 일관성이 있어야 한다.

◇ 목적, 목표, 수학적 내용

◇ 다양한 토픽과 과정 그리고 그들 사이의 관계

◇ 계산기, 컴퓨터, 조작자료를 포함하는 지도 방법과 활동

평가 도구가 교육과정과 일관되지 않으면, 평가의 결과는 교육과정을 바르게 반영한다고 볼 수 없다. 학교 교육은 교육과정을 기준으로 하여 실시되므로 교육의 평가는 교육과정을 잘 반영하여야 한다.

평가는 교육과정의 목적과 목표를 잘 반영하여야 한다. 예를 들면, 물건의 길이를 측정하는 능력을 평가하려는 평가 과제가 자와 연필이 나란히 그려져 있는 그림을 보고 연필의 길이를 구하라고 하였다면, 이 평가 과제는 교육과정의 목표와 일관되지 않다. 왜냐하면, 학생들은 길이에 대한 개념이나 측정 기술이 없어도 단순히 자의 눈금을 읽음으로써 바른 답을 제시할 수 있기 때문이다. 다각형의 그림을 주고 자를 활용하여 둘레의 길이를 구하게 하거나 둘레의 길이가 일정한 직사각형을 그리게 하는 과제는 길이의 측정개념을 평가하는 데 적합할 것이다.

평가는 모든 학생들이 알아야 하고 할 수 있어야 하는 수학을 반영하여야 한다. 학생들이 알아야 하고 할 수 있어야 하는 수학이란, 수학의 단편적 지식이나 단순한 계산 기능이 아니라, 수학적 힘을 발휘하기 위해 필요한 수학을 뜻한다. 이를테면, 새로운 시대에 필요한 수학, 앞으로의 학습에 기초가 되는 수학, 문제해결력, 수학적 의사소통, 수학적 추론, 수학적 개념들의 연결 등은 학생들이 알아야 할 수학이다. 즉, 수학과 평가는 수학과 교육과정에서 목표로 하는 수학 내용과 수학적 능력을 평가하여야 한다. 교사가 지도한 수학 중 중요한 것들이 비중에 맞게 평가되어야 한다.

학습의 과정에서는 계산기와 컴퓨터 및 조작자료를 학습의 수단으로 사용하고 있으므로 평가도 이들을 사용하여 답을 구할 수 있어야 한다. 예를 들면, 실생활에 관련된 문제로서 대수적 방법으로는 $(2+\sqrt{3})/4$ 의 답을 얻을 수 있지만, 학생들이 수업 시간에 계산기를 사용하여 실생활 문제를 해결한다면, 이 문제의 답으로서 0.93도 인정하여야 한다.

원리 **2:** 정보의 다양한 출처

학생의 학습에 관련된 판정은 다양한 소재로부터 얻은 정보의 수렴을 근거로 하여 만들어져야 한다. 이 소재들은 다음과 같은 과제를 포함하여야 한다.

◇ 다른 종류의 수학적 사고를 요구하는 과제

◇ 같은 수학적 개념이나 절차를 다른 문맥, 형식, 문제상황에 표현하는 과제

학생의 지식에 관한 평가의 질은 평가과제와 그들이 측정하고자 하는 지식 사이의 일치성에 못지 않게 얻은 결과들에 의존한다. 단답형 문항들로 구성된 필답 시험은 실행에 대한 믿을만한 측정은 할 수 있겠지만, 그 시험으로는 사고력이나 이해력을 평가하기에는 충분하지 않다.

교사들은 학생들이 어떤 수학적 사고를 필요로 하는, 또는 수학적 사고의 다른 측면들을 나타내는, 다양한 형태로 개발된 평가 과제에서 일치된 방법으로 수행하는 것을 발견한다면 그들은 자기들의 판단의 정확성에 대하여 자신감을 가질 수 있다. 여기서 의미하는 수학적 지식이란 수학적 개념과 절차들이 일관되고 의미 있는 구조로 통합된 것을 뜻한다.

이와 같은 통합을 성취하기 위해서는 수업을 탐구적 방법으로 접근하고

수학을 학습하고 응용하는 매체로서 문제해결을 강조해야 한다. 평가는 수업의 통합된 한 요소로서, 학생과 교사 모두에게 가치 있는 정보를 만들어주는 한 수단으로서 생각되어야 한다. 수업이 일련의 문제해결 상황을 통해 내용을 탐구하기 때문에 평가도 그렇게 하여야 한다. 수학 교육의 모든 목표를 성취하기 위해서는 필답 시험, 구술 시험, 관찰, 에세이, 수행평가 등을 포함하는 다양한 평가 형식이 필요하다.

몇 가지 예를 들어보자. 직사각형의 넓이를 가로의 길이와 세로의 길이를 곱하여 잘 구하는 학생에게는 반투명의 모눈종이를 주고 곡선으로 둘러싸인 불규칙한 도형의 넓이를 구하게 하는 것이다. 이 평가를 통하여 학생은 넓이의 개념을 이해하고 도형의 넓이를 구할 수 있는지를 파악할 수 있다. 어떤 학생이 혼자서 작성하는 주관식 필답시험은 잘하지만 소집단활동에서 발견 내용을 요약하여 발표하는 능력이 부족하다면, 그 학생의 성격에 어떤 문제가 있는지를 적절한 방법으로 알아보아야 할 것이다. 친숙한 상황에서는 과제를 해결하기 위한 공식을 잘 적용할 수 있지만, 그 과제가 생소한 상황으로 바뀌면 적절한 절차를 인식하지 못하는 학생은 과제의 이해에 문제가 있는지, 아니면 과제의 기본적인 절차에 문제가 있는지를 면담이나 관찰 등의 방법을 통하여 알아보아야 할 것이다.

학생의 진전을 기록하는 것은 여러 개의 성적이나 체크리스트만으로는 부족하다. 그 기록은 학생의 학습에 대한 간단한 기록과 샘플을 보여주어야 한다. 이와 같은 기록은 학생의 지속적인 성질을 이해하는 증거가 된다. 학생들도 스스로 자기의 기록을 해야 한다. 예를 들면, 모든 학생들은 자기의 학습에 대한 포트폴리오(portfolio)를 만들며, 문장을 쓸 수 있고 자기의 학습에 대하여 반성할 수 있으면 일지(journal)를 쓰게 하는 것이 바람직하다. 이 일지에는 목표, 발견한 것, 생각한 것, 관찰한 것, 활동 등에 대한 기술이 포함될 수 있다. 이 일지는 학생의 진전을 기록해 줄뿐만 아니라, 학생과 교사의 면담 자료를 제공하여 앞으로의 학습에 대한 판단을 하게 하는 데도 도움이 될 수 있다.

원리 **3:** 적절한 평가 방법과 사용

평가 방법과 도구는 다음을 근거로 하여 선택되어야 한다.

◇ 찾고있는 정보의 유형

◇ 그 정보의 사용

◇ 학생의 발달 수준과 성숙

평가 자료는 평가가 의도한 목적 외에는 사용되어서는 안 된다. 평가의 목적 —각 학생의 어려운 점 찾기, 수업 준비를 위한 정보 수집, 학생의 등급 매기기, 프로그램의 평가— 은 조사하여야 할 질문의 종류, 평가 유형, 평가 방법, 평가 결과의 사용 등을 규정하여야 한다. 한 유형의 측정이 다른 것을 대신한다면 그 결과 얻은 정보는 가치가 없거나 쓸모가 없는 경우가 많다. 나아가서, 정보를 수집하기 위해 사용된 방법은 학생의 발달 수준과 성숙에 적절한 것이라야 한다. 몇 가지 중요한 평가의 목적에 따른 평가의 유형, 평가 방법으로 표 5.3-1과 같은 것이 있다.

목적	질문의 예	평가 유형	평가 방법
진단	◆이 학생은 개념이나 절차에 대하여 무엇을 이해하고 있는가? ◆문제해결의 어떤 측면이 어려움의 원인인가? ◆이 학생은 무엇 때문에 새로운 문제해결 시도를 싫어하며 이미 학습한 자료의 응용을 알아보기를 싫어하는가?	◆구체적인 기능, 절차의 유형, 개념, 전략, 추론의 유형에 초점을 둔 과제 ◆개별 학생 평가	◆관찰 ◆학생들에게 그들의 절차를 설명하도록 요구하는 구술 질문 ◆필답 과제 ◆통제된(directed) 평가 문항
수업의 피드백	◆학생들은 발표된 자료에 대하여 무엇을 알고 있는가? ◆학생들은 그들의 학습을 새로운 상황에 응용할 수 있는가? ◆학생들은 아이디어들 사이의 연결을 이해하고 있는가? ◆나는 수업의 속도를 어떻게 할 것인가? ◆이 학급은 더욱 집중적인 복습을 요구하는가 아니면 더욱 도전적인 자료를 요구하는가?	◆지식의 통합을 요구하는 과제 ◆기능, 개념, 절차를 포함하는 과제 ◆문제해결과 추론 과제 ◆자료가 제시된 형식과 문맥을 변하게 하는 과제 ◆행렬-샘플링 시험 상황	◆필답시험, 문제에 따라 답하는 방법을 달리 요구하는 필답 시험 포함 ◆학급 발표 ◆확장된 문제해결 과제 ◆학급토론 관찰 ◆take-home test ◆숙제, 일지 ◆소집단 학습과 프로젝트

등급 정하기	◆이 학생은 그 자료를 얼마나 잘 이해하고 통합하였는가? ◆이 학생은 자기의 학습을 다른 상황에 응용할 수 있는가? ◆이 학생은 다음 학년이나 수준으로 진급하기 위해 얼마나 잘 준비되어 있는가?	◆지도된 자료의 통합을 요구하는 과제 ◆학생들에게 흥미와 도전감을 주는 과제 ◆실생활과 수학적 상황에서 자료를 구조화하고 해결하게 하는 과제	◆확장된 문제해결 프로젝트 ◆수학 주제에 관한 사려 깊은 탐색을 요구하는 문서자료 ◆그 코스의 예상된 난이도를 적절히 포함한 문제를 제시하는 필답시험 ◆구술 발표
일반화된 수학 성취도	◆이 학생의 일반적인 수학 능력은 다른 학생들이나 전국 표준에 비교하여 어느 정도인가?	◆최대의 변별력과 높은 신뢰도를 갖는 시험	◆표준화된 성취도 검사
프로그램 평가	◆수학 학습을 위한 목표를 추구하기 위해 이 수업 프로그램은 얼마나 효과적인가?	◆교육과정 목표의 의도를 반영하는 과제 ◆교육과정의 지도 방법과 내용에 일관되는 과제 ◆행렬-샘플링 시험상황	◆학생 면담 ◆수행 시험 ◆기준-참조 시험 ◆학급토론 관찰 ◆프로그램을 마친 학생들의 성공

표 5.3-1 평가의 목적, 유형, 방법

NCTM(1995)은 위의 평가의 일반 원리를 좀더 구체화하여 여섯 개의 수학과 평가 기준을 제시하였는데, 이를 요약하면 다음과 같다.

기준 1: 중요한 수학(mathematica for all)－ 평가는 모든 학생들이 알아야 할 필요가 있고 할 수 있는 수학을 반영하여야 한다.

모든 학생들이 알아야할 필요가 있는 수학이란 단편적이거나 기능에 편중한 수학보다는 수학적 힘을 기르는 데 기초가 되는 수학, 문제해결, 수학적 사고력 등을 요구하는 수학으로서 교육과정이 목표로 하는 수학을 의미하며, 학습 과정에서 중요한 것으로 강조한 수학이 비중을 두어 평가되어야 한다.

기준 2: 학습 촉진(enhance mathematica leaning)－ 평가는 수학 학습을

촉진하여야 한다.

전통적인 평가는 요약하는 성격의 평가이며, 학습지도가 끝난 뒤 학생들이 지도된 것을 알고 얼마나 있는지를 파악하기 위한 것이다. 그러나 교실에서 실시하는 새로운 평가는 학습지도 과정에서 교사와 학생 간의 대화를 통하여 이루어지며 학생에게 개선할 점과 좋은 점을 알림으로써 학습을 촉진하여야 한다. 같은 입장에서 보면, 평가는 교사의 수업의 방법을 반성하고 개선점을 찾아 수업의 질을 개선하게 한다.

기준 3: 공정성(equity)－ 평가는 공정성을 조성하여야 한다.

평가의 공정성이란, 모든 학생들 각자가 알고 있는 수학을 찾아 평가를 하여야 하는 것을 의미한다. 그렇게 함으로써, 모든 학생들은 기본적이고 자기에게 필요한 수학을 계속 공부하게 한다. 이에 비하여 종래의 평가는 소수의 학생들만이 답할 수 있는 문제를 모든 학생들에게 답하게 함으로써 많은 학생들은 더 높은 수준의 수학을 공부할 기회를 갖지 못하게 되었다.

기준 4: 공개성(openess)－ 평가는 공개된 과정이어야 한다.

학생들은 무엇이 평가되는지를 알아야 하며 그들이 학습한 것을 어떻게 표현하여야 하는지를 알아야 한다. 평가되는 내용을 알고 있으면서도 표현방법을 몰라 자기의 지식을 바르게 평가받지 못하는 경우가 있어서는 안 된다. 평가의 과정이 공개적이기 위해서는 평가의 기준이 학습 과정에서 강조한 것이라야 하며, 평가 기준의 선정 과정에서 학생들과 동료 교사를 포함하는 것이 바람직하며, 학부모들에게도 평가의 기준을 사전에 알려 주는 것이 바람직하다. 특히, 협동학습 능력, 의사교환 능력, 추론능력, 문제해결력 등의 평가 기준은 주관적일 가능성이 크기 때문에 평가 기준을 구체적으로 설정하고 이를 학생들에게 알림으로써 학생들이 학습 과정에서의 중요한 점을 미리 이해하고 학습할 수 있게 함으로써 평가가 학습 과정에 도움을 줄 수 있게 한다. 또, 구체적인 평가 기준과 그 결과의 공개는 학부모들로부터도 평가의 결과에 대한 수긍을 받을 수 있게 한다.

기준 5: 타당한 추론(valid inferences)－ 평가는 수학 학습에 관한 타당한 추론을 증진하여야 한다.

학생들에 대한 평가는 각 학생에게 적당한 수치를 제공하는 것만으로 끝날 수는 없다. 평가는 그 학생이 수학을 행함 －의사소통, 추론하기, 결과의 입증, 가정의 검증, 패턴 찾기－ 에 대하여 객관적인 양적 평가 방법으로 평가할 수는 없다. 교사는 학생들이 알고 있는 것과 표현할 수 있는 것 등에 대하여 세심한 관심을 가지고 반영하여야 한다. 그렇게 하여 학생들의 수학 학습에 대한 타당한 추론을 하여야 한다.

기준 6: 일관성(coherence)－ 평가 과정의 각 측면은 수업의 목표와 일관성이 있어야 한다.

평가의 실시와 수업의 실시는 일치되어야 한다. 수업에서 강조한 사항은 평가에서 강조하여야 하고, 수업 활동에서 사용한 방법과 도구는 평가에서도 그대로 사용하여야 한다. 평가의 목표와 수업의 목표가 일관되어야 하며, 평가의 네 국면을 균형 있게 다루어야 한다.

연구 과제

1. 수학과의 모든 평가에서 항상 유념해야 할 세 가지 원리를 설명하여라.

2. 수학과 평가의 방법과 도구가 교육과정과 일관성을 갖는 것이 학습자에게 어떤 이점이 있는지를 설명하고 여러분의 경험과 비교하여 보아라.

3. 한 가지 수학적 능력을 여러 가지 방법으로 평가하여야 할 필요성을 여러분의 경험을 예로 들어 설명하여라.

4. 평가의 목적에 따른 평가의 유형과 방법에 대하여 설명하여라.

5. 형성평가를 위해 실시한 지필검사 결과를 종합하여 학생의 성적으로 제출할 경우, 발생될 수 있는 문제점에 대하여 토론하여라.

제 6 장 수학과 학습 성취도 평가

수학과 학습성취도 평가는 현재 지도하는 단원의 내용을 반영해야 할 뿐만 아니라 장기간에 걸쳐 이루어지는 능력도 평가하여야 한다. 이 장에서는 수학과 학습지도 과정에서 평가할 수 있는 여러 가지 평가 방법에 대하여 알아본다.

6.1 개념적 지식과 절차적 지식의 평가

6.1.1 개념적 지식의 평가

개념적 지식의 평가는 개념을 나타내는 용어, 기호, 정의를 바르게 기억하고 있는지를 평가하며 개념을 적절한 상황에 사용할 수 있는지도 평가한다. 또, 개념과 다른 개념들 사이의 관계성의 파악도 개념적 지식의 평가의 중요한 요소이다. 개념 사이의 관계로 이루어진 수학적 일반성, 즉 수학적 법칙이나 원리가 성립하는 것을 추론하고 증명할 수 있는 능력의 평가도 개념적 지식의 평가의 중요한 요소이다. 용어나 기호의 사용에 대한 평가는 그들을 적절한 상황에서 사용할 수 있는지를 평가하기 위하여 선다형 또는 단답형 지필 검사를 사용할 수 있으며, 개념들 사이의 관계 및 수학적 일반성의 증명 능력을 평가하기 위해서는 서술식 지필 검사를 유용하게 사용할 수 있다. 또, 개념적 지식의 평가를 위해 면담이나 관찰법도 적절히 사용할 수 있다.

Kulm(1994)에 의하면, 전통적인 개념적 지식의 평가는 주로 학생들이 개념을 정의할 수 있는지, 개념에 대한 예를 들 수 있는지, 또는 여러 개념 중에서 적당한 것을 골라낼 수 있는지 등을 평가하였다. 그러나 개념을 이해하는 것은 이것보다도 더욱 많은 것을 필요로 한다. 학생들은 예와 예가 아닌 것을 만들 수도 있어야 할뿐만 아니라, 개념들 사이의 차이점을 비교할 수 있고 다른 해석을 인식할 수도 있어야 한다. 또, 문장으로 진술된 개념을 기호나 그래픽으로 나타낼 수도 있어야 하며 그 반대로도 할 수 있어야 한다. 개념적 지식에 관련되는 이와 같은 모든 능력들은 개념을 응용하고, 절차가 어떻게 기능 하는가를 이해하고, 추론을 하고 문제를 해결하는 데에 필요하다.

Kulm은 개념적 지식의 평가를 위한 채점 기준을 다음과 같이 제시한다.

1 – 개념적 이해와 거리가 멀다; 크게 잘 못 이해함; 개념을 표현하기 위한 용어, 그림, 기호를 거의 사용하지 않았음; 관련된 수학적 절차에 대한 개념적 이해가 부족.

2 – 개념적 이해와 다소 거리가 있거나 잘못 이해한 증거가 있음; 한 모드에서 다른 모드로 전환하기 위해 모델, 그림, 기호를 사용하여 개념을 표현하려고 시도하였음; 수학적 절차는 적절하게 사용되었으나, 실수가 있으며, 개념적 이해가 약함을 보여줌.

3 – 개념적 이해에 갭이나 오개념이 거의 없음; 한 모드에서 다른 모드로 전환할 때에 모델, 그림, 기호를 정확하게 사용하였음; 개념과 관련된 절차의 의미와 해석을 이해함.

4 – 개념을 이해하고 사용한 증거; 한 모드에서 다른 모드로 전환할 때 모델, 그림, 기호를 광범위하게 사용하였음; 개념의 의미와 해석을 인식한 강한 증거가 있음.

개념적 지식을 평가하기 위한 과제의 예로 다음과 같은 것들이 있다.

개념적 지식의 평가 과제**(Kulm, 1994)**

문항 **1.** 외계인이 방금 방문하였다. 그 외계인은 우리의 수 체계에 혼란을 일으켜서 다음과 같이 물었다: 5 더하기 29는 529와 같은가? 이 외계인의 물음에 답하고, 답에 대하여 설명하여라.

문항 **2.** 아래 그림을 이용하여 최대한 많은 방법으로 $\frac{1}{2}$을 보여라. 필요하면 그림을 더 그려도 좋다. 네가 발견한 각각에 대하여, $\frac{1}{2}$임을 어떻게 아는지 설명하여라.

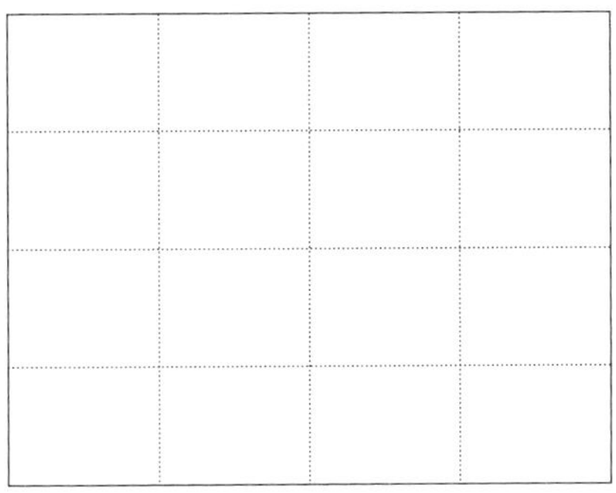

문항 **3.** 다음 두 도형 사이의 유사점과 차이점에 대하여 생각할 수 있는 모든 것을 말하여라.

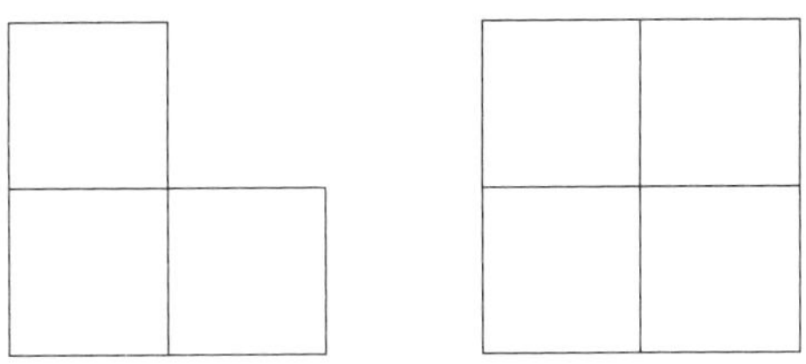

문항 **4.** 아래 그림에서 원점 O와 점 A는 직사각형의 반대 위치에 있는 점들이고, 이 직사각형의 넓이는 24 cm^2이다.

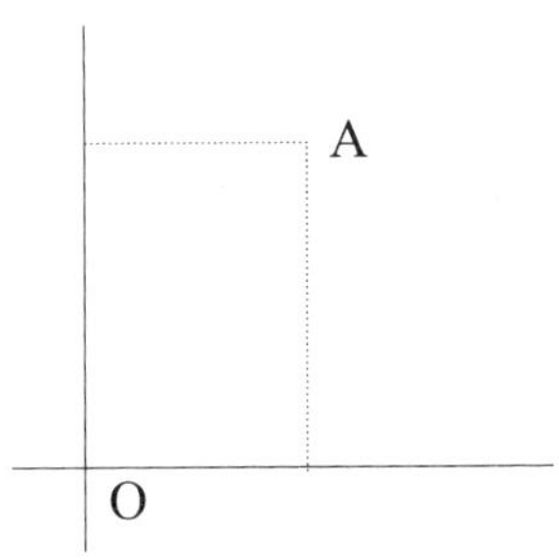

a. 점 A의 가능한 한 좌표를 말하여라.
b. 위의 그림과 모양이 같고 넓이도 같은 직사각형을 두 개 더 그려보고 원점과 반대쪽에 있는 점의 좌표를 말하여라. 왜 이 좌표들을 택하였는지 설명하여라.

위의 문항은 학생들의 개념적 지식을 평가할 뿐만 아니라 절차적 지식과 연결하는 정보도 제공하며, 개념을 추론과 문제해결에 응용하는 정보도 제공한다.

6.1.2 절차적 지식의 평가

절차적 지식의 평가는 수학적 법칙이나 알고리즘을 단순히 암기하고 처리하는 기계적 처리 기능뿐만 아니라 그 절차의 타당성을 이해하고 있는지도 평가하여야 한다. 즉 어떤 절차를 수행한 결과만을 보고 평가할 것이 아니라 절차의 처리 과정을 분석하고 오류의 배경을 파악할 수 있어야 한다. 절차적 지식의 평가를 위해 지필 검사, 관찰, 면담, 계산기나 컴퓨터의 활용 등 다양한 방법을 사용할 수 있다.

많은 사람들은 학생이 어떤 절차를 알면 그것의 배경이 되는 개념을 알고 있다고 믿어 왔다. 그러나, 많은 학생들은 그 절차가 왜 가능한지에 대해 이해하지 못하거나 절차의 배경을 이루는 개념을 이해하지 못하고 절차적 기능을 배우며, 문제해결에서 그 개념이 어떻게 사용되는지를 이해하지 못하고 그 개념의 용어나 관련되는 단어나 그림 등을 암기할 수도 있다. 이 사실은 절차적 지식이 중요하지 않다는 것을 의미하는 것은 아니다. 이 사실은 학생들이 중요한 절차를 쉽게 그리고 유연하게 잘할 수 있어야 한다는 것을 뜻한다. 그러기 위해서는 학생들은 절차적 지식의 배경을 이루는 개념적 지식을 알아야 한다. 학생들은 절차의 한계를 깨달아야 하며, 문제해결을 위해 적절한 절차를 사용하기 위해서는 개념적 지식을 도입할 수 있어야 한다. 이와 같은 절차적 지식과 개념적 지식에 관한 측면들은 단순한 계산 문제의 답이 옳고 틀림을 판단하는 수준을 넘어서 상호 보완적인 평가방법을 요구한다.

Kulm은 절차적 지식을 평가하기 위한 채점 기준을 다음과 같이 제시한다.

1 — 연산과 절차를 잘못 사용하였거나 중요한 실수가 있음; 절차의 단계에 대한 이유를 알고 있는 증거가 거의 없음.

2 — 경미한 실수가 있으나 절차와 연산을 적절히 사용하였음; 절차를 설명하고 표현하는 능력이 어느 정도 있음.

3 — 실수 없이 절차와 연산을 바르게 사용하였음; 절차를 표현하고 그것이 어떻게 작용하는가를 설명할 수 있음.

4 — 절차와 연산을 광범위하게 사용; 절차의 각 단계에 대한 바른 설명과 이유를 보여줄 수 있음; 새로운 절차로 확장하거나, 새로운 절차를 수용하거나 창안할 수 있음.

다음의 평가 과제의 예는 학생의 절차적 지식을 평가할 뿐만 아니라 개념적 연결에 관한 정보를 제공한다.

절차적 지식의 평가 과제(**Kulm, 1994**)

문항 **1.** 10보다 큰 자연수 중에서 그 곱이 726인 두 수를 찾아라.

문항 **2.** 다섯 개의 수 1, 2, 3, 4, 5가 □ 안에 들어가는 다음과 같은 곱셈식이 있다. 이 곱셈의 결과가 최대일 경우, 그 곱셈의 결과는 다음의 어느 범위에 속하는가?

$$\begin{array}{r} \square\square\square \\ \times\square\square \\ \hline \end{array}$$

a. 10000과 22000, b. 22001과 22300

c. 22301과 22400 d. 22401과 22500

문항 **3.** 동생이 수에 대하여 공부를 하기 시작한다. 동생은 4×3의 의미를 이해하지 못한다. 어떻게 이것을 설명할 수 있겠는가? 그림이나 그래프를 사용하여도 좋다.

문항 **4.** 친구한테서 강아지 한 마리를 선물받았다고 하자. 어머니에게 1000원을 받아 강아지에게 필요한 것을 사기로 하고 시장조사를 하여 다음 자료를 얻었다.

	가게1	가게2	가게3
목걸이	350	400	400
밥그릇	425	400	370
장난감	275	225	230

a. 목걸이, 밥그릇, 장난감을 각각 어느 가게에서 사려고 하는가?

b. 1000원 이하의 돈으로 세 가지 물건을 살 수 있는 방법은 모두 몇 가지인가?

위의 문제들에서 중요한 몇 가지 시사점을 얻을 수 있다. 첫째는 한 질문에 대하여 한 개 이상의 답이 있을 수 있다는 것이다. 둘째 어림하는 능력은 절차적 지식의 중요한 요소이다. 셋째 계산기나 컴퓨터를 적절히 사용할 수 있어야 한다.

연구 과제

1. 개념적 지식과 절차적 지식의 정의를 각각 설명하고 그 두 지식의 상호 관련성에 대하여 설명하여라.

2. 개념적 지식과 절차적 지식의 평가 방법을 각각 설명하여라.

3. 앞에서 제시된 대안적 개념적 지식의 평가 문항을 모두 해결하고 전통적인 개념적 지식의 평가 문항과의 차이점에 대하여 토론하여라.

4. 앞에서 제시된 대안적인 절차적 지식 평가 문항을 모두 풀어보고 다음 물음에 답하여라.

① 두 개 이상의 답이 있는 문제는 어떤 것들인가?
② 어림 전략을 유용하게 사용할 수 있는 문제는 어떤 것들인가?
③ 계산기의 사용을 필요로 하는 문제는 어떤 것들인가?

5. 대학 입학을 위한 수학능력시험 중 수리영역 문제를 분석하여 개념적 지식과 절차적 지식이 어느 정도 반영되고 있는지 알아보아라.

6. '수열의 극한'을 주제로 하여 개념적 지식의 평가 문항과 절차적 지식의 평가 문항을 각각 하나씩 만들어 보아라.

6.2 문제해결력 평가

문제해결을 위한 학습활동은 개별적으로도 할 수 있고, 소집단을 구성하여 협동으로 할 수도 있다. 학교 현장에서는 이 두 가지 방법을 조화롭게 사용하는 것이 바람직하다. 이 절에서는 문제해결력을 개인별로 학습하였을 경우와 협력하여 학습하였을 경우로 구분하여 그 평가 방법을 알아본다.

6.2.1 개별학습에 의한 평가

문제해결력은 수학적 힘의 중요한 한 요소이다. 문제해결력이란 문제 특히 비정형 문제를 이해하고 적절한 계획을 수립하여 바른 풀이를 구하며 그 결과의 타당성을 확인하고 확장하며 일반화하는 능력을 의미한다. 문제해결력의 발전된 의미는 주어진 문제의 해결 능력뿐만 아니라 주어진 상황에서 적절한 문제를 구성하는 능력도 포함한다. 문제 구성 능력을 중요하게 취급하는 이유는 주어진 작업 환경을 개선하고 생산력을 올리기 위해서는 수동적인 자세로 지시된 일만 수행할 것이 아니라 능동적으로 창의성을 발휘하여 생산성을 올리기 위해 개선할 점을 찾고 이를 해결하는 능력을 중요하게 생각하기 때문이다.

문제해결력을 평가하기 위해서는 서술형 필답검사 방법을 주로 사용한다. 서술형 필답검사는 풀이의 과정과 결과를 평가하기에 적절하다. 필답시험 결과를 평가하는 방법에는 분석적 평가 방법과 총체적 평가 방법이 있다.

분석적 평가 방법이란 문제해결의 과정을 몇 개의 단계로 나눈 다음 각 단계를 3, 4개의 수준으로 나누어 점수를 부여하여 평가하는 방법이다.

Charles, Lester, O'Daffer(1987)는 표 6.2-1과 같은 분석적 채점 기준을 제시한다(Van de Walle, 1998).

문제 이해	0 - 문제를 완전히 잘못 이해하였음 3 - 문제의 일부를 잘못 이해하였거나 잘못 해석하였음 6 - 문제를 완전히 이해하였음
풀이 계획	0 - 계획을 시도하지 않거나 완전히 틀렸음 3 - 문제의 일부를 바르게 해석하여 부분적으로 옳은 계획을 세웠음 6 - 바른 실행을 하면 옳은 답을 얻을 수 있는 계획을 세웠음
답 구하기	0 - 답이 없거나 부적절한 계획에 의하여 틀린 답 1 - 기록 실수, 계산 실수, 또는 다수의 답 중 일부만 제시 2 - 잘못된 계획으로부터 구한 틀린 답 3 - 답이 옳으며, 적절한 라벨을 사용하였음

표 6.2-1 분석적 채점 기준표(Charles, Lester, O'Daffer)

위의 채점 기준표는 문제의 이해와 계획 수립에 많은 비중을 두었으며, 답 구하기에는 상대적으로 적은 비중을 두는 특징이 있다.

총체적인 평가 방법이란 풀이 전체를 몇 개의 수준으로 나누고 각 수준에 도달하기 위한 구체적인 기준을 마련한 다음 학생의 풀이가 어느 수준에 속하는가를 평가하는 방법이다.

NCTM(1989)은 다음과 같은 채점 기준을 제안한다.

4 – 완벽함
3 – 계산 실수를 제외하고는 거의 맞음
2 – 아이디어는 옳으나 실행은 미약함
1 – 문제해결을 시도하였음
0 – 아무 것도 하지 않았음

Kulm(1994)은 문제해결을 위한 총체적 채점기준을 다음과 같이 제시하였다.

1 – 잘못된 접근; 부정확한 수학적 표현 사용, 부적절한 어림, 이해의 부족

2 – 바른 접근, 어림, 전략의 실시, 그럴듯한 추론, 관찰을 수반한 풀이.
3 – 바른 접근, 어림과 수학적 표현을 효과적으로 사용, 합리적으로 추론, 타당한 풀이.
4 – 효과적이고 세련된 접근; 효과적인 어림 활용, 수학적 표현의 광범한 사용, 명확한 추론 사용, 연결성과 종합성과 추상성을 갖춘 풀이.

이 밖에도 Polya의 문제해결을 위한 사고의 단계를 응용한 여러 가지 평가 방법이 있다. 1970년대 말에 개발된 IPSP 평가 도구는 문제해결력을 평가하기 위한 선다형 지필 검사 도구로서, 서술식 평가 결과와 비교하여 높은 상관관계가 있음을 보여주고 있다. 그러나 이 평가도구는 문제해결을 위한 계획수립단계의 능력을 평가하지 못하고 있다(강옥기 외, 1985).

6.2.2 협동학습에 의한 평가

협동학습은 수학교육 개혁운동의 중요한 영역이다. 협동학습의 중요성은 어떤 과제를 혼자서 해결하기보다는 몇 사람이 합동하여 해결하는 것이 더욱 효과적이라는 연구가 있으며, 실제로 산업체나 공공기관에서는 과제 처리의 능률을 올리기 위하여 팀을 형성하여 작업을 하게 하고 있다.

수학 학습의 경우에도 혼자서 학습한 경우와 소집단(이질성을 지닌)을 형성하여 학습한 경우 개인의 성취도를 비교한 연구가 많이 있다. 연구의 결과는 두 학습방법 사이에 개인별 성취도에 의미 있는 차이가 없거나 협동으로 학습한 경우의 개인별 성취도가 더 높다는 연구가 많으며, 대부분의 연구들이 협동 학습을 하였을 경우 수학에 대한 불안감이 적으며 수학 학습에 대한 흥미가 증가한 것으로 나타났다.

(1) 소집단의 구성 방법

협동학습을 위한 소집단을 형성하는 방법으로는 교사가 의도적으로 학생들의 능력을 파악하여 동질집단으로 구성하는 방법과 이질집단으로 구성하는 방법이 있으며, 다른 한편으로는 학생들이 스스로 소집단을 구성하는 방법이 있다. 동질집단으로 구성하는 경우는 교사는 낮은 수준 학생 집단을 위해 많은 배려를 하여야 하며, 그 결과 전반적으로 학생들의 수준을 떨어뜨릴 수 있다고 하여 일반적으로 바람직하지 않은 것으로 인정하고 있다. 그러나,

이질집단을 형성하였을 경우는 한 집단에서 우수한 학생이 부진한 학생을 개별지도하는 과정을 통하여 두 학생 모두에게 긍정적인 학습효과를 올릴 수 있다는 연구결과가 지배적이다.

학생들이 스스로 소집단을 형성하였을 경우는 구성원 간의 친밀한 협조관계가 잘 이루어진다는 장점이 있다. 교사가 친숙하지 않은 학생들을 의도적으로 한 집단으로 구성할 경우는 학생들은 상대방과 의견 교환하는 능력과 사회성을 배우게 되며, 각 개인의 아이디어가 다양할 수 있어서 사회성과 학습의 다양성의 학습 및 창의성 개발에 도움이 되는 것으로 알려져 있다.

(2) 협동학습 평가 방법

협동학습의 결과를 평가하는 방법으로는 여러 가지를 생각할 수 있다. 그중 많이 사용되는 것으로 다음과 같은 것들이 있다.

첫째, 협동학습 후 개인별 성취도를 평가하는 것이다. 이 방법으로는 협동학습 과정에서의 활동 영향을 직접적으로는 평가하기가 불가능하다. 즉, 어떤 학생이 소집단 학습활동에서 아무런 역할을 하지 않았거나 영향을 받지 않았어도 개인의 능력에 의하여 우수한 평가를 받을 수 있다. 그러므로 이 방법은 협동학습 활동 영향을 평가하기에는 적절하지 못하다.

둘째, 소집단 학습 활동을 한 후 개인별 성취도를 평가하고, 결과를 소집단별로 평균을 구하여 소집단 구성원의 점수의 일부로 부여하는 방법이다. 이 방법은 소집단에 의한 점수도 반영되고 개인의 능력도 반영되므로 협동학습의 평가 방법으로 많이 사용된다.

셋째, 소집단에 어떤 문제를 주어 해결하게 하고, 결과를 평가하여 구성원 각각에게 같은 점수를 부여한다. 다음에는 유사한 문제를 개별적으로 해결하게 하고 평가하여 점수를 소집단의 점수와 합하여 각자의 점수로 결정한다. 소집단 점수와 개별 점수의 반영 비율은 상황에 따라서 달라질 수 있다.

넷째, 개인별로 문제를 해결하게 하여 평가한 다음 그 문제를 소집단을 형성하여 다시 해결하게 한다. 소집단의 해결 결과에 따라 적절한 점수를 부여하고 이 점수를 구성원 각각에게 더하여 개인별 점수를 결정하게 하는 방법이다. 이 방법은 열린 문제의 평가에 적절한 방법이다.

6.2.3 평가 과제

다음은 문제해결력을 평가하기 위한 과제의 예들이다.

〔문제 구성 능력 평가〕(NCTM, 1989)

[문제 1] (5-8학년 수준)

5명의 치과의사에게 질문할 때마다 4명은 Yukky Gum을 추천하였다. 이 문장으로 문제를 만들기 위한 질문을 만들어라. 그 문제를 풀어라.

(질문의 예: 1000명의 치과의사에게 질문하면 몇 명이 Yukky Gum을 추천하겠는가? 160명이 Yukky Gum을 추천하였다면, 몇 명에게 질문을 하였겠는가?)

[문제 2] (9-12학년 수준)

지금 너의 집에서는 다음의 두 차 중 하나를 사려고 하고 있다. 두 차 모두 4년 동안 사용한 중고차이다. 한 차는 가격이 300만원이고 1L로 10km를 달릴 수 있다. 다른 차는 450만원인데 1L로 17km를 달릴 수 있다. 2년간 사용하기로 한다면, 두 차 중 어느 차를 사는 것이 좋은가? 이 질문에 답하기 위해서 더 필요한 정보는 무엇인가?

〔풀이를 일반화하는 능력 평가〕(NCTM, 1989)

[문제 3] (9-12학년 수준)

다음 각 명제를 증명하여라.

a. 연속하는 두 범자연수의 합은 2로 나누어지지 않는다.

b. 연속하는 세 범자연수의 합은 3으로 나누어진다.

이 두 명제에 대한 일반적인 경우는 무엇이라고 생각하는지 진술하여라. 그것을 증명하거나 반례를 들어라.

참고: 이 문제의 풀이에 대한 평가는 다음과 같이 각 부분에 대한 점수를 줄 수 있다.

1점 – 첫째 명제를 바르게 표현($(n+(n+1))/2 \neq$ 정수)한 경우,

1점 – 첫째 명제에 대한 바른 증명을 한 경우,

1점 – 두 번째 명제를 바르게 표현한 경우,
1점 – 두 번째 명제를 바르게 증명한 경우,
2점 – 일반성을 바르게 진술한 경우,
2점 – 일반성에 대한 적절한 증명을 한 경우,
2점 – 어떤 전략들이 사용되었는지를 설명한 경우.

〔take-home test 문제〕(NCTM, 1995)

[문제 4] (12학년 수학 우수학생 선발문제: 10일 동안 take-home test)

질문 1

미술관에서는 당신이 보고 싶은 그림을 전시하고 있다. 그림의 높이는 2m 이며, 그림의 밑면은 당신의 눈높이보다 1m 더 높게 걸려 있다. 그림이 걸려 있는 벽으로부터 얼마나 멀리 떨어져 있어야 그림을 바라보는 각이 최대가 되는가? 이 최대의 각은 얼마인가?

질문 2

반대쪽 벽에 당신이 처음 그림과 똑같은 정도로 보고싶은 그림이 걸려 있다. 이 그림의 높이는 1m이며 당신의 눈높이보다 1m 높은 곳에 걸려 있으며, 처음 그림의 정반대쪽에 걸려 있다. 두 번째 그림을 보는 각을 최대가 되게 하려면 어디에 서 있어야 하는가?

질문 3

당신보다 20cm 더 큰 사람은 이 두 그림을 보는데 얼마나 많은 이점이 있는가?

질문 4

이 미술관 방은 너비가 6m이다. 당신과 키가 같은 안내원은 1m 높이의 감상대(올라서서 그림을 보는 대)를 한 고정된 곳에 놓아 몸을 돌림으로써 두 그림을 가장 잘 볼 수 있게 하려고 한다. 이 안내자는 두 그림을 가장 잘 볼 수 있다는 것은 두 그림을 보는 각의 합이 최대인 경우라고 정의한다. 이 방법으로 얻을 수 있는 최대의 값은 감상대가 놓일 적절한 위치를 제시하지 못함을 보여라.

질문 5

안내자는 대안으로서 두 그림을 보는 각의 크기의 차이가 가능한 한 최소인 곳에 감상대를 놓으려고 한다. 이 방법에 의하면 감상대는 어디에 놓아야 하는가? 답에 대하여 설명하여라.

〔열린 문제〕

[문제 5] (Kulm, 1995) Luke 는 자기 방의 한 벽에 페인트칠을 하려고 한다. 벽은 폭이 20 피트이고 높이가 8피트이다. 페인트 한 통으로는 80제곱피트를 칠할 수 있으며, 한 통의 가격은 4.99달러이다. Luke는 무엇을 더 생각하여야 하는가? 이 페인트 작업을 위해 가게에 재료를 사러가기 위한 계획을 작성하여라.

[문제 6] (Silver and Kenny, 1995) 아래 표는 버스 회사의 버스 운임표이다.

바쁜 버스회사 운임표	
일회 승차권:	$1.00
일주일 승차권:	$9.00

Y는 1주일 승차권을 살지 생각중이다. 그는 월요일, 수요일, 금요일은 버스로 통근하고, 화요일과 목요일은 버스로 출근하였다가 친구의 차로 퇴근한다.

Y는 일 주일 승차권을 사야 하는가?

답변에 대한 이유를 설명하여라.

(참고: 직장 출근 외에 버스이용의 필요성에 대하여 언급하여야 함, 종합적 평가 방법이 바람직함)

[문제 7] (Stanmark, 1989) 한 친구가 어떤 수를 생각하고 있다. 그 수로 100을 나누면 몫은 1과 2 사이에 있다고 한다. 친구가 생각한 수를 만족할 수 있는 진술문을 세 개 이상 제시하고, 그 이유를 설명하여라.

[문제 8] (G. Kulm, 1994) V음악회가 당신을 고용하여 공연을 위한 무대를 디자인하게 하였다. 무대는 넓이가 1000제곱피트이며 직사각형이어야 한다. 무대의 양 옆면과 앞면에 안전 로프를 치기로 한다. 넓이가 1000제곱피트인 직사각형을 몇 개 그려라. 각 사각형이 필요로 하는 로프의 길이는 각각 몇 피트인가? 어느 모양을 사용하고 싶은가? 그 이유는 무엇인가?

연구 과제

1. 문제해결력 평가를 위한 필답시험의 평가 방법으로서 분석적 평가 방법과 총체적 평가 방법을 설명하고, 그들의 장점과 단점을 토론하여라.

2. 이 단원에 제시된 문제해결력 평가의 각 과제에 대한 모범 답안을 만들고, 이들을 평가하기 위한 구체적인 채점 기준을 만들어라. 채점 기준의 타당성을 설명하여라.

3. 고등학교 2, 3학년 학생들을 대상으로 하는 문제해결력 평가 과제를 대수, 해석, 기하, 통계 내용을 중심으로 하여 각각 하나씩 만들고 그 과제의 특성을 설명하여라.

4. 협동으로 문제해결 학습을 하였을 경우, 문제해결력 평가에서 소집단의 점수가 어느 정도의 비중을 차지하는 것이 바람직하다고 생각하는지 토론하여라.

6.3 수학적 의사소통 능력 평가

6.3.1 수학적 의사소통 능력

수학적 의사소통 능력은 오늘날 수학적 지식의 중요한 한 부분이다. 수학적 지식을 발전시키고 활용하기 위해서는 탐구하고, 토론하고, 서술하고, 실제로 해보는 활동이 필요하다. 수학적 지식은 수학에 대해 읽고, 쓰고, 말하고, 듣는 활동을 통하여 성취된다. 이와 같은 활동을 통하여 수학적 정보를 이해하고 전달하는 것을 수학적 의사소통이라고 한다. 수학적 의사소통이 수학교육의 중요한 부분으로 강조되는 다른 한 이유는 다음과 같다. 앞으로의 사회는 정보화 사회로서 수학적 내용이나 표현 방법을 내포하는 복잡하고 많은 정보가 넘친다. 이러한 정보들을 쉽게 접하고 바르게 해석할 수 있어야 하며 다른 사람에게 정확하게 전달할 수도 있어야 한다. 그뿐만 아니라 앞으로는 더욱 복잡하고 많은 문제를 신속하게 판단하고 처리하여야 하기 때문에 혼자서 해결하고 결정하기보다는 여러 사람이 같이 해결하고 결정하는 것이 더욱 효과적이다. 한 과제를 여러 사람이 공동으로 해결하기 위해서는 상호 간에 정확하고 신속한 의사소통이 절대적으로 필요하다. 학생들이 이러한 사회적 변화에 적응할 수 있도록 하기 위해서 수학교육은 의사소통 능력 신장을 강조한다.

6.3.2 수학적 의사소통 능력 평가 요소

수학적 정보를 포함하는 의사소통 능력을 평가하기 위해서는 학생들이 다음과 같은 능력을 갖추고 있음을 보여야 한다.

첫째, 수학적 아이디어를 말로 표현할 수 있으며, 기록으로 표현할 수 있으며, 시각적으로 묘사할 수도 있어야 한다. 수학적 아이디어를 말로 표현하는 능력을 평가하기 위한 한 방법으로서는 수학적 아이디어를 전화를 통하여 상대방이 이해할 수 있도록 적절하고도 정확하게 전달할 수 있는가를 평가하는 것이다. 수학적 아이디어를 기록으로 표현할 수 있는가를 평가하기 위해서는 어떤 수학적 아이디어를 다른 사람들이 이해할 수 있도록 글로 표현해 보게 하는 것이다. 또, 학생들의 수학 학습에 대하여 기록한 일지를 분석함으로써 문장을 통한 수학적 의사소통 능력을 평가할 수 있다.

둘째, 기록으로, 구술로, 시각적 형태로 제시된 수학적 아이디어를 이해하고, 해석하고, 평가할 수 있어야 한다. 신문이나, TV, 인터넷을 통하여 무수히 많은 수학적 지식을 포함하는 정보들을 접하고 있다. 이러한 정보들을 바르게 이해하는 것은 현대 생활의 필수적 요건이다.

셋째, 수학적 아이디어를 표현하기 위해서, 관련성을 기술하기 위해서, 상황을 모델로 나타내기 위해서 수학적 언어와 기호 및 구조를 사용할 수 있어야 한다. 이와 같은 능력을 평가하기 위해서는 학습과제의 결과를 분석하거나, 학생들과의 면담, 학생활동의 관찰, 학생들이 작성한 수학 학습일지(journal) 분석 등을 통하여 평가할 수 있다. 수학 학습일지란 그 시간에 학습한 수학 내용, 중요한 개념의 뜻과 표시 방법, 가정 학습과제와 풀이 등을 나타낸 공책을 의미한다. 면담, 관찰, 학습일지에 대한 자세한 내용은 제 7장에서 설명한다.

수학적 의사소통 능력을 평가하기 위한 몇 가지 과제를 예시한다.

6.3.3 평가 과제

아래에 제시한 수학적 의사소통능력 평가 과제는 NCTM(1989)에서 인용 또는 수정한 것이다.

과제 **1**: 말하기와 듣기 능력, (3-4)

두 학생이 각각 기하판(geoboard)을 하나씩 가지고 있다. 한 기하판에는 도형이 그려져 있고, 다른 것은 비어 있다. 두 학생이 상대방의 기하판을 볼 수 없도록 앉아 있다. 도형이 있는 기하판을 가진 학생이 다른 학생에게 똑같은 도형을 만들도록 지시한다.(교사는 이 활동을 관찰하여 학생들의 대화 능력, 수학적 용어를 바르게 이해하고 사용하는 능력 등을 평가할 수 있다.)

과제 **2**: 수학적인 표현의 이해(7-9)

다음 도표는 어느 학교 학생들의 하루 동안의 TV 시청 시간을 전국 학생들과 비교한 것이다. 이 표를 보고 중요한 점을 설명하여라.

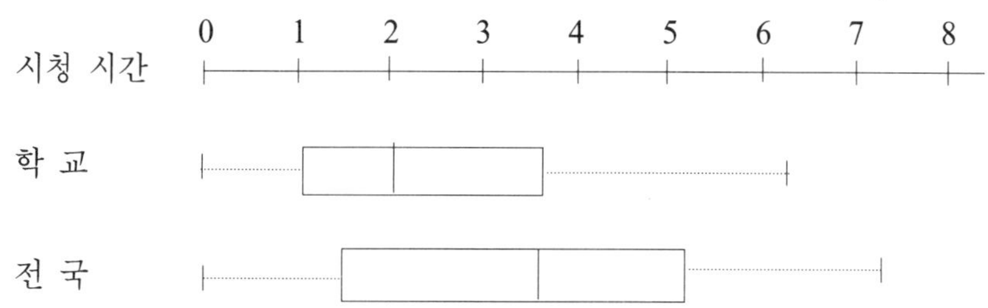

(box plot 의 개념을 알고 바르게 해석할 수 있는지를 평가함)

과제 **3**: 컴퓨터의 활용(9-12)

어떤 사람은 자동차 연료통에 연료를 가득 넣을 때마다 1L의 결빙방지액을 넣는다고 한다. 이 사람은 연료통이 반만큼 차 있을 때 다시 가득 채운다고 한다. 이와 같은 방법으로 결빙방지액을 오랫동안 넣으면, 연료 탱크에 연료가 가득 들어 있을 때 결빙방지액은 2L에 접근함을 설명하여라.

(적절한 식을 세운 다음 스프레드시트를 활용하여 결빙방지액의 변화를 계산함)

연구 과제

1. 수학적 의사소통의 뜻과 학습지도의 필요성을 설명하여라.

2. 수학적 의사소통능력을 평가하기 위해서는 구체적으로 어떤 능력들을 평가하여야 하는지를 말하고, 각 능력을 평가하는 구체적인 방법을 설명하여라.

3. 본문에 제시된 의사소통능력 평가 과제를 해결하고 이를 평가하는 적절한 기준을 제시하여라.

4. 수학적 의사소통능력을 평가하기 위한 새로운 과제를 개발하고 그 과제의 평가 방법을 설명하여라.

6.4 수학적 성향의 평가

6.4.1 수학적 성향

수학을 학습한다는 것은 수학적 개념이나 절차를 학습하고 그들을 응용하는 수준을 넘어서서 수학에 대한 바른 성향을 갖게 하며 상황을 보는 데 수학을 강력한 방법으로 생각할 수 있게 하는 것이다. 수학적 성향이란 수학에 대한 단순한 태도뿐만 아니라 긍정적인 방법으로 수학을 생각하고 수학을 행하는 것을 포함한다. 학생들의 수학적 성향은 그들이 수학적 과제에 접근하는 방법에 따라서 명백하게 나타난다. 이를테면 자신감을 가지고 있는지, 대안을 찾고자 하는 의지, 인내력, 흥미 등을 갖고 있는지 또는 자기 자신의 사고를 반성하는 경향 등에 의하여 수학적 성향이 나타난다.

수학적 성향에 대한 정보는 학생들이 토론에 참여하는 정도, 문제를 해결하기 위한 시도, 개인적으로 또는 소집단에서 다양한 과제를 수행하는 것 등을 비형식적으로 관찰함으로써 가장 잘 파악할 수 있다. 태도 검사를 위한 설문지 검사와 같은 방법으로는 학생들의 성향에 깔려 있는 신념들을 바르게 파악할 수 없다.

수학적 성향을 구성하는 요소에는 다음과 같은 것들이 있다.

- 문제해결을 위해, 수학적 아이디어를 교환하기 위해, 추론하기 위해 수학을 사용함에 있어서의 자신감.
- 수학적 아이디어를 탐구하고 문제해결에서 대안적 방법을 찾는 데 있어서의 유연한 사고.
- 수학적 과제해결을 지속하려는 의지.
- 수학을 하는 데 대한 흥미, 호기심, 창의성.
- 자기 자신의 사고와 수행에 대해 통찰하고 반성하는 경향.
- 다른 교과와 일상 생활에 수학을 응용할 수 있다는 가치 인식.
- 우리 문화에서의 수학의 역할과 도구로서 그리고 언어로서 수학의 가치 인식.

6.4.2 수학적 성향의 평가방법

수학적 성향을 판단하기 위한 평가의 방법은 설문지 조사보다는 관찰기록 법이 더 바람직하다는 것을 앞에서 설명한 바 있다. 여기서는 수학적 성향 검사를 위한 관찰기록 방법에 대하여 알아본다. 주로 사용하는 관찰기록법은 두 가지이다. 하나는 각 학생에 대한 관찰기록 카드를 만들고 적절한 수학적 성향을 보일 때마다 날짜와 구체적인 관찰 사실을 기록하는 것이고, 다른 하나는 행으로는 학생의 이름을 열로는 수학적 성향의 요소를 기술한 관찰 표를 만들고 관찰된 결과를 해당하는 칸에 체크하는 체크리스트 방법이다. 수학적 성향의 관찰 기록지와 체크리스트의 형식으로 다음과 같은 것이 있다.

〈수학적 성향 관찰 기록지〉 (이름:)

학생이 경험한 수학적 성향	날짜 및 활동 내용	날짜 및 활동 내용
1. 자신감	10/29: 모든 숙제를 완벽하게 하였음.	11/3: 소집단 활동에서 문제 해결을 적극적으로 리드했음.
2. 유연성		
3. 인내성		
4. 호기심		
5. 사고의 반성		
6. 수학의 응용 가치 인식		
7. 수학의 역할 인식		

〈수학적 성향 체크리스트〉

(날짜:)

관찰한 활동	학생 1	학생 2	학생 3	학생 4	…
자신감		V	V		
유연성	V			V	
인내성					
호기심					
사고의 반성					
수학의 응용 가치					
수학의 역할 인식					
기타		새 문제를 만들었음			

연구 과제

1. 수학적 성향의 뜻과 그 필요성에 대하여 설명하여라.

2. 수학적 성향을 평가할 수 있는 여러 방법을 설명하여라.

3. 면담에 의하여 고등학교 3학년 학생들을 상대로 수학적 성향을 평가하려고 한다. 적절한 기록지나 체크리스트를 이 단원에 있는 것을 참고로 하여 개발하여라.

4. 전교 학생을 상대로 하여 수학적 성향의 경향을 알아보려고 한다. 어떤 방법이 좋을지, 토론하여 보아라.

5. 우리 나라 초・중・고등학교 학생들의 수학적 성향에 대하여 조사한 자료를 찾아보고 그 특성을 토론하여라.

6.5 수학적 힘의 평가

6.5.1 수학적 힘

수학적 힘이란 비정형 문제나 실생활 문제를 해결하기 위해 다양한 수학적 방법들을 효과적으로 사용하는 능력과 수학에 대한 긍정적 성향을 갖춘 것을 뜻한다. 즉, 수학적 힘은 문제해결력, 추론 능력, 수학적 의사소통 능력, 수학적 개념의 통합 능력, 수학적 성향 등을 포함한다. 수학적 힘을 평가하기 위해서는 문제해결력, 추론능력, 의사소통능력, 개념의 통합능력을 종합적으로 필요로 하는 과제를 제시하고 이를 소집단별로 또는 개인별로 해결하는 과정을 관찰, 기록, 분석하여야 한다. 이와 같은 평가 활동은 관찰 기록지, 체크리스트, 서술 평가 지침(분석적 평가 지침, 총체적 평가 지침) 등의 사용을 필요로 한다. 수학적 힘의 평가는 다음 능력들과 이들을 통합하는 능력을 평가하여야 한다.

- 수학과 다른 교과목에 있는 문제들을 해결하기 위하여 수학적 지식을 응용하는 능력
- 아이디어를 교환하기 위하여 수학적 아이디어를 사용할 수 있는

능력
- 추론하고 해석할 수 있는 능력
- 개념과 절차에 대한 지식과 이를 이해하는 능력
- 수학에 대한 성향
- 수학의 본질에 대한 이해

6.5.2 수학적 힘의 평가방법

위의 기준을 좀더 구체화하여 수학적 힘을 평가하기 위한 규정을 만들고 각각에 대한 등급을 주는 한 예로서 켄터키 주에서 개발하여 사용하는 수학적 힘의 평가를 위한 총체적 채점 규정표는 다음과 같다.

켄터키 수학 포트폴리오 총체적 채점 지침표					
수학적 능력		매우 약함	약함	강함	매우 강함
문제 해결	• 문제의 특성을 이해하고 자기 자신의 언어로 재진술할 수 있다. • 문제의 구성을 탐색할 수 있다. 즉, 문제를 그림으로 나타내거나 표로 나타낼 수 있으며, 자료를 기록하고 패턴을 찾을 수 있다. • 적절한 문제해결 전략을 선택할 수 있다. 흔히 사용되는 전략으로는 예상과 확인, 표 만들기, 그림 그리기, 단순화하기, 거꾸로 풀기, 식 세우기, 추론하기 등이 있다. • 해결 계획을 실천하여 풀이를 구한다. • 풀이를 반성하고 수정하거나 일반화한다.				
추론	• 자료를 관찰하고 패턴을 인식함으로써 수학적 예측을 한다. 즉, 귀납적 추론을 한다. • 논리적 증명이나 반례를 통하여 수학적 예측을 검증한다. 즉, 연역적 추론을 한다.				

수학적 의사소통	• 적절한 수학적 기호나 용어를 사용한다. • 주어진 과제에 대한 질적인 설명을 한다. • 개념이나 아이디어를 분명하게 나타내고 들을 수 있다. • 다양한 수학적 표현을 할 수 있다.				
개념의 통합	• 풀이의 결과나 결론 또는 활동 등을 다른 측면에서 평가한다. • 창의적인 유추를 하거나 연결을 한다. • 수학적으로 중요한 개념들 사이의 연결을 인식하거나 응용한다. • 수학과 다른 과목 및 실생활과의 연결을 인식하고 응용한다.				

표 6.5-1 수학적 힘의 채점 규정표

6.5.3 평가 과제

아래에 제시된 수학적 힘의 평가 과제는 NCTM(1989)에서 인용한 것이다.

과제 1:

당신을 비행기 수송회사의 조종사라 하자. 서울에서 뉴욕까지 물건을 수송할 임무가 주어졌다. 이 두 지점 사이의 최단거리를 알고 싶은데, 가진 것이라곤 지구본 하나와 끈 하나뿐이다. 당신은 적도의 둘레는 40,200km임을 알고 있다. 이 두 자료와 정보만 가지고 두 지점 사이의 최단거리를 어떻게 구할 수 있겠는가? 그 최단 거리는 얼마인가?

과제 2:

소집단을 형성하여 다음 과제를 해결하여라. 단, 다음과 같은 자료가 주어졌다(커다란 건포도 상자 1개, 크기가 다른 몇 개의 그릇들, 저울, 계산기).

① 건포도 상자에 있는 건포도의 개수를 어림하여 보아라.
② 더 정확한 어림을 하기 위하여 주어진 자료들을 활용하여라.
③ 당신이 어림한 수를 다른 방법으로 확인하여 보아라.
④ 결과를 기록하고, 계산한 방법을 말로 설명하여라.

과제 3:

그림과 같이 집과 시장 사이를 연결하는 길이 있다. 아버지는 이 길의 곧은 곳에서는 시속 60km로 운전하지만 굽은 곳에서는 속도를 적절히 줄인다. 아버지가 집을 출발하여서 시장에 도착할 때까지 가로축은 자동차가 이동한 거리, 세로축은 그 때의 자동차의 속도를 나타내는 그래프를 그려라.

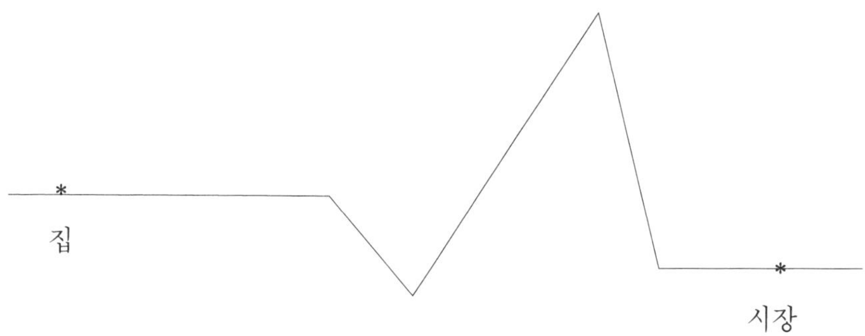

연구 과제

1. 수학적 힘을 구성하는 능력들을 제시하고, 수학적 힘의 필요성을 설명하여라.

2. 본문에 제시된 수학적 힘을 평가하기 위한 각 과제를 해결하고, 이들을 채점하기 위한 구체적인 기준을 만들어라.

3. 본문에 제시된 켄터키 주의 수학적 힘의 채점 기준 표를 분석하여 문제점을 지적하고 이를 개선하기 위한 방안을 설명하여라. (수학적 힘의 정의를 고려할 것)

4. 고등학교 학생들을 대상으로 하는 수학적 힘을 평가하기 위한 지침을 개발하여 보아라. (수학적 능력의 영역간의 비중을 고려할 것)

6.6 수행평가

6.6.1 수행평가

미국의 전국 수학교사 협의회(NCTM, 1995)는 '학교 교육을 위한 평가의 기준'에서 수행(performance)과 수행기준(performance standard)을 다음과 같이 정의한다. 수행이란 "물리적 활동의 완성 또는 어떤 의미 있는 산출을 이루어 내거나 그것에 도달하게 하는 것으로, 과제에 참여하는 동안 자기의 지식과 판단이 드러나게 한다." 수행기준이란 "교육과정에 중심을 두는 수행에 관해 판단하기 위해 사용될 수 있는 예상되는 수행의 질에 대한 진술"이다. 수행기준의 집합은 교육과정이나 내용 기준이 성취되었음을 보여줄 것으로 예상되는 수행의 질과 증거의 본질을 포함한다. 이 정의에 의하면, 수행평가란 과제를 해결하기 위해 자기의 지식과 판단 능력을 사용하여, 물리적 활동을 완성하거나 의미 있는 산출을 이끌어내는 능력을 평가하는 것이다.

국립교육평가원(1996)은 연구보고서 "초등학교의 새로운 평가 제도에 따른 수행평가의 이론과 실제"에서 수행평가를 '학생 스스로가 자신의 지식이나 기능을 나타낼 수 있도록 산출물을 만들거나, 행동으로 나타내거나, 답을 작성(구성)하도록 요구하는 평가 방식'이라고 정의하면서, 창의성이나 문제해결력과 같은 고등 사고기능을 파악하고 개별적인 학습능력을 신장하기 위해 사용될 수 있는 수행평가의 일반적인 특징을 다음과 같이 정리하였다.

① 수행평가는 학생이 정답을 선택하는 것이 아니라, 자기 스스로 정답을 작성하거나 행동으로 나타내도록 하는 평가 방식이다.
② 수행평가는 추구하고자 하는 교육목표를 가능한 한 실제 상황하에서 달성할 수 있는지의 여부를 파악하고자 한다.
③ 교육의 결과뿐만 아니라 교육의 과정도 함께 중시하는 평가 방식이다.
④ 단편적인 영역에 대해 일회적으로 평가하기보다는 학생 개개인의 변화, 발달 과정을 종합적으로 평가하기 위해 전체적이면서도 지속적으로 이루어지는 것을 강조한다.
⑤ 개개인을 단위로 해서 평가하기도 하지만 집단에 대한 평가도 중시한다.

⑥ 학생의 학습 과정을 진단하고 개별 학습을 촉진하려는 데 목적이 있다.

⑦ 학생의 인지적 영역뿐만 아니라 학생 개개인의 행동발달 상황이나 흥미, 태도 등 정의적인 영역, 신체적인 영역에 대한 종합적이고 전인적인 평가를 중시한다.

교육부(1998)는 수행평가를 "평가자가, 학습자들의 학습과제 수행 과정 및 결과를 직접 관찰하고, 그 관찰 결과를 전문적으로 판단하는 평가방식"이라고 정의하며, 수행평가의 특성을 다음과 같이 규정한다.

① 기존의 선택형 지필평가는 학습자가 무엇을 얼마나 알고 있는가만을 평가하는 것이며, 수행평가는 학습자가 실제로 무엇을 어떻게 할 수 있느냐를 평가하는 것이다.

② 기존의 선택형 지필평가는 수업의 결과를 확인하는 방식으로 수업과 연계되는 것이며, 수행평가는 수업의 과정에서 이루어지는 교수-학습 활동과 접목됨으로써 보다 긴밀하고 직접적인 방식으로 수업과 연계된다.

여기서 수행이란, 학생이 단순히 답을 선택하는 것이 아니라, 학생 스스로 답을 구성하는 것, 산출물이나 작품을 만들어내는 것, 태도나 가치관을 행동으로 드러내는 것 등을 모두 포함하는 의미라고 규정하였다.

교육부(1998)는 수행평가를 "선택형 지필 평가 이외의 다른 모든 방법으로 평가하는 방식"으로 정의할 수도 있다고 진술한다.

지금까지 알아본 수행평가의 의미를 종합하면, 전통적인 평가는 학습지도가 끝난 다음 학생들이 지도 목표에 어느 정도 도달하였는가를 평가하는 것이라고 한다면, 수행평가는 학습을 촉진하기 위하여 학습지도와 동시에 실시하는 평가로서, 문제 상황에서부터 풀이의 결과에 이르는 모든 사고 과정 및 활동 과정을 평가함과 동시에 적절한 피드백을 주는 평가의 방법이다. 수행평가의 방법으로서 서술형 검사, 프로젝트, 관찰 및 질문, 포트폴리오, 면접법, 실험실습법, 논술형 검사 등이 있지만, 수학과에서 주로 사용하는 것으로는 서술형 검사, 프로젝트 검사, 포트폴리오, 관찰, 면담 등이 있다.

6.6.2 수행과제

수행평가의 목적은 질적으로 우수한 학습을 하게 하기 위한 것이며, 질적으로 우수한 학습지도는 적절한 평가가 동시에 이루어져야 한다. 평가와 수업은 통합된 것으로 이루어져야 한다. 우리는 학습 기회를 제공하면서 평가를 할 수 있다. 질적으로 우수한 평가 과제는 동시에 질적으로 우수한 학습과제이다. 그들은 둘이 아니라 하나이다. 질적으로 우수한 학습지도를 하게 하는 과제는 단순한 암기를 필요로 하거나 문제풀이 기능의 숙달을 강조하는 과제가 아니라, 수행과제이다. 수행과제는 수학 학습을 조장하는 중요한 수단이다. 수행과제는 학생들이 수학을 하게 하는 좋은 과제이다. Van de Walle(1998)는 수행과제를 다음과 같이 정의한다. 수행과제는 문제(때로는 open-ended), 프로젝트 또는 조사하는 과제로서 항상 탐구하는 과제로 제시된다. 또한 수행과제는 다음의 특성이 있다.

- 개별과제, 또는 소집단 과제이다.
- 손으로 조작하는 자료, 그림, 또는 계산기를 포함한다.
- 답과 결과에 대한 입증과 설명은 학생의 책임이다.
- 구술이나 기록의 보고형식이나 물리적인 결과를 포함하여야 한다.

좋은 과제는 수업을 받고 있는 모든 학생이 수학의 능력에 관계 없이 어떤 지식이나 기능 또는 이해를 보여줄 수 있게 하는 것이다. 능력이 낮은 학생이라고 해서 질적인 과제에서 배제해서는 안 되며, 문제를 해결하기 위해 자기들이 지닌 아이디어를, 다른 학생들의 것과는 다르더라도, 사용하도록 용기를 주어야 한다. 평가는 모든 학생들의 사고와 추론을 조장하기에 충분하도록 디자인하거나 선택하도록 노력하여야 한다. 학습지도와 평가가 분리되어 실시되는 경우는 학생들이 학습한 자료와 비슷한 자료가 평가에서 사용되며, 학생들은 학습할 때의 방법을 적용하여 평가 과제를 해결하지만, 학습지도와 평가가 통합된 경우는 학습지도 과제가 곧 평가 과제이며, 교사는 평가를 위해 별도의 과제를 개발하거나 선택할 필요가 없다.

다음에 제시한 수행과제의 예는 Van de Walle(1998)의 저서에 소개된 것 중의 일부이다. 괄호 안의 숫자는 해당 학년을 나타낸다.

과제 **1**: 분수셈 (3-6)

$\frac{1}{6}+\frac{1}{6}$을 다음 그림과 같이 하여 $\frac{2}{12}$라고 대답하는 학생에게 바르게 가르쳐 줄 수 있는 방법을 설명하여라.

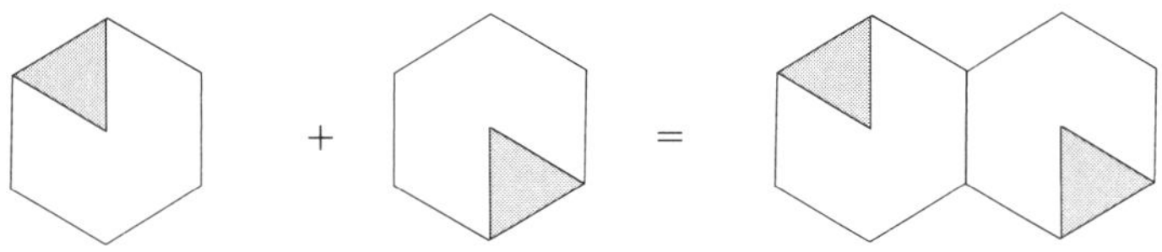

과제 **2:** 암산하기 (4-8)

곱셈 4×276을 암산으로 하는 두 가지 다른 방법을 설명하여라. 어느 방법이 사용하기가 더 쉬운가? 곱셈 5×398을 암산하기 위해 같은 방법을 사용할지 아니면 다른 방법을 사용할지 결정하고, 그 이유를 설명하여라.

과제 **3**: 소수 (5-8)

직육면체 모양의 치즈 덩어리에 0.75lb라고 적혀 있다. 이 치즈에서 2 oz를 오려내려고 한다. 어떻게 하면 되는가? 그 이유를 설명하여라. 필요하면 그림을 그려도 좋다. 단 1 lb 는 16 oz 이다.

과제 **4**: 그래프 (7-8)

그래프 $y=x^2$은 그래프 $y=x^2+2$와 언젠가는 만날 것인가? 대답을 검정할 방법을 설명하여라.

(이하의 문제는 G. Kulm(1994)의 책에서 인용하였음)

과제 **5:** 조작자료 사용 (7-8)

대수 블록을 사용하여 $2x+5x-3x=4x$ 임을 보여라.

과제 **6**: 조작 자료 사용 (4-7)

기하판과 고무밴드를 사용하여 높이가 1단위이고 밑변이 3단위인 직각삼각형을 만들어라. 그 삼각형을 모눈종이에 그려라. 삼각형의 넓이가 $1\frac{1}{2}$제곱 단위임을 설명하여라.

과제 **7:** 컴퓨터 사용 (7-10)
스프레드시트를 사용하여 처음 다섯 개의 범자연수의 곱셈표를 만들어라.

과제 **8:** 컴퓨터 사용 (5-9)
정사각형을 그리고 내접하는 정사각형을 그리는 LOGO프로그램을 작성하여라. 단, 내접하는 정사각형의 각 꼭지점은 외접하는 정사각형의 각 변의 중점에 있다고 한다.

6.6.3 수행평가의 방법

수행평가는 학생들이 해결한 수행과제를 분석함으로써 시작된다. 수행과제를 분석한 결과 학생의 반응에 대한 이유나 그 사고과정을 알기 위해서 면담할 수 있다. 또, 학생들의 특이한 사고 방법은 학습 활동 과정에서 우연히 나타날 수 있다. 이와 같은 순간적인 반응을 관찰하고 기록하는 것은 중요한 수행평가의 한 수단이다. 학생들의 수학적 의사소통 능력은 필답시험지로도 일부를 평가할 수 있지만 토론 능력 등은 교사의 관찰로 평가할 수 있다. 학생들의 학습 능력이 한 학기 동안 또는 한 학년을 통하여 발전하는 과정을 평가하기 위해서는 포트폴리오를 활용할 수 있다. 그 외에도 학생들의 수학에 대한 가치관이나 성향 또는 수학에 대한 태도를 파악하기 위하여 일지(journal)를 쓰게 하고 이것을 분석하는 방법도 있다. 위의 여러 방법 중 수행과제 분석, 면담, 관찰, 포트폴리오 활용 등의 방법이 수학과 수행평가에서 많이 사용된다.

(1) 수행과제 분석

학생들이 수행한 구체적인 수행과제를 평가하기 위해서는 과제의 내용과 직결되는 구체적인 평가 규정을 정하여야 한다. 이 구체적인 규정을 정하는 방법으로는 학생들이 과제를 수행하기 전에 하는 것과 과제를 수행한 후 그것을 참고하는 두 가지 방법이 있다.

첫째, 과제를 수행하기 전에 규정을 정하는 것이다. 과제를 수행하기 전에 규정을 정하는 것은 과제를 사전에 이해하고 학생들의 과제 해결 활동을 이해하고 돕는 데 매우 도움이 된다고 할 수 있다. 과제를 수행하기 전에 규정을 개발하기 위해서는 교사는 자기가 그 과제를 스스로 수행한 경험을 상기하거나 다른 학급에서 지도한 경험을 반영하여 교사가 강조하는 내용을 중심으로 먼저 규정을 개발한다. 규정이 개발되면 학생들에게 설명한다. 학생들에게 설명하는 과정에서 명료하지 못한 부분이 지적될 수 있으며 이 부분을 수정함으로써 명료한 평가 규정을 정할 수 있다. 학생들의 동의를 얻어 개발한 규정을 사용하여 학생들의 수행과제를 평가할 때, 학생들은 자기들이 해야할 과제를 분명히 알고 평가의 결과를 신뢰할 수 있게 된다. 과제를 수행하기 전에 개발된 규정을 과제를 수행하는 과정에서 수정해야 할 경우가 발생한다. 이러한 경우는 당연히 일어날 수 있는 것으로서, 필요한 부분을 수정하여 사용하도록 하며 학생들에게도 수정한 내용과 수정의 필요성을 이해하게 한다.

둘째, 과제를 수행한 후 규정을 정하는 것이다. 교사가 과제를 지도하기 전에 그 과제 수행의 다양한 결과를 예상하고 적절한 규정을 개발하기란 쉽지 않은 경우가 많이 있다. 특히, 지도 경험이 적은 교사 또는 새로운 내용을 처음으로 지도하는 교사에게는 수행과제의 평가 규정을 사전에 개발하기가 어려운 경우가 많다. 이러한 경우는 과제를 지도함과 동시에 평가 규정을 개발할 수도 있으며, 과제를 지도한 후 학생들이 수행한 자료를 분석함으로써 평가 규정을 개발할 수도 있다.

학생들이 수행한 과제의 분석을 통해 평가 규정을 개발하려고 할 때는 일반적으로 다음 순서를 따른다. 먼저, 학생들의 과제를 읽어본 다음 이들을 3단계 수준으로 분류한다. 단계를 좀더 자세하게 나누어야 할 필요가 있을 경우는 분류된 자료를 다시 분류하면 된다. 이와 같이 하여 몇 개의 수준으로 분류된 자료를 각 수준별로 분석하여 그 수준의 특성을 나타내는 평가 규정을 개발할 수 있다.

연필과 종이를 사용하여 표현된 수행과제를 분석하여 등급을 부여하는 방법(채점 방법)에는 총체적 채점 방법과 분석적 채점 방법이 있다. 이들에 대하여는 '문제해결력 평가' 단원에서 소개한 것과 같다.

⑵ 면담

학생들의 수행과제를 분석하다 보면 왜 그러한 사고를 하였는지, 어떤 과정을 거쳐 그러한 결과를 얻었는지를 알 수 없는 경우가 있다. 이러한 경우, 학생이 작성한 수행과제를 중심으로 면담함으로써 학생의 사고 과정을 이해할 수 있다. 예를 들면, $2x=-2x$의 해는 $x=0$이라고 대답한 학생에게 왜 그렇게 생각하느냐고 물었더니 $2x-2x=0$이기 때문이라고 대답한 예가 있다고 한다. 이 학생과 면담하지 않았다면, $2x+2x=0$, $4x=0$이라고 계산하여 $x=0$의 답을 얻었을 것이라고 생각하는 것이 일반적일 것이다. 이와 같이, 면담은 평가와 동시에 학생의 오개념을 교정해 줄 수 있는 기회이다. 면담법에 대한 구체적인 방법은 제7장에서 설명한다.

⑶ 관찰

학생의 수행능력 평가는 지필 검사만으로는 충분하지 않은 경우가 있다. 예를 들면, 어떤 과제를 신속하고도 정확하게 해결하는 능력은 지필 검사로는 불가능하다. 또, 소집단에서 활동하는 능력은 관찰을 통하여 파악할 수 있다. 관찰은 과제의 수행 능력을 평가하기 위한 중요한 한 수단이다. 관찰에 의한 평가 방법의 구체적인 내용은 제7장에서 설명한다.

⑷ 포트폴리오

포트폴리오는 일정한 기간을 주기로 하여 학생의 학습 활동 자료 중에서 특별한 목적을 가지고 선별한 것들을 차례로 모아놓은 자료철을 의미한다. 포트폴리오는 교사가 제시하는 지침에 따라 학생 스스로가 만든다. 예를 들면, 매주마다 학습한 자료 중에서 학생 스스로가 잘 한 것들만을 선별하여 한 학기 동안 만든 포트폴리오는 그 학생의 수학 학습의 선호도가 어떻게 변하는지를 파악할 수 있게 하며, 교사의 지시에 의하여 문제를 해결한 자료들만 모아 포트폴리오를 만들게 하였다면, 이 자료를 보고 학생의 문제해결 능력이 어떻게 향상되는지를 파악할 수 있다. 따라서, 포트폴리오는 학습활동의 종적인 변화를 알아보는데 중요한 역할을 한다. 포트폴리오에 관한 자세한 내용은 제7장에서 설명한다.

(5) 학습일지

학습일지(journal)란 한 시간 동안 수업을 한 후 수업의 중요한 학습 내용, 즉 학습 목표, 중요한 개념이나 원리 또는 법칙, 학습한 방법, 사용한 자료, 가정학습 과제 등을 어떤 형식에 의하여 기록한 자료를 뜻한다. 수행과제를 해결한 후 그 것에 대하여 일지를 쓰게 함으로써 학생이 그 과제의 중요한 부분에 대해 얼마나 정확하게 이해하고 있으며, 어떻게 생각하고 있는지를 파악할 수 있다. 따라서, 학습일지 쓰기는 학생의 과제수행 능력을 평가하는 데 필요한 중요한 정보를 제공한다. 학습일지 쓰기에 관한 자세한 내용은 제7장에서 설명한다.

연구 과제

1. 수행평가의 목적과 수행평가의 특징을 설명하여라.

2. 수행과제의 특성을 설명하여라.

3. 이 단원에 제시된 수행과제들을 학습할 때 어떤 것이 일어날지, 이 과제들에 대한 학급 토론에서 무엇을 발견할 수 있을지를 생각해 보고 토론하여라.

4. 이 단원에 제시된 수행과제를 해결하고 이를 평가하기 위한 채점 기준을 만들어 보고 그 타당성을 설명하여라.

5. 수행평가 과정에서 교사가 유의하여야 할 사항을 조사하고 토론하여라.

제 7 장 대안적인 평가

이 장에서는 전통적인 수학과 학습 지도에서 주로 사용하는 평가와 평가를 학습의 촉진과 수업의 개선을 위해 학습지도와 통합된 것으로 보는 평가, 즉 전통적인 평가에 대한 대안적인 평가로서 관찰에 의한 평가, 면담에 의한 평가, 포트폴리오 평가, 학습일지 평가에 대하여 알아본다.

7.1 전통적인 평가

7.1.1 필답검사

전통적인 평가에서는 평가도구로서 필답검사 도구를 주로 사용한다. 필답검사는 종이와 연필을 사용하여 평가하는 방법으로서 일반적으로 가장 많이 사용하는 평가방법이다. 필답검사 도구를 사용하면 많은 학생들을 일시에 평가할 수 있으며, 평가 작업을 간단히 처리할 수 있고, 결과가 객관적이다. 수학과에서 주로 사용하는 필답검사의 세부적인 유형으로는 다지 선다형, 단답형, 서술형, 논술형이 있다.

① 다지 선다형: 다지 선다형 검사는 한 물음에 대해 정답과 오답을 몇 개 (보통 4~5개) 제시하고, 그중에서 정답을 고르게 하는 방법이다. 일반적으로 정답은 한 개 있지만, 능력을 더욱 정확하게 평가하기 위해서는 정답이 두 개 이상이거나 없을 수도 있다. 오답지를 만들 경우는 학생들이 범하기 쉬운 오류의 유형을 조사하고 그 유형에 의

한 오답을 제시함으로써 평가 결과 학생들의 성취도는 물론 학생들의 오류를 파악하고 교정해 줄 수 있다. 평가문항 출제의 편의를 위해 정답지 외에는 학생들의 오류 유형과는 상관 없이 오답지를 만들어 제시하는 것은 바람직하지 못하다. 다지 선다형은 많은 학생들을 상대로 간단한 지식이나 수학적 기능 또는 문제해결의 결과를 알아보는 데 적합한 평가 형식이다. 이 형식은 문제를 전혀 모르고도 정답을 택할 상당한 확률이 있으며, 문제를 직접 해결하지 않고도 답지에 주어진 것을 문제 상황에 맞추어 보아 답을 찾을 수도 있는 문제점이 있다. 전국 학생들을 상대로 수학 성취도를 조사하는 표준화 검사는 주로 다지 선다형을 사용한다.

② 단답형: 단답형 검사는 문제에 대한 정답을 직접 기록하게 하는 평가방법이다. 이 평가 방법은 수학적 용어나 기호의 이해 능력 및 문제해결의 결과를 알아보는 데 적합한 형식이다. 다지 선다형보다는 정답을 맞히는 요행을 줄이고 있지만, 문제해결의 과정을 파악하기에는 부적절하다.

③ 서술형: 서술형 평가는 학생들의 문제해결 과정을 평가하기 위한 것으로서, 풀이의 과정을 몇 단계로 나누어 부분점수를 부여하는 평가 방법이다. 이 평가는 학생들이 문제를 해결하는 과정 중 잘 이해하고 있는 부분과 오류를 범하고 있는 부분을 파악하기가 용이하며 그에 따른 피드백을 주기가 적절한 평가 방법이다. 그러나 서술형 평가는 선다형 평가에 비하여 평가의 과정이 다소 복잡하며 학생들의 다양한 풀이 방법에 대한 교사의 폭넓은 지식과 경험을 필요로 하며, 평가의 과정에서 많은 시간을 요구한다.

④ 논술형: 논술형 평가는 수학의 전반에 대하여 또는 특정한 주제에 대하여 학생이 이해하고 있는 개념을 진술하게 하며 그것이 어떤 분야에서 어떻게 사용되고 어떻게 발생하여 어떤 방향으로 발전할 것인가를 기술하게 함으로써 수학에 대한 바른 이해와 가치관 등 수학적 성향을 이해하는 데 도움이 되는 평가의 한 방법이다.

7.1.2 진단평가, 형성평가, 총괄평가

전통적 학습지도에서는 수학을 지도하는 과정에서 진단평가, 형성평가,

총괄평가를 실시한다. 이들의 목적과 특성은 다음과 같다.

⑴ 진단평가

진단평가란 학생들의 학습 준비 정도를 파악하는 것을 의미한다. 전통적인 평가관은 진단평가는 학년초에 실시하거나 각 단원을 시작하기 전에 지필검사 형식으로 실시하는 것으로 알고 있었다. 그러나, 진단평가의 의미가 뜻하는바, 그대로 학습의 준비 정도를 파악하기 위해서는 새로운 개념을 지도할 때마다 교사는 진단평가를 실시하는 것이 바람직하다.

진단평가를 실시하는 방법으로는 지필 검사, 면담, 관찰 등 다양한 방법이 있다. 전통적인 수학교육에서는 진단평가를 필답검사에만 의존하였다. 그러나 수업을 진행하는 과정에서 학생들의 선수학습 수준을 파악하기 위한 교사의 질문에 대한 학생들의 반응 파악, 학생들이 어떤 과제를 수행하는 것의 관찰 등도 훌륭한 진단평가의 방법들이다. 진단평가의 결과에 따라 지도 방법과 활용 자료를 적절히 수정함으로써 학습지도의 질을 개선할 수 있다.

⑵ 형성평가

형성평가란 어떤 내용에 대해 지도한 후 그 내용을 어느 정도 달성하였는지를 파악함으로써 개별 학생들에게 적절한 피드백(보충학습 또는 발전학습)을 실시하기 위한 정보를 파악하기 위한 평가로서 수업 중 또는 수업이 끝날 무렵에 주로 실시한다. 형성평가는 주로 필답검사로 실시하지만 교사의 질문, 학생활동의 관찰, 과제학습의 분석 등을 통하여서도 할 수 있다. 어떤 주제에 대한 학습이 끝난 후 퀴즈 시험은 개별 학생의 문제점을 찾아 교정하고 보완하기 위한 것이므로 형성평가에 해당한다.

⑶ 총괄평가

총괄평가란, 한 과목의 학습지도를 모두 마친 후 학생 개개인의 학습 결과를 기록하기 위한 평가를 의미한다. 일반적으로 총괄평가는 매 학기마다 2, 3회 정도 학습 성취도 평가를 실시하고 결과를 종합하여 평가한다.

총괄평가를 위한 평가 문항을 만들기 위해 이원 목적 분류표를 작성한다. 이원 목적 분류표란 문항 개발을 위한 계획표로서 행으로는 평가할 내용을 배열하고 열로는 수학적 행동 영역으로서 지식, 이해, 적용을 제시하거나 지식, 이해, 기능, 적용을 제시하기도 하며, 최근에는 지식, 이해, 문제해결을 제시하기도 한다. 이원목적 분류표는 평가 내용과 수학적 행동 영역을 의도적으로 일정한 비율로 선별하게 하는데는 도움이 되지만, 평가 문항이 단편적인 능력만을 측정하게 하는 문제점이다.

연구 과제

1. 전통적인 평가의 특성을 설명하고, 문제점에 대하여 논하여라.

2. 필답검사의 장점과 단점에 대하여 설명하여라.

3. 총괄평가의 문항이 여러 영역에 걸친 종합적인 능력을 포함하게 하는 방법에 대하여 토론하여라.

4. 형성평가(퀴즈, 쪽지시험)의 결과를 최종 성적에 반영하는 것은 바람직하다고 생각하는가? 이에 대하여 토론하여라.

5. 일선학교에서 사용한 총괄평가 도구와 이원목적분류표를 수집하여 그 특성을 분석하여 보고 문제점과 개선점을 제시하여라.

7.2 관찰 평가

7.2.1 관찰 평가

교사는 매일마다 학생들을 지도하면서 유익한 정보를 알게 된다. 학생들을 관찰하는 동안 체계적인 계획을 수립한다면, 더 많은 정보를 모을 수 있을 것이며, 수집된 정보를 체계적으로 관리할 수 있게 됨으로써 학생들에게 적절한 피드백을 줄 수 있으며, 학생의 학습 활동에 대한 학부모와의 면담을 위해 중요한 자료를 얻을 수 있다.

관찰 활동은 그 목적에 따라 며칠만에 끝날 수도 있으며, 한 학기 동안 계속될 수도 있다. 단기간의 관찰은 특별한 개념이나 기능을 파악하는 데 적절하며, 장기간의 관찰은 문제해결 능력이나 의사소통 기능과 같은 수학적 힘의 다양한 측면들이 어떻게 발전하고 있는가를 파악하는 데 적절하다.

수행능력 평가를 위해서 관찰을 할 경우 한 시간 안에 모든 학생들을 다 관찰하려고 생각해서는 안 된다. 단 한 번의 관찰로 기록한 자료는 어떤 목적에도 적절하지 않다. 자료를 수집하는 형식과 방법은 교사의 스타일이나 습관에 따라 영향을 받을 수 있으며, 관찰의 방법도 그 목적에 따라 달라져야 함으로 수행능력 평가를 위한 관찰은 다양한 방법으로 장시간에 걸쳐 이루어져야 한다.

7.2.2 관찰 기록

관찰한 결과를 기록하기 위한 형식에는 다음과 같은 세 종류가 있다.

(1) 개인별 기록

관찰을 기록하는 간단한 한 방법은 수업 중 또는 수업이 끝난 직후에 관찰 기록지에 간단히 메모하는 것이다. 관찰 기록지의 형식에는 여러 가지가 있을 수 있다. 흔히 사용하는 것으로는 노트의 한 면에 한 학생의 이름을 쓰고, 관찰한 일시와 관찰한 사실을 간단하게 메모하는 형식이 있으며, 그림 7.2-1과 같이 각 학생을 위한 카드를 한 장씩 만들어 그 카드에 기록하는 방법이 있다. 카드 형식은 학생의 이름을 찾기가 용이하여 효과적으로 사용할 수 있다.

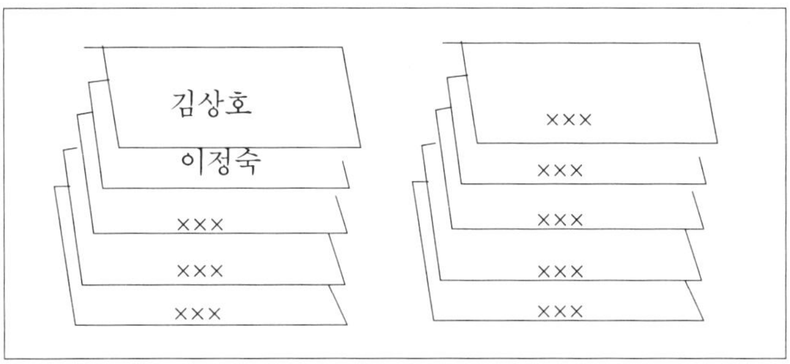

그림 7.2-1 개인별 기록 카드

(2) 관찰 규정

이 형식은 한 카드에 3, 4단계의 등급 규정을 적고 그 옆에는 그 규정에 해당하는 관찰된 학생의 이름을 기록하는 형식으로서 표 7.2-2와 같다.

<주어진 분수로 만들기 3/17>

관찰규정	관찰학생
탁월함 분명한 이해 다양한 방법으로 의견을 교환 도움을 받지 않고 아이디어를 사용하는 증거를 보여줌 막대나 주사위를 사용하여 분수를 나타냄 쉽게 설명함	상호 정숙, 영수 상미
목표 도달 이해하고 있음, 또는 잘 진행하고 있음 지정한 모델을 사용함 약간 망설임 단위분수를 만드는데 조언을 필요로 함	경호 보국 진영
미흡 다소 혼란하고 있거나 잘못 이해함 도움을 받아야만 아이디어를 모델링 함 활동을 하기 위해서는 도움을 필요로 함 자신감이 부족	현식

표 7.2-2 관찰 규정표

이 형식을 사용할 때는 관찰한 학생의 특수한 사실을 일반적으로 진술된 규정의 아래에 첨가하여 기록할 수 있다. 이 방법은 소집단 학습을 하는 동안 한 집단의 구성원들을 모두 관찰하면서 기록하기에 적합한 형식이다.

(3) 체크리스트

체크리스트에는 두 가지 형식이 있다. 하나는 표 7.2-3과 같이 각 학생에 대하여 구체적인 내용을 몇 단계의 수준으로 나누어 체크하는 것이며, 다른 하나는 표 7.2-4와 같이 어떤 토픽에 대하여 전 학급의 학생들을 한 장의

리스트에 기록하고 관찰한 결과를 수준에 따라서 체크하는 방법이다. 이때, 관찰한 일시를 표시하고 비고 난에 특별한 사항을 기록할 수 있다.

이름: 김 국 호	미흡	도달	우수함	비고
분수의 뜻				
분자 / 분모 이해		V		
넓이 모델		V		
집합 모델	V			
분수를 실생활 상황에 응용				
분량을 어림함		V		점점 좋아짐
문제해결				
문제를 풀기 전에 이해함				잘 이해함
창의적으로 생각				

표 7.2-3 개인별 체크리스트

주제: 암산 기능 이름:	미흡	양호	우수함	비고
상호		v 3-18, 21		우수함
영희	v 3-20			
순영			v 3-19	탁월함
창희		v 3-24		열심히 노력

표 7.2-4 주제별 체크리스트

연구 과제

1. 관찰에 의한 평가의 뜻과 그 목적을 설명하여라.

2. 이 단원에서 소개한 관찰 결과 기록 양식의 종류와 그 특성을 설명하여라.

3. 관찰 기록과 체크리스트의 장점과 단점을 비교하여 설명하여라.

4. 학교 현장에서 사용하는 관찰기록 양식이나 체크리스트를 수집하여 그 특성을 분석하여라.

5. 소집단을 형성하여 관찰기록 양식과 체크리스트를 디자인하고 그 특성을 설명하여라.

7.3 면담 평가

7.3.1 면담 평가

학생들이 어떤 문제를 해결할 때, 순간적으로 쉽게 해결하는 경우가 있는가 하면 상당한 시행착오를 거쳐 해결하는 경우도 있다. 이와 같은 문제해결의 차이점은 지필 검사로는 파악하기 어렵다. 또, 학생이 오답을 하였을 경우 왜 그와 같은 오류를 범하였는지도 지필 검사나 관찰만으로는 파악하기 어렵지만, 면담을 통하여 비로소 알 수 있는 경우가 많다. 그러므로 한 가지 능력을 평가하기 위해서 다양한 출처로부터 정보를 찾고 다양한 평가방법으로 평가하여야 비로소 정확한 평가가 가능하다.

면담에 의한 평가란 학생이 행한 어떤 학습 과정에 대하여 왜 그렇게 생각했는지를 질문함으로써, 또는 특수한 개념에 대하여 어떻게 생각하고 있으며, 왜 그렇게 생각하는지에 대해 면담을 함으로써 학생의 이해의 정도와 사고 방법을 평가하는 방법이다.

Ernest(1992)는 형식을 갖춘 면담의 이점을 두 가지로 제시하였다. 하나는 학생들이 교사와 구술로 의견교환을 할 수 있다는 것이고, 다른 하나는 필요에 따라 질문을 유연하게 바꿀 수 있다는 것이다. 구술 의견교환의 이점은 다음과 같이 세 가지로 나눌 수 있다.

- 학생은 물리적인 과제에 대하여 직접적으로 또는 활동적으로 반응할 수 있으며, 학생이 구체적인 기능을 가지고 있는지의 여부를 더욱 정확하게 파악할 수 있게 한다. 예를 들면, 학생에게 책상의 길이를 측정하게 하고 교사는 학생이 수행하는 것을 직접 관찰할 수 있다.
- 문장을 잘 이하하지 못하는 학생은 질문에 대하여 언어를 사용하여 반응할 수 있으므로, 이 학생의 사고과정을 평가할 수 있다.
- 학생은 언어를 사용할 때 높은 수준의 인지활동, 즉 판단하기, 정당화하기, 평가하기, 의사 표현하기 등을 더 쉽게 느낄 수 있다.

교사는 면담 평가를 하는 동안 필요한 경우 학생에게 도움을 주거나, 자극을 주거나, 안내를 할 수 있다. 교사의 도움 없이 성공적으로 해결하는 학생에게는 높은 등급을 부여하며, 학생의 반응 수준에 따라 적절한 등급을 부여할 수 있다. 또, 교사는 학생의 강한 점, 기능, 흥미에 관해 관심을 가질 수 있다. 예를 들면, 어떤 프로젝트에 관해 의논할 때 학생은 그 프로젝트에 대한 열의, 좋아함, 싫어함 등을 표현하기도 한다.

7.3.2 구조화된 면담

구조화된 면담을 개발하고 실행하기 위해서는 다음의 세 개의 단계가 필요하다.

첫째, 면담을 실시하기 전에 평가의 목표를 설정하여라.

둘째, 평가 목표에 근거하여 순서를 갖춘 구두 질문 자료를 개발하여라. 그리고 학생의 반응 기록 양식을 만들어라.

셋째, 면담을 실시하고, 그 반응을 도움을 받은 정도에 따라 기록하여라. 학생의 반응을 다음과 같은 코드(code)로 나타낼 수 있다.

S - 성공적임(successful): 답이나 풀이를 자연스럽게 별 어려움 없이 제시함. 학생은 다소 망설이거나 생각을 하고 계산을 하지만, 마음속으로 분명한 계획과 방향을 가지고 있음. 그 접근법이 가장 효과적이거나 대표적인 것일 필요는 없음.

P - 암시를 받음(prompted): 간단한 암시나 힌트를 필요로 함, 예를 들면 간과하기 쉬운 중요한 정보의 지적, 용어나 단어의 명확한 해석, 시

작하게 하는 질문 등을 필요로 함.

U - 성공적이지 못함(unsuccessful): 틀렸거나 매우 불완전한 답이나 설명을 제시하였음. 학생은 틀린 용어나 공식을 사용하며, 문제를 잘못 이해하고 있거나 일부만 이해하고 있음을 보여줌.

N - 답이 없음(no answer); 문제에 대해 반응을 하지 못하며, 힌트나 암시를 주어도 문제를 거의 이해하지 못함.

T - 지도함(teach); 매우 비성공적인 시도나 답이 없음. 면담을 계속하기 위하여 필요한 개념이나 절차를 선택하여 지도하였음. 일부 단편적인 지식을 보완해 줌으로써 학생의 실제의 지식과 기능을 평가할 수도 있음.

표 7.3-1의 '면담 안내' 양식은 Paul Ernest(1992)가 개발한 것이다.

면 담 안 내 (표 7.3-1)

학생 이름: ______________________ 일자: __________

개념: 측정 - 직선과 곡선
기하 - 직사각형과 원

준비 자료: 직사각형이 그려진 종이
원이 그려진 종이
자
연필
종이 조각, 끈, 가위, 테이프

코드: S-성공적임: 자연스런 옳은 반응
P-암시를 받음: 힌트나 암시를 받은 후 옳은 반응
U-성곧적이지 못함: 틀렸거나 부적절한 답
N-답이 없음: 반응이 없음: 아는 것이 없음
T-지도하였음: 진행하기 전에 지도를 하였음

1. “직사각형의 둘레는 무엇을 뜻하는가?”

학생 반응	코드	논평

2. 직사각형이 그려진 종이를 제시하여라.

“이 직사각형의 둘레를 보여줄 수 있는가?”

학생 반응	코드	논평

3. “직사각형의 둘레를 어떻게 측정하려고 하는가?“

학생 반응	코드	논평

4. “이 직사각형의 둘레의 길이를 어떤 방법으로 어림할 것인지 보여라. 그 어림값은 얼마인가?”

학생 반응	코드	논평

5. 학생들에게 자를 제공하여라. "직사각형의 둘레의 길이를 자를 사용하여 측정한 다음, 눈으로 비교하여라."

학생 반응	코드	논평

6. "네 변을 모두 측정하지 않고 둘레의 길이를 찾는 다른 방법이 있는가? 설명해 보아라."

학생 반응	코드	논평

위의 구조화된 면담 안내표는 구체적인 수학적 지식이나 기능 또는 개념을 평가하기 위한 기회를 제공한다. 이 표는 처음으로 구조화된 면담을 실시하여 수학적 지식을 평가하려고 하는 경우에 유용하게 사용될 수 있다. 특히, 이 표에서 기록한 코드는 평가의 결과를 수량화하거나 등급화하는 데 긴요하게 사용될 수 있다. 이 코드 형식은 학생이 어떤 질문에 답을 할 수 없는 경우에도 좌절하지 않고 교사의 도움을 받아가며 대화를 계속할 수 있는 이점이 있다. 학생이 전혀 응답을 할 수 없을 때는 평가는 최하 등급으로 판정하고 이어서 학습지도를 할 수 있는 최대의 이점이 있다.

7.3.3 문제-근거 면담

면담은 학생이 해결한 전체를 대상으로 할 때 매우 유용하다. 면담을 위한 질문은 열린 문제, 완성된 프로젝트, 학생들이 만든 모델, 수학적 탐구에 대한 보고자료 등에 대하여 풀이의 과정을 따라 진행할 수 있다. 질문은 학생들에게 그 과제를 완성하는 데에 어려움을 기술하게 하며, 과제의 부분들을 평가하게 하며, 그 과제를 개선하는 방법을 제안하도록 요구할 수 있다. 면담은 학생이 학습한 광범위한 수학에 대하여 할 수도 있으며 또는 학생이 택한 내용을 중심으로 진행할 수도 있다. 어떤 구체적인 과제에 대한 학생의 이해나 오개념을 파악하기 위하여 특별한 질문을 할 수도 있다. 예를 들면 다음과 같은 질문을 할 수 있다.

- "정사각형에 가장 가깝다"라는 말은 무슨 뜻인가?
- 정사각형은 직사각형인가? 왜 그렇게 말하는가?
- 너는 직사각형을 어떻게 정의하는가?
- 네가 제시한 각 사각형의 넓이는 얼마인가?
- 네가 제시한 직사각형들의 넓이와 모양은 어떤 관계가 있는가?

학생의 반응을 분석하여 완벽하게 답한 것에 대한 최고 등급으로부터 완전히 틀린 답이나 아무런 반응도 보이지 못한 것을 최하 등급으로 하는 4-단계 또는 5-단계 수준으로 구분하여 등급을 부여할 수 있다.

7.3.4 면담시의 유의점

Stenmark(1989)에 의하면 질문하는 순서는, 형식적인 면담이든 비형식적인 면담이든, 학생이 편안하게 답할 수 있는 수준에서부터 시작하여야 한다. 질문은 광범하고 일반적인 것에서 시작하여 점차적으로 교사가 원하는 구체적인 것으로 접근해야 한다. 질문을 한 뒤에는 질문에 대하여 생각할 수 있는 적절한 시간을 주어야 한다.

면담을 통하여 교사는 학생의 수학적인 면과 인간적인 면 모두를 알 수 있는 것이 중요하다. 교사와 학생 사이에 좋은 인간관계는 학습지도를 더욱 효과적으로 진행되게 한다.

면담은 학생들이 고등수준의 사고를 충분히 발휘할 수 있도록 계획적이고 논리적으로 진행되어야 한다. 그렇게 함으로서 학생들은 교사가 예상하지 못한 수학적 지식과 기능을 보일 수도 있다.

연구 과제

1. 면담에 의한 평가의 뜻과 그 목적을 설명하여라.

2. 면담의 장점에 대하여 토론하여라.

3. 이 단원에서 소개한 면담안내 양식의 장점과 단점을 설명하여라.

4. 면담의 일반적 순서에 대하여 설명하여라.

5. 학교 현장에서 사용하는 면담기록 양식이나 체크리스트를 수집하여 그 특성을 분석하여라.

6. 소집단을 형성하여 면담기록 양식을 디자인하고 특성을 설명하여라.

7.4 포트폴리오 평가

7.4.1 포트폴리오

포트폴리오(portfolio)의 개념은 예술, 사진, 건축 등과 같은 전문 직업에서 그들이 가장 잘한 것을 모아 놓은 자료집에서 비롯된 것이다. 수학 교육에서도 포트폴리오의 작성은 가치 있는 것으로 판단하고 있으며, 1990년대부터 미국의 일부 주(예: 버몬트 주 교육청)에서는 수학 평가를 위해 포트폴리오를 이용하고 있다.

포트폴리오는 학생들의 다양한 장점을 보여주기 위해 구안되어야 한다. 전통적인 평가에 의하면 수학적 능력이 없다고 생각되는 학생도 어떤 장점이 있을 수 있다. 어떤 학생들은 형식적인 시험을 치는 것에 대한 두려움으로 인하여 실력을 발휘할 수 없을 수도 있으며, 어떤 학생들은 시험을 보기 위해 더 많은 시간이 필요할 수도 있으며, 손으로 조작하는 활동이나 프로젝트형 과제를 잘하는 학생도 있을 수 있다. 어떤 학생은 수학적 개념을 말로 더 잘 설명할 수도 있다. 수학적 능력의 발휘에 대한 이와 같은 개인차 때문에 여러 가지 평가가 필요한 것이다. 포트폴리오는 이 자료들을 수집하고 가치를 부여할 뿐만 아니라 그들을 평가를 위한 합법적인 근거로 사용하기 위한 구조를 제공한다. 포트폴리오의 사용을 통해, 모든 학생들은 자기의 특기를 보여줄 수 있으며, 수학에서 무엇이 중요하며 왜 중요한가를 배울 수도 있다.

포트폴리오는 교사가 수업을 개선하기 위해 알 필요가 있는 학생들의 수학에 대한 약점과 강점에 관한 중요한 결정적인 정보를 제공한다. 포트폴리오는 서로 다른 학습 스타일을 인지하며, 문화적인 영향을 덜 받고 덜 편향된 평가를 할 수 있게 한다. 포트폴리오는 학생 능력에 대한 풍부하고도 종합적인 상(picture)을 제공함으로써 상급 과정을 택하거나 진로를 결정하는 데 중요한 역할을 한다.

7.4.2 포트폴리오 작성

포트폴리오를 만들기 위해서는 먼저 목적과 활용을 결정해야 한다. 교사, 학생, 학부모, 행정가들은 각기 목적이 다를 수 있다. 포트폴리오를 계획할 때 목적에 관한 결정이 각 사람에게 분명하여야 한다.

포트폴리오는 다양한 과제를 설명하며, 성취도를 다양한 방법으로 보여주며, 수학적 지식의 개괄적인 상을 제공한다. 포트폴리오는 학생들이 공부한 구체적인 예를 보여주기 때문에 학부모 회의를 위한 중요한 도구가 될 수 있다. 교사는 학부모들에게 일시적인 수업 장면을 보여주거나 수량화된 학생 성취도 평가 결과를 보여주는 것보다는 포트폴리오를 통하여 수업의 다양한 면과 효과를 보여줄 수 있으며, 교육행정가들은 학생의 포트폴리오를 분석함으로써 수학 학습 성취에 대한 생생한 정보를 찾을 수 있다.

포트폴리오에 포함될 항목의 선정은 목적과 밀접한 관련이 있으며, 학생, 교사, 학부모를 포함할 것인가를 결정하게 한다. 미국의 많은 학교와 교사들은 포트폴리오를 실시하기 위해 학부모와 학생과 함께 작업할 포괄적인 절차를 사용한다(Kulm, 1994). 교사는 학생과 학부모와의 대화를 통해 그들의 도움을 받을 부분을 결정한다. 학생들은 가장 잘한 것이라고 생각하는 것을 포트폴리오에 포함할 수 있는 기회를 가져야 한다. 이 방법은 학생이 스스로를 점검하는 메타인지 능력을 개발하는 데 도움을 준다. 학부모의 참여는 수학과 교육의 핵심적인 내용을 이해하게 하고 학생들의 수학 학습 발전을 위해 학부모의 역할의 중요성을 인식할 수 있게 한다.

포트폴리오는 개념적 이해, 문제해결, 추론, 의사소통 능력에 초점을 두어 설계하여야 한다. 포트폴리오는 단순한 기능 연습을 한 자료들을 모아놓은 파일이어서는 안 되며, 학생이 한 모든 자료를 그대로 쌓아놓은 것이어서도 안 된다. 학생들의 능력을 보여줄 자료 중에는 프로젝트에 관한 사진이나 학생의 설명 및 보고서를 포함할 수 있으며, 학생들의 수행에 관련된 오디오 테이프나 비디오 테이프도 포함할 수 있다.

한 포트폴리오에 포함될 항목의 수는 매우 다양할 수 있지만, 지나치게 많으면 상을 흐리게 할 수 있다. 일반적으로 10～12개 정도가 적절하다(Kulum, 1994). 또, 이 항목들을 매주, 매월, 또는 학습의 초기, 중간, 후기 등과 같이 시기별로 수집하는 것이 바람직하다.

포트폴리오에 관해 선택하고, 구조화하고, 반성하고, 반영하는 과정에 학생을 포함시키는 것은 실제 내용만큼이나 중요하다. 학생들은 자기의 포트폴리오의 양식을 개발하며, 목차를 만들고, 각 항목에 대한 제목과 간단한 설명을 붙이며, 기타 적절한 정보(작성 일자, 수학 내용, 참여한 학생들 이름 등)를 기록한다. 또, 경우에 따라서는 학생에게 각 항목을 선택한 이유를 제시하게 할 수 있으며, 학습하기에 어려웠던 개념, 좋아했던 과제, 중요하다고 생각했던 과제 등을 표시하게 요구할 수도 있다. 또, 때로는 그들이 학습한 중요한 수학적 개념과 전략에 대하여 요약한 글을 쓰게 할 수도 있다. 이 작업은 주로 한 단원을 학습한 후나 한 학기를 마친 후에 학습한 것을 종합하게 하는 역할을 한다. 학생 스스로 포트폴리오를 만드는 방법에는 두 가지가 있다. 하나는 자기의 포트폴리오를 독자적으로 만드는 것이고, 다른 하나는 친구들과 비교하면서 포트폴리오를 만드는 것이다. 친구와 학습한 자료를 비교하면서 포트폴리오를 만드는 경우, 자기의 장점과 단점을 인식할 수 있는 기회를 갖게 되어 보다 바람직한 것으로 인식되고 있다.

학생들은 수학을 이산적이며 관련이 없는 것들의 모임으로 생각하기 쉬운데, 포트폴리오를 작성함으로써 학습한 것을 종합하며, 중요한 아이디어를 반영하며, 학습한 수학을 더욱 큰 하나의 그림으로 보게 할 수 있다. 이 방법은 학생들이 수학 학습에 대한 책임감을 갖고 스스로 조절하는 생각을 갖게 한다.

7.4.3 포트폴리오의 내용

평가의 목적에 따라 포트폴리오에 들어갈 내용으로서 표 7.4-1과 같은 것이 있다. 이 표는 Stenmark(1991)가 만든 것을 요약, 수정한 것이다.

평가 목표와 포트폴리오의 내용	
목표	증거자료, 예, 코멘트
긍정적인 수학적 성향 동기 호기심 인내 도전감 유연성 책임감 자신감	* 수학에 대한 열의를 나타내는 일지의 내용 * 주기별 학습한 문제해결 자료 * 가정학습 자료 * 학생이 작성한 학습 계획표 * 수학자서전
수학적 이해의 성장 개념 발달 문제해결 능력 의사소통 능력 수학의 구성 반영적 사고력	* 학기초부터 일정한 기간을 둔 같은 항목에 대한 자료 수집 * 어떤 알고리즘이 타당한 이유 설명 * 문제 상황을 명확히 하는 그림, 표, 식, … * 수학 프로젝트에 대한 사진 * 전략 사용에 대한 자료 * 문제 풀이한 노트
수학적 추론 추론의 방법 수와 연산, 도형, …	* 탐구활동에 대한 보고서 * 통계처리 계획 및 처리 자료 * 열린 문제에 대한 반응 * 수학적 원리나 법칙에 대한 설명
수학적 연결성 수학적 개념이나 성질 사이의 연결	* 수학을 과학이나 사회 과목 등 다른 과목에 사용한 근거 자료 * 산술, 대수, 해석, 기하, 통계 사이의 관계성에 대한 보고 자료 * 수학적 예술 프로젝트
집단 문제해결 협력하는 능력	* 과제해결 계획작성 표 * 소집단 활동 자료 * 소집단의 자체평가 * 그룹활동에 대한 오디오 테이프 또는 비디오 테이프
도구의 사용 계산기, 컴퓨터 사용 조작자료 사용	* 컴퓨터를 이용한 통계 처리 * 계산기를 사용한 자료 * 조작자료의 사용을 표현한 그림, 또는 결과
교사와 학부모의 포함 교사와 학부모 협의 학부모 학생 협의 학부모의 교육 이해	* 평가시기마다 사용한 일관성 있는 자료 * 학생 면담 자료 * 교사-학부모 회의자료 * 교사-학부모 회의에 학생이 발표한 포트폴리오

표 7.4-1 평가 목표와 포트폴리오

표 7.4-1의 자료는 미국의 저학년 수준을 중심으로 작성된 한 예이기 때문에 학년 수준과 교육과정을 고려하여 수정한 다음에 사용하여야 할 것이다.

연구 과제

1. 포트폴리오의 뜻과 포트폴리오를 이용한 평가의 목적을 설명하여라.
2. 포트폴리오 작성 방법에 대하여 설명하여라.
3. 포트폴리오의 내용이 갖추어야 할 종류와 그 요건에 대하여 토론하여라.
4. 학교 현장에서 사용하는 포트폴리오를 수집하여 그 특성을 분석하여라.
5. 고등학교 학생들을 대상으로 하는 수학과 포트폴리오를 만들기 위한 규정을 마련하고 그 특성을 설명하여라.

7.5 학습일지(저널) 평가

7.5.1 학습일지

많은 교사들은 수업한 내용을 공책에 기록하게 한다. 학생들은 그 기록을 보고 그 날 공부한 것을 가정에서 복습하며 연습문제 풀이 등 숙제를 하며, 시험 때가 되면 이것을 중심으로 시험범위를 복습하며 시험 준비를 한다. 학습일지(journal)도 공책 이상의 효과를 발휘한다. 학습일지란 학생들이 학습한 수학의 내용과 수학 또는 수학 학습에 대한 태도나 느낌 등을 진술하게 기록한 것이다. 학습일지는 학생의 지식뿐만 아니라 학생의 사고 방법도 평가하는 데 사용될 수 있다. 학습일지는 학생들이 공부하고 있는 수학에 대한 느낌, 태도, 어려운 영역, 흥미 있는 영역 등에 대해 기록하게 한다. 나아가서, 학습일지에 문제 해결 능력을 평가하고 문제해결 전략 사용에 대한 반성을 기록함으로써 자기 평가 자료로 사용할 수도 있다. 학습일지는 그들이 이해한 또는 이해하지 못한 수학적 개념들에 대하여 또는 그들이 할 수 있는 기능과 할 수 없는 기능에 대하여 기록하게 함으로써 메타인지의 발달을 모니터 하는 데 사용될 수 있다.

7.5.2 학습일지 작성

수학적 의사소통 기능과 능력을 향상시키는 한 중요한 방법은 수학에 관한 글을 쓰게 하는 것이다. 수학에 대해 글을 쓴다는 것은 쉬운 것이 아니다. 수학 학습일지 쓰기를 지도하는 방법으로 알려진 것 중에는 다음과 같은 것들이 있다.

① 문제를 해결한 방법을 그대로 기록하여라. 그날 문제해결을 한 활동을 그대로 기록하여라.
② 그 날 수학시간에 결석한 학생에게 공부한 내용에 관한 편지를 쓰게 하여라.
③ 자기보다 낮은 학년의 학생에게 문제를 해결하는 방법을 설명하는 글을 쓰게 하여라.
④ 학생이 기록해야 할 글의 윤곽이나 학생의 응답을 요구하는 질문을 미리 제시하는 방법이 있다. 이 방법의 구체적인 예로서 표 7.5-1이 있다.

저널 번호: ______________ 학생 이름: ____________________

일 시: ____________________

오늘의 수학 주제:

두 가지 중요한 아이디어:

내가 가장 잘 이해한 것:

더 공부할 필요가 있는 것:

이 주제가 실생활에 이용될 수 있는 방법:
틀렸거나 해결하지 못한 문제:

표 7.5-1 학습일지의 모델

7.5.3 학습일지 등급화

학습일지는 비인지적 측면에 관한 정보를 얻는 데 사용할 수 있다. 즉 학생들의 흥미, 지구력, 수학에 대한 태도의 변화 등에 관한 정보를 얻을 수 있다. 학생들은 일지 쓰기를 통하여 다른 방법으로는 교사에게 표현하기 어려운 개인적인 입장이나 자기의 관심을 글로 쓸 수 있다.

학습일지에 대한 등급을 매기는 것은 매우 신중하게 다루어져야 한다. 학습일지의 목적이 학생들의 태도나 느낌에 대해 쓰게 한 것이라면, 수치로나 문자로 등급을 주는 것보다는 문장으로 수준을 언급하는 것이 좋을 것이다. 문제해결 과정을 기록한 것일지라도 창의성을 상실하지 않도록 평가하는 것이 중요하다. 일지 쓰기의 근본 목적은 의사소통을 촉진하는 것이다.

연구 과제

1. 학습일지를 쓰게 하는 목적과 그 내용이 갖추어야 할 특성을 설명하여라.

2. 학습일지의 작성 방법을 설명하여라.

3. 학습일지를 평가한 결과를 기록하는 방법에 대하여 토론하여라.

4. 학교 현장에서 사용하는 학습일지의 양식을 수집하여 그 특성을 분석하여라.

5. 소집단을 형성하여 학습일지 작성 양식을 개발하고 그 특성을 설명하여라.

참고문헌

강옥기. “제7 차 교육과정과 열린교육 및 수행평가”, 「수학교육 논총」, 대한수학회, 1999

강옥기 외. 「수학과 문제해결력 신장을 위한 수업 방법 개선연구」, 한국교육개발원, 1985

강옥기. “수학적 실행의 평가 방법”, 「대한수학교육학회 논문집」, 제5권 제 1 호, 대한수학교육학회, 1995

교육부. “수학과 교육과정”, 교육부 고시 제 1997-15호 [별책 8]. 교육부, 1997

______. 「수행평가의 이해」, 교육부 홍보자료, 교육부, 1998

김응태, 박한식, 우정호. 「수학교육학 개론」, 서울대학교 출판부, 1995

박영배. “수학 교수 · 학습의 구성주의적 전개에 관한 연구”, 서울대학교 박사학위 논문, 1996

우정호. 「학교수학의 교육적 기초」, 서울대학교 출판부, 1998

이성은. “열린교육의 성찰과 과제, 중등 열린교육 연수자료집 -수학편-”, 덕성여대열린교육연구소, 1997

이용숙. “열린교육의 이해, 중등 열린교육 연수자료집 -수학편-”, 덕성여대열린교육연구소, 1997

정영옥. “Freudenthal의 수학화 학습-지도론 연구”, 서울대학교 박사학위 논문, 1997

NCTM(구광조, 오병승, 류희찬 역). 「수학교육과정과 평가의 새로운 방향」, 경문사, 1992

G. Polya(우정호 역). 「어떻게 문제를 풀 것인가」, 천재교육, 1995

R. Skemp(황우형 옮김). 「수학학습심리학」, 민음사, 1997

片桐重男 (이용률 외 3인 번역). 「數學的인 생각의 具體化」, 경문사, 1992

____________________________.. 「問題解決過程과 發問分析」, 경문사, 1992

Ausubel, David P. *Educational Psychology: a Cognitive View*. New York: Holt, Rinehartand Winston, 1968

Bruner, J. *Toward a Theory of Instruction*, Havard University Pr. 1974

Champman, L. R. *The Process of Learning Mathematics*, Edited by Pergamon Press, Oxford, 1972

Carpenter, T. P. *Conceptual Knowledge as a Foundation for Procedural Knowledge, in J. Heibert(Ed.), Conceptual and procedual knowledge : the case of mathematics*, Hillsdale, NJ: Erlbaum, 1986

Coony, T. J., Davis, E. J., Henderson, K. B. *Dynamics of Teaching Secondary School Mathematics*, Waveland Press, Inc., Illinois, 1975

Crowley, Mary L. *The van Hiele Model of the Development of Geometric Thought, Learning and Teaching Geometry K-12*, NCTM, 1987 Yearbook

Ernest, P. *Mathematics Teaching: State of the Art*, New York, Elsevier Press, 1992

_________ (Ed.). *Mathematics, Education and Philosophy: An International Perspective*, The Falmer Press, 1994

Freudenthal, H. *Mathematics as an Educational Task*, D. Reidel Publishing Company, Holland, 1973

______________. *Revisiting Mathematics—China Lectures—*, Kluwer Academic Publishers, 1991

Guilford, J.P. *Three Faces of Intelligence*, American Psychologist, 1959, 14,

Henderson and Keneth. "Concepts." The Teaching Secondary School Mathematics, *Thirty-third Yearbook of the National Council of Teachers of Mathematics*, NCTM, 1970

Hiebert, James. *Conceptual and Procedural Knowledge: the Case of Mathematics*, LEA Pub, 1986

Hiebert and Lefevre, *Conceptual and Procedural Knowledge in Mathematics-an Introductory Analysis, in (ed: J. Hiebert) Conceptual and Procedural Knowledge: the Case of Mathematics*, LEA Pub, 1986

Kennedy, L. M. and Tipps, S. *Guiding Children's Learning of Mathematics*, Wadsworth Publishing Company, 1991

Kulm, Gerald. *Mathematics Assessment: What Works in the Classroom*, Jossey-BAss,. 1994

MAA. *Readings in Cooperative Learning for Undergraduate Mathematics*, The Mathematical Association of America, 1997.

MacGregor, J. Collaborative Learning: Shared Inquiry as a Process of Reform, *Readings in Cooperative Learning for Undergraduate Mathematics, MAA* Notes Number 44, The Mathematical Association of America, 1997

NCTM. *Curriculum and Evaluation Standards for School Mathematics.* Reston, NCTM, 1989

_______. *Assessment Standards for school Mathematics*, NCTM, Reston, 1995

Polya, G. *How to Solve* It. Princeton University Press, 1973

Renzulli, J. S. & Ridge, S. M. The Schoolwide nrichment Model: A Comprehensive Plan for the Development of Creative Productivity, In N. coangelo & G. A. Davis (Eds), *Handbook of Gifted Education*, Needham Heights, MA: Allyn & Bacon

Schubring, G. Das *genetixche Prinzip in der Mathematik-Didaktik*, Klett-Cotta Typoscript, 1978.

Silver, E. and Kenny, P. Sources of Assesment Information for Instructional Guidance in Mathematics, (ed. Romberg) *Thomas A. Reform in School Mathematics and Authentic Assessment*, State University of New York Press, 1995

Skemp, R. R. Schematic Learning, *in The Process of Learning Mathematics*, edited by L. R. Champman, Pergamon Press, Oxford, 1972

____________. *Reflective Intelligence, and the Use of Symbols, in The Process of Learning Mathematics*, edited by L. R. Champman. Pergamon Press, Oxford, 1972

Stenmark, J. K. *Assessment Alternatives in Mathematics*, *Berkeley*: University o f California. (1989)

Van de Walle, John A. *Elementry and Middle School Mathematics :Teaching Developmentally, third edition*, Addison Wesley Longman, Inc, 1998

찾아보기

[ㅇ]

[ㅎ]

5 중등수학교육

수학과 학습지도와 평가론 제2판

지은이 강옥기
펴낸이 박문규
펴낸곳 KM 경문사
펴낸날 2000년 9월 1일 1판 1쇄
2010년 9월 1일 2판 4쇄
등 록 1979년 11월 9일 제9-9호
주 소 121-818, 서울특별시 마포구 동교동 184-17
전 화 (02)332-2004(영업부) 336-3004(편집부)
팩 스 (02)336-5193
이메일 kms2004@kyungmoon.com

값 14,000원

ISBN 89-7282-475-6
ISBN 89-7282-760-6 (세트)

★ 경문사 홈페이지에 오시면 즐거운 일이 생깁니다.
http://www.kyungmoon.com

경문사 초등수학 교육학시리즈

1. 초등수학교육의 이해 (제2판)
   김수미 외 지음

2. 수학 학습 심리와 교수-학습전략
   박성택 지음

3. 초등수학교육의 이해 (제2판)
   최창우 지음

4. 수학교육론
   린 D. 잉글리쉬·그레엄 S. 핼포드 지음
   고상숙 외 옮김

5. Piaget의 발생론적 인식론을 적용한
   수학수업 1학년
   Constance Kamii 지음/강완 외 옮김

6. Piaget의 발생론적 인식론을 적용한
   수학수업 2학년
   Constance Kamii 지음/강완 외 옮김

7. Piaget의 발생론적 인식론을 적용한
   수학수업 3학년(증보)
   Constance Kamii 지음/강완 외 옮김

8. 테크놀로지와 함께하는 수학교육(제2판)
   권성룡 외 지음

9. 수학의 힘을 길러주자
   권성룡 외 지음

10. 구성주의에 입각한 초등수학 학습·지도
    나카하라 다다오 지음/임문규 옮김

11. 문제해결을 통한 수학적 경험
    이대현 외 지음

12. 구성주의 수학교실–나눗셈
    마리안 위켓 외 지음/김진호 외 옮김

13. 어린이의 마음을 알면 교육이 보인다
    -임상면담의 첫걸음-
    Herbert P. Ginsburg 지음/신준식 외 옮김

14. 초등수학 교육론
    강완 외 지음

15. 예비교사와 현직교사를 위한
    학교수학과 교구
    김남희 지음

16. 수학교실에서 어린이를 이해하기 위한
    융통성 있는 면담
    허버트 P. 긴스버그 외 지음/남승인 외 옮김

17. 거리수학과 학교수학
    Terezinha Nunes 외 지음/박만구 외 옮김

18. 구성주의 수학교실–곱셈
    메릴린 번스 지음/김진호 외 옮김

19. 수학교실에서 말하기
    수잔느 H. 채핀 외 지음/김진호 외 옮김

20. 수학을 어떻게 가르칠 것인가?
    존 반 드 월르 지음/남승인 외 옮김

21. 초등수학교육론 I
    남승인 외 지음

22. 초등 교사를 위한 레크리에이션 수학
    강완·백석윤 지음

23. 초등학교 수학의 중요한 지도 내용
    이용률 지음

경문사 중등수학 교육학시리즈

1. 새 교수·학습이론에 의한 수학교육론
   신현성 지음
2. 수학과 교재론 (제3판)
   석용징·신현성·이준열 지음
3. 수학적 문제해결
   신현성·김경희 지음
4. 고등수학적 사고
   데이비드 톨 지음/류희찬 외 옮김
5. 수학과 학습지도와 평가론 (제2판)
   강옥기 지음
6. 문제해결의 수학적 전략
   스티븐 G. 크란츠 지음/좌준수 외 옮김
7. 증명의 본질
   Harold P. Fawcett 지음/장경윤 외 옮김
8. 수학수업 Know-how
   쿠조 쯔네쵸 지음/김부윤·이영숙 옮김
9. 퇴플리츠의 미분적분학
   Otto Toeplitz 지음/우정호 외 옮김
10. 예비교사와 현직교사를 위한
    수학교육과정과 교재연구
    김남희 외 지음
11. 한 줄에 꿰는 수학이야기
    Lewinter·Widulski 지음/장경윤 옮김
12. 중등수학 교재연구
    강옥기 지음
13. 수학의 철학과 역사
    Anglin 지음/류희찬 외 옮김
14. 간추린 수학사
    Struik 지음/장경윤 외 옮김
15. 학교수학을 위한 원리와 규준(제2판)
    NCTM 지음/류희찬 외 옮김
16. 수학걱정 뛰어넘기
    Shiela Tobias 지음/허혜자 옮김
17. 우리나라의 수학교육과정
    이중권 지음
18. 세계 여러 나라의 수학교육과정
    이중권 지음
19. 수학을 하려면 엑셀을 밟아라(제2판)
    고상숙 지음
20. 수학수업 know-how 2
    쿠조 쯔네쵸 지음/김부윤·이명숙 옮김
21. 수학지도 설계 및 수업모형
    신현성 지음
22. 통계교육(제2판)
    김응환·이석훈 지음
23. 예비교사와 현직교사를 위한
    수학교육에서의 컴퓨터 활용
    김남희·박영미 지음
24. 수학교육학 연구방법론
    우정호 외 지음
25. 비주얼 매스
    장경윤·박진희 지음
26. 통계적 사고의 의미와 교육
    대니 벤 즈비·조안 가필드 지음/
    이경화·지은정 외 옮김
27. 수학교육학 정론
    강옥기·허난·조현공·박경은·이환철 공저